U0180240

数据中心安全防护技术

黄万伟　王苏南　张校辉　著

电子工业出版社·

Publishing House of Electronics Industry

北京·BEIJING

内 容 简 介

数字经济是继农业经济、工业经济之后的又一主要经济形态。数据作为数字经济的核心生产要素，正深刻影响着世界各国经济与技术的发展，与此紧密相关的数据中心等关键信息基础设施的安全问题已成为各国网络与数据安全研究的核心。本书重点分析针对数据中心的安全威胁，包括注入攻击、拒绝服务攻击、中间人攻击、APT攻击和供应链攻击等，并介绍数据中心的安全防护技术，如数据安全备份、数据灾难恢复和数据安全迁移等技术。从数据安全层面介绍常用的数据安全治理方法；从网络空间安全层面介绍被动和主动防御技术，并给出网络安全评估常用模型与网络攻防博弈模型。最后，总结在人工智能时代背景下，如何利用人工智能技术，分别从网络安全和数据安全治理层面赋能数据中心安全。

本书可供高等院校网络空间安全、信息安全等相关专业的研究生或高年级本科生使用，也可作为从事相关科研工作的学者和工程技术人员的参考资料。

图书在版编目（CIP）数据

数据中心安全防护技术 / 黄万伟等著. —北京：电子工业出版社，2023.6

ISBN 978-7-121-45860-6

Ⅰ.①数… Ⅱ.①黄… Ⅲ.①数据处理中心—安全技术 Ⅳ.①TP274

中国国家版本馆 CIP 数据核字（2023）第 116606 号

责任编辑：曲 昕　　　　　特约编辑：田学清
印　　刷：北京建宏印刷有限公司
装　　订：北京建宏印刷有限公司
出版发行：电子工业出版社
　　　　　北京市海淀区万寿路 173 信箱　　　邮编：100036
开　　本：787×1092　 1/16　 印张：17.5　　 字数：405 千字
版　　次：2023 年 6 月第 1 版
印　　次：2024 年 10 月第 2 次印刷
定　　价：99.00 元

凡所购买电子工业出版社图书有缺损问题，请向购买书店调换。若书店售缺，请与本社发行部联系，联系及邮购电话：（010）88254888，88258888。

质量投诉请发邮件至 zlts@phei.com.cn，盗版侵权举报请发邮件至 dbqq@phei.com.cn。

本书咨询联系方式：（010）88254468，quxin@phei.com.cn。

前　言

目前，数据俨然成为继土地、劳动力、资本和技术之后的第五大生产要素，并被一致认为是构建现代信息、数字社会的关键基础。数字经济发展速度之快、辐射范围之广、影响程度之深前所未有，正推动生产方式、生活方式和治理方式的深刻变革，成为重组全球要素资源、重塑全球经济结构、改变全球竞争格局的关键力量。数据与国家的经济运行、社会治理、公共服务、国防安全等方面密切相关，一些个人隐私信息、企业运营数据和国家关键数据的流出，可能会造成个人信息曝光、企业核心数据甚至国家重要机密信息的泄露，给国家和社会带来各种安全隐患。

数据中心作为大数据、云计算、人工智能等新一代信息通信技术的重要载体，已经成为数字时代的发展底座与重要驱动力，具有空前重要的战略地位。当前针对数据中心的网络攻击和数据窃取等威胁层出不穷，通过在物理世界和虚拟世界全面渗透，对各国的政治、经济、社会、国防和文化带来巨大的安全风险和挑战。人工智能技术与网络攻击手段的深度结合，催生新型安全威胁，对网络空间和数据安全的威胁进一步加深，给国家安全带来更加严峻的挑战。人工智能技术已成为数据中心实施安全防御的必备技术，从系统、网络、数据和业务 4 个层面多维度赋能数据中心安全。

本书在著者长期研究网络安全防御与数据安全保护的基础上，主要从网络和数据层面对数据中心安全防护进行系统性分析和总结，旨在为从事网络空间防御与数据防护技术方面的学术研究、人才培养提供一份兼具系统广度和技术深度的参考资料。全书共 9 章。第 1 章主要介绍数字经济的概念及涌现的新一代信息技术，重点阐述数据中心的定义、总体架构、组成元素和发展趋势。第 2 章简述数据中心的基础设施构成，并对关键的计算技术、存储技术和网络技术进行归纳、分析，给出数据中心的节能方案，并阐述数据中心虚拟化技术及操作系统的应用。第 3 章主要介绍数据中心常用的虚拟化网络架构，分别阐述数据中心网络架构的演变、网络虚拟化技术、SDN 技术和 SDN 控制器，并对白盒交换机、POF 和 P4 进行深入分析。第 4 章首先分析数据中心面临的安全威胁种类，然后分别对注入攻击、拒绝服务攻击、中间人攻击、APT 攻击和供应链攻击等进行详细阐述；第 5 章主要介绍数据中心可采用的安全防护方法，涉及选址风险、中断风险、高能耗风险和机房安全运维风险等，并详细阐述数据安全备份技术、数据灾难恢复技术和数据安全迁移技术。第 6 章首先分析数据安全治理的应用背景和治理体系，然后对数据安全治理流程和治理方法进行详细分析，最后从政策层面对数据安全治理人员提出具体要求。第 7 章首先简述网络空间技术发展及所面临的挑战，然后对典型的被动和主动防御技术进行归纳和简析，重点阐述网络安全评估常用模型与网络攻防博弈模型。第 8 章阐述数据中心在人工智能时代面临的风险与挑战，简要介绍基于人工智能的安全防御体系，以及如何从网络安全和数据安全治理层面赋能数据中心安全。第 9 章主要阐述人工智能技术引发的网络安全技术变革，重点阐述拟态防御技术及其内生安全机制。

本书第 1 章、第 4 章和第 6～8 章由黄万伟编撰，第 2 章、第 5 章由王苏南编撰，第 3 章、第 9 章由张校辉编撰，全书由黄万伟负责统稿，袁博、李松、郑向雨、刘科见和梁世林等研究生参加了材料整理工作，田浩彬、邵成龙和张前程等研究生完成了文中图表的绘制。

在本书的出版过程中，得到了郑州轻工业大学、深圳职业技术大学和电子工业出版社的大力支持，在此表示衷心的感谢！

由于著者水平有限，加之网络防御与数据防护技术仍处于快速发展时期，书中难免存在遗漏和不足，恳请读者批评指正。

目　　录

第1章 数据中心概述

1.1 数字经济

农业经济时代的核心生产要素是土地，工业经济时代的核心生产要素是技术和资本，数字经济是继农业经济、工业经济之后的又一主要经济形态，核心生产要素是数据，也可以称之为比特。目前，数据已成为像水和电一样的生态要素，渗透到各行各业及经济社会的每个环节。数字经济发展速度之快、辐射范围之广、影响程度之深前所未有，正推动生产方式、生活方式和治理方式的深刻变革，成为重组全球要素资源、重塑全球经济结构、改变全球竞争格局的关键力量。数字经济以数据资源为关键要素，以现代信息网络为主要载体，以信息通信技术融合应用、全要素数字化转型为重要推动力，实现公平与效率更加统一的新经济形态。

1.1.1 数字经济概述

随着互联网、大数据、云计算、人工智能、区块链等新技术不断涌现，数字技术正以新理念、新业态、新模式全面融入经济、政治、文化、社会、生态文明建设的各领域和全过程，对经济发展、国家和社会治理体系、生产关系变革、人民生活必然产生重大影响。数据要素是数字经济深化发展的核心引擎，数据对提高生产效率的推动作用不断突显，已成为最具时代特征的生产要素之一。数据的"爆发式"增长，使海量数据蕴藏了巨大的价值，为数字化服务发展带来了新的机遇。数字化服务是满足人民美好生活需要的重要途径，其能协同推进技术、模式、业态和制度的创新。切实用好数据要素，能为经济社会数字化发展带来强劲动力。

数字经济已成为今后相当长一段时间内国家综合实力的重要体现，是构建现代化经济体系的重要引擎。数字经济健康发展有利于推动建设现代化经济体系；有利于建设彰显优势、协调联动的城乡区域发展体系；有利于建设统一开放、竞争有序的市场体系；有利于建设体现效率、促进公平的收入分配体系；有利于建设资源节约、环境友好的绿色发展体系；有利于建设创新引领、协同发展的产业体系；有利于建设多元平衡、安全高效的全面开放体系；有利于建设充分发挥市场作用、更好发挥政府作用的经济体制，以实现市场机制有效、微观主体有活力、宏观调控有度。综上，数字经济不仅是新的经济增长点，而且是改造和提升传统产业的支点，成为构建现代化经济体系的重要引擎。

1.1.2　数字经济发展趋势

目前，全世界已进入数字经济时代，数字经济已成为支撑当前和未来世界经济发展的重要动力。数字经济的应运而生，极大促进了各国经济的发展，给人们的日常生活和工作带来了巨大便利。与此同时，数字经济发展具有多变的属性特征，对各国经济的发展产生了一定影响。数字经济发展呈现以下特征与趋势。

1.　数据化趋势不断加速

在工业时代背景下，数据信息资源的应用范围较为有限。当下的数字经济时代，数据信息资源的传播方式已经打破了先前工业时代数据信息资源传播范围小且流通不变的桎梏，且在网络技术及现代信息通信技术的加持下，数据信息资源实现了高速流动及共享，大幅推动了企业的生产效率。在数据中心与云计算技术的推动之下，不同企业之间打破了原有的信息壁垒，并萌生出全新的商业生态圈，以推动不同企业间业务流程的大幅度升级，进而打造极具活力和极具创造力的全新生态系统。

2.　颠覆性创新频发

传统产业的技术创新以渐进性的增量创新为主，主导技术出现后会保持较长时间。目前，以数字技术为代表的新一轮科技革命和产业变革突飞猛进，数字经济领域不断产生新的技术并进入工程化和商业化阶段，同时带动一些更前沿的技术加速萌发和产生。新技术的成熟和应用催生出新产品、新模式、新业态，对原有产品、模式和业态造成了冲击和替代，也带动了一批新兴企业在新领域的高速成长，冲击原有的产业结构，并重塑新型的产业格局。

3.　产业赋能作用持续增强

数字技术作为典型的通用化技术，可以在国民经济各行业广泛应用。随着数字基础设施不断完善，物联网、人工智能等新一代数字技术不断助力加持，数字技术加速与国民经济各行业深度融合，产业赋能作用进一步增强，深刻改变了企业的要素组合、组织结构、生产方式、业务流程、商业模式、客户关系和产品形态等，加快了各行业的质量变革、效率变革、动力变革的进程。

4.　颠覆传统的生成和服务模式

数字经济强调个性化、定制化的生产和服务，体现以人为本的理念，通过大数据全面捕捉用户的需求，提供精准的服务，使服务质量得到大幅度提升。企业若想通过数据信息资源推动服务创新，获得客户认同，则必须实现对客户诉求的精准定位和把握。借助对客户先前消费习惯的数字化调研和分析，帮助企业实现对客户消费诉求的精准洞悉。

5．数字经济治理能力不断加强

数据资源成为社会价值的重要来源，对关键数字技术、设备、平台和数据的掌控直接关系到个人隐私与信息安全、产业安全、政治安全、国防安全等国家安全的各个方面。近年来，世界主要数字经济大国都开始加强数字经济的治理能力，推动数据安全立法，加大反垄断力度，加强科技伦理建设，鼓励科技向善，提升数字经济的包容性，努力让社会变得更好，可以更充分地享受数字经济发展带来的成果。

1.2 新一代信息技术

新一代信息技术作为促进数字经济发展的重点攻关领域，具有推进产业规模不断壮大、创新能力不断增强等特点，与各行业各领域的融合深度和广度不断拓展，使支撑融合发展的基础更加夯实，融合发展水平迈上了新台阶，为实现数字经济发展提供了有力支撑。新一代信息技术助力数字经济深入发展：互联网让业务在线化、云计算让算力资源服务化、物联网让连接无处不在、大数据让决策有所倚、人工智能让生活智能化、区块链让信任简单化。

1．互联网让业务在线化

互联网改变了人们的生活方式与消费习惯。互联网是一个小世界，哪怕相隔万里之遥，人们通过互联网也可以进行即时通信；互联网是一个"业务在线平台"，人们可以在线购物、在线支付、在线学习等，不必局限时间和空间的限制。近年来暴发的新型冠状病毒感染更是加速了企业的"在线化"进程，越来越多的企业正在借助互联网工具实现全面"在线化"：研发在线、生产在线、营销在线、运营在线、办公在线、决策在线等。通过互联网工具能加速企业的改革升级，彻底实现人与事、物的在线化连接，进而实现企业全业务在线。互联网示意图如图 1-1 所示。

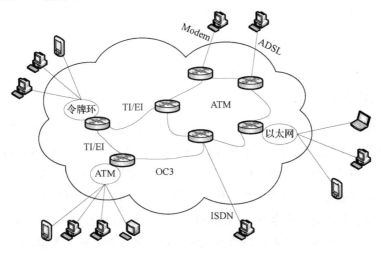

图 1-1　互联网示意图

2. 云计算让算力资源服务化

云计算是一种分布式计算，其将计算任务分发给大规模的数据中心或大量的计算机集群构成的资源池，使各种应用系统能够根据需要获取计算能力、存储空间和各种软件服务，并通过互联网将计算资源以免费或按需租用方式提供给使用者。云计算作为一种新兴的资源管理和服务方式，拥有强大的实用性和交付模式，逐渐被产业界认同。面对云计算技术下的市场，以及企业用户的差异化需求，传统企业自建数据中心的方式已不具有核心竞争力，云计算模式帮助企业省去了购买昂贵的基础设施的费用，云资源可以便捷地按需使用，且随时可扩展，灵活易管理，具有大规模、虚拟化、高可靠及弹性配置等属性。云计算架构如图 1-2 所示。

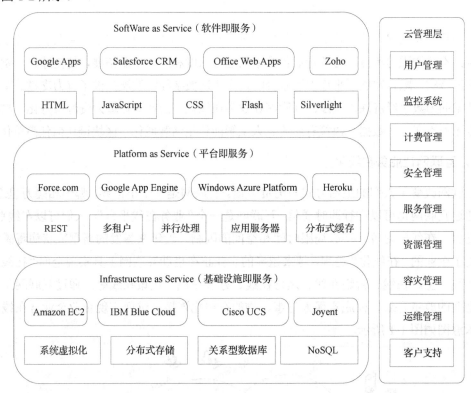

图 1-2　云计算架构

3. 物联网让连接无处不在

物联网（Internet of Things，IOT）是指通过各种信息传感器、射频识别技术、定位技术、激光扫描器等实现智能感知、采集和识别，并利用局部网络或互联网等通信技术实现物与物、物与人的泛在连接，所形成的智能化网络。物联网技术与制造技术、新材料、新能源等领域的深度融合，形成了智慧医疗、智慧农业、智能车联网等相关技术，有助于推进生产生活和社会管理方式智能化、网络化和精细化进程，促进社会以经济、智能、高效的方式运行。例如，智慧医疗利用物联网技术，可以实现对药品、保健品的快速跟踪和定位，降低监管成本；智慧农业借助物联网传感器，可以收集种植环境的温湿度、风速和土壤含量等数据，帮助农民制定精确的施肥计划，实现耕种的智能处理和决策，最大限度地减少风险和浪费。物联网架构如图 1-3 所示。

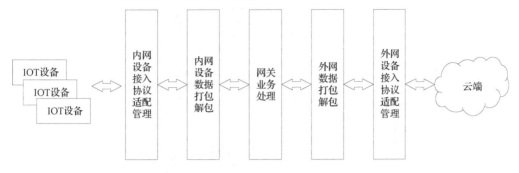

图 1-3　物联网架构

4．大数据让决策有所倚

数据作为一种重要的信息资产，可以为人们提供全面、精准、实时的商业洞察和决策指导。互联网、云计算、物联网等新兴技术的迅猛发展，使全球数据呈"爆发式"增长。借助大数据相关技术，能在海量数据中归纳、计算、统计并得出事物发展过程的真相，通过数据分析人类社会的发展规律，利用大数据提供的分析结果归纳和演绎事物的发展规律，通过掌握事物的发展规律帮助人们进行科学决策。大数据技能图谱如图 1-4 所示。

5．人工智能让生活智能化

人工智能（Artificial Intelligence，AI）作为研究、开发用于模拟、延伸和扩展人的智能的理论、方法及应用系统的一门技术，包括机器学习、深度学习、机器视觉、自然语言处理等技术。在人工智能的助推下，新一波智能自动化浪潮正基于一系列有别于传统自动化解决方案的特性，创造性增长。人工智能技术已被广泛应用于各类业务场景，从客户服务到订单管

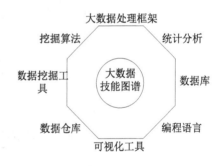

图 1-4　大数据技能图谱

理、从金融服务到智能钱包、从自动化制造到智能车间等，人工智能将推动颠覆性产品、服务及商业的创新。人工智能技术图谱如图 1-5 所示。

6．区块链让信任简单化

区块链是一种新型去中心化协议，具有去中心化、难以篡改、防止抵赖的特点，采用"共识算法""加密算法"和"智能合约"等全新的底层核心技术，通过多方共同维护并构建信任连接器。区块链凭借独有的信任建立机制，正在改变当今各行各业的信用运行规则，成为构建新型社会信任体系的重要技术。目前，区块链技术已从数字资产向票据管理、产品溯源、政务民生、电子存证、数字身份、智能制造等诸多领域延伸拓展。例如，在民生领域，通过使用区块链技术能实现证件办理、公积金发放、司法审判的证据链等身份信息数据的共享，节省重复填写身份信息的时间，使业务办理更加便捷；在食品安全领域，区

块链能借助可溯源、不可篡改技术，为每件商品打造专属的"身份证"，可从食品材料源头搭建一套区块链技术体系及运营方案。区块链结构图如图1-6所示。

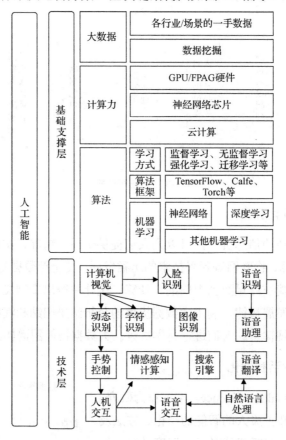

图1-5　人工智能技术图谱

图1-6　区块链结构图

1.3　数据中心的定义

1.3.1　数据中心概述

随着人工智能、大数据、云计算、物联网、互联网等新一代信息化的快速发展，社会正朝着信息化、数字化社会飞速发展。数字化技术应用日益广泛，已经影响到人们生活、工作和娱乐的方方面面。未来是数据处理的时代，数据被产业界称为"未来的石油"，是未来社会运行发展的基础，不少人已经达成了共识。随着数字经济规模愈发壮大，数据资源也有了充分挖掘、分析的价值，成了个人、机构、企业乃至国家的重要资产。目前，数据俨然成了继土地、劳动力、资本和技术之后的第五大生产要素，并被一致认为是构建现代信息、数字社会的关键基础。如今，数据已成为当今全球数字经济的命脉，为服务业、制造业、基础设施和运输的各种工业活动提供动力。

数据中心作为大数据、云计算、人工智能等新一代信息通信技术的重要载体，已经成为数字时代的发展底座与重要驱动力，具有空前重要的战略地位。数据中心，顾名思义就是数据的中心，是承载数据的基础物理单元，是处理和存储海量数据的地方，英文全称为 Data Center。在全球科技竞争加剧的背景下，算力已经成为数字经济发展的基石，也是衡量数字经济时代经济发展的一个核心指标，而数据中心是算力的物理承载，是数字经济发展的引擎。

数据中心的专业名词解释是全球协作的特定设备网络，用来在互联网基础设施上传递、加速、展示、计算和存储数据信息。数据中心作为"新型基础设施"中的"基础设施"，产生和带动的间接经济效益将持续增加。传统产业的转型离不开数据中心，产业数字化将带给数据中心更强的经济效益，所以数据中心的重要性不言而喻。数据中心按规模可划分为部门级数据中心、企业级数据中心、互联网数据中心及主机托管数据中心等。通用型数据中心架构图如图 1-7 所示。

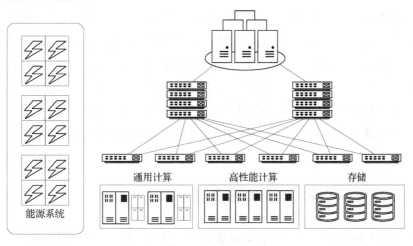

图 1-7　通用型数据中心架构图

1.3.2 数据中心形态的演进

20 世纪 90 年代，数据中心设备及相关产业诞生于美国，并随着互联网行业的逐步发展而兴起。数据中心的发展不是一朝一夕完成的，也经历了一个漫长的演进历程。随着各种基础设施及网络技术的完善，数据中心已经从建设规模、应用场合、产业规模等方面发生了巨大变化。

1946 年，美国生产了第一台全自动电子数字计算机"埃尼阿克"（电子数字积分器和计算器）（Electronic Numerical Integrator And Computer，ENIAC）。ENIAC 是美国奥伯丁武器试验场为了满足计算弹道需要而研制的，参加研制工作的是以宾夕法尼亚大学莫尔电机工程学院的莫西利和埃克特为首的研制小组。虽然 ENIAC 有体积大、耗电高、易损坏的缺点，但 ENIAC 开启了一个新纪元，标志着人类社会进入了计算时代。以 ENIAC 作为数据中心的雏形，此后数据中心经历了 3 个发展阶段。

1. 第一阶段，时间维度：1945—1971 年

该时期的计算机器件主要采用电子管、晶体管为主，体积大、耗电大，主要应用于国防机构和科学研究等军事或者准军事机构。由于计算机消耗的电能过大，且成本过高，与计算相关的各种资源（存储、互联）需要集中供电，因此诞生了与之配套的第一代数据机房。

2. 第二阶段，时间维度：1971—1995 年

该时期由于大规模集成电路的迅速发展，使计算机开始朝着小型化、微型化的方向快速发展。1971 年末，世界上第一台小型计算机在美国硅谷应运而生，开创了微型计算机的新时代。计算形态在这个时期基本以分散为主，分散与集中并存为辅。因此，数据机房的形态也就必然是各种小型、中型、大型机房并存的态势，特别是面向各个应用单位专用的中小型机房得到了"爆炸式"发展。

3. 第三阶段，时间维度：1995 年至今

该时期是数据中心大发展的时期，新技术不断涌现。1990 年以后，网格计算（Grid Computing）与云计算（Cloud Computing）等概念陆续出现，通过对计算资源的优化与整合，使计算真正成为所见即所得的公共服务，远程办公和协作服务成了企业部署 IT 服务的必备选择。数据中心作为一种服务机构被大多数公司所接受，从分散在各地的"小电站"逐步走向集中式的"大电厂"，一般都是由科技巨头搭建大型化、虚拟化、综合化数据中心，用于为普通用户提供算力服务。此时，数据中心通过对存储与计算能力的虚拟化，变为一种按需使用的计算力，对于使用者来说，集中规模化降低了成本，同时具备了灵活拓展能力。

1.3.3 数据中心服务模式的演进

数据中心的本质实际上是一个计算机资源庞大的集合体，一个数据中心有成千上万台

服务器（Server）、几百台网络设备和几百台存储设备。在早期传统的管理模式下，应用运行在单台物理服务器上，每台物理服务器只面向特定的应用，一旦服务器出现问题，应用就无法正常运行下去。虚拟化技术将物理资源抽象整合，把所有硬件（服务器、存储器）和网络整合成单一的逻辑资源，动态进行资源分配和调度，实现数据中心的自动化部署，并大大降低数据中心的运营成本。目前，数据中心常用的虚拟化技术有虚拟机（Virtual Machine）技术和容器（Container）技术两种。数据中心的基本服务模式先后经历了裸机服务器、虚拟服务器、容器化服务这三个主体阶段。

1. 1997—2007 年，第一波浪潮——裸机服务器

裸机服务器（Bare Metal Server，BMS）指单租户环境下的物理服务器，物理资源不能在用户之间共享，具有物理隔离特性。裸机服务器的优势在于高应用性能和可预测性，劣势在于只能专人专用，建设成本较高，且建成后不利于资源共享和迁移，灵活性降低。裸机服务器现在仍大范围存在，通常被某些特定单位使用或作为性能敏感的解决方案。例如，裸机服务器常见于某些行业和单位自建的专用计算机集群，支持特定的可扩展分布式计算应用，如 Hadoop 集群、Redis 集群等。

2. 2008—2015 年，第二波浪潮——虚拟服务器

虚拟机通过软件模拟具有完整硬件系统功能、运行在一个完全隔离环境中的完整的计算机系统，即在一台物理机上模拟运行一个或多个虚拟机（Virtual Machine，VM）。网络虚拟化的飞速发展，加快了传统物理数据中心演进云计算数据中心的进程，云计算数据中心的计算基本单位从物理机转变为虚拟机，使计算资源的数量和密度以指数级增长。数据中心使用虚拟机管理器实现虚拟化管理，优点是技术成熟、应用广泛、效率提高，支持多种租户使用；缺点是虚拟化带来的资源管理复杂性。

3. 2016 年至今，第三波浪潮——容器化服务

2016 年以后，数据中心进入了大规模基于容器的虚拟化技术时代。容器是一种进程沙盒技术，主要目的是将应用运行在其中，与外界隔离，方便沙盒被转移到其他宿主机器上。本质上，容器是一个特殊的进程。在一台计算机上运行的多个容器可以共享操作系统，在自己容器中运行的每个应用都享有一个隔离边界，使其看起来像是在该计算机上运行的唯一应用。容器也被称为轻量级的虚拟化技术，目标与虚拟机一致，都是为了创造"隔离环境"。虚拟机是操作系统级别的资源隔离，交付的是虚拟机实例，抽象的是计算资源。容器本质上是进程级的资源隔离，交付的是服务。容器与虚拟机相比，属于进程级的虚拟化，更轻量级，更节约时间和空间资源，可进一步提高部署密度。容器的安全性相对较差，因为虚拟机能保持独立和相互隔离，使每个虚拟机都能实现自己的安全协议，一个被感染的虚拟机不会影响另一个虚拟机，但容器只能在进程层面隔离数据和应用程序，提供的安全环境较差，并依赖于主机系统的安全协议。

1.4 数据中心的组成

1.4.1 数据中心的总体架构

数据中心是应用服务、数据资源、网络互联、基础设施的复杂综合体，通常分为基础设施层、信息资源层、应用支撑层、应用层和辅助系统层 5 个层面，数据中心总体架构如图 1-8 所示。

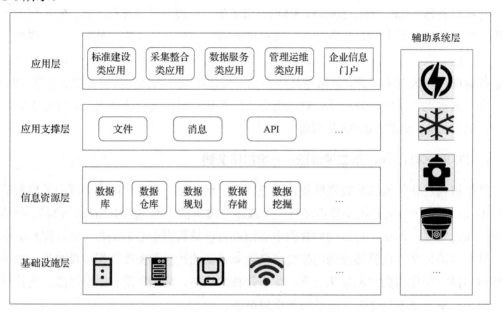

图 1-8　数据中心总体架构

1．基础设施层

基础设施层是指支持整个系统的底层支撑，包括机房、主机、存储、网络通信环境、各种硬件和系统软件。

2．信息资源层

信息资源层包括数据中心的各类数据库、数据仓库等，负责整个数据中心数据信息的存储和规划，涵盖了信息资源层的规划和数据流程的定义，为数据中心提供了统一的数据交换平台。

3．应用支撑层

应用支撑层采用面向对象、组件式设计等技术构建应用层所需要的各种组件，与具体的业务无关，是基于组件化设计思想和通用要求提出并设计的，能随着应用层的需求扩展和伸缩。

4．应用层

应用层是指为数据中心定制开发的应用系统，包括标准建设类应用、采集整合类应用、数据服务类应用和管理运维类应用，以及服务于不同对象的企业信息门户。

5．辅助系统层

辅助系统包括供配电、空调、消防、安防等用于维护数据中心正常运行的系统，为其余各层运行提供辅助。供配电系统能为数据中心的主设备负载和辅助设备负载提供电力运行保障；空调系统能将机房内计算机设备工作时所产生的热量通过热交换带出机房，保证机房运行在正常运行温度范围内；消防系统分为灭火系统和火灾报警系统，能及时发现数据中心火源隐患并清除；安防系统包括门禁系统、闭路监视系统等，能确保数据中心的安全运行。

1.4.2　数据中心的组成元素

数据中心一般定义为一个可以对信息或数据进行集中存储、处理、交换、传输及管理的机房，涉及的物理基础设施一般包括关键主设备和基础支撑设备。关键主设备的主要任务是实现计算和通信功能，包括服务器、存储设备和网络设备等；基础支撑设备的主要任务是保障关键 IT 设备正常运行，其可提供符合环境条件的基础设施系统，一般包括机房、供配电设备和制冷设备等。

1．关键主设备

1）服务器

服务器是数据中心的心脏，负责数据中心海量数据的处理。对于数据中心来说，通常有成千上万台服务器，且服务器品种多样。从性能配置上看，服务器有小型机、大型机和 X86 服务器等；从设备外形上看，服务器可以分为塔式服务器、机架服务器、刀片式服务器和高密度服务器等。

2）存储设备

存储设备能提供海量数据储存的空间，是用于储存信息的设备。很多大型数据中心都配备有存储设备，专门用于存储数据和提供数据服务。根据不同存储介质的连接方式，存储设备可分为固态硬盘（SSD）、直接附接存储（DAS）和网络附接存储（NAS）。

3）网络设备

网络设备是数据中心构建对内和对外高速互联的传输通路。数据中心内部有大量的路由器、交换机（Switch）、传输设备在支撑数据的运输流转，各种类型的数据中心都会应用网络设备。数据中心需要一直有互联网，没有与互联网连接的数据中心只是一个信息孤岛，作用有限。

2. 基础支撑设备

1）机房

机房是数据中心的载体，一般由一栋或者数栋大楼组成，这些大楼里面又划分为若干个区域，用来放置各类设备，这些区域就叫作机房。数据中心机房的要求很高，按照我国国家标准，机房分为 A 类、B 类和 C 类 3 个等级，可对机房进行不同的配置。数据中心机房的建筑设计主要体现在防震、防水、防潮及承重等几个方面，层高、楼板及桩基都与普通的楼房有明显的区别。

2）供配电设备

供配电设备是数据中心的能源基础。不管什么设备工作都需要电，数据中心的运转也一样离不开电。供配电系统主要由交流不间断系统、直流不间断系统、电池、高低压配电和发电机构成，能够有力保障数据中心的运转不受外部市电的短时停电影响，因此即使停电几个小时甚至数天，数据中心仍然能够保持正常运作。

3）制冷设备

制冷设备是数据中心的散热器。一旦数据中心内部机房温度超过 40℃，很多设备就会出现高温告警，因而数据中心需要制冷系统，及时降温，毕竟几千至上万台设备同时运行产生的热量是非常大的，温度一高设备就会宕机。大部分数据中心机房的内部温度要保持在 25℃左右，这就需要一个连续稳定的制冷系统不断将机房内部设备运转产生的热量及时排出。数据中心要想长期、稳定运行，制冷设备是必不可少的。

1.5 数据中心的发展趋势

在当前数字化、低碳化两大发展背景下，数据中心产业正由大规模、高速发展向绿色低碳、高质量全面演进，各个国家也在密集地出台相关政策来规范数据中心的建设和运营，以期实现高效的和可持续发展的目标，如我国的《关于加快构建全国一体化大数据中心协同创新体系的指导意见》、美国的《2022 年联邦数据中心增强法案》、印度的《国家数据治理框架政策》等都指出了数据中心协同、一体化的发展方向，推动了全球数据中心产业布局的不断优化。基于当前数据中心的现状和挑战，未来的发展趋势将呈现以下 6 个方面。

1. 绿色化：解决数据中心的高能耗问题

基于数据中心的高能耗问题，绿色化无疑将成为未来数据中心的重要发展方向，各国都相继出台政策引导绿色数据中心的建设。数据中心规模的迅速扩大，使运营成本大幅提高，其中电力支出成本是最主要的运营成本之一，如何提高能源利用效率，降低高能耗问题已成为各个数据中心的热门研究课题。例如，Microsoft、Google、Facebook 等在内的各大企业都在积极引入水冷、液冷、风冷等各类绿色节能技术，提高能源利用率。同时基于虚拟化等技术降低服务器功耗，也是一种降低能耗的思路。

2．智能化：助力数据中心智慧运维

数据中心运维主要专注于数据中心机房的容量管理、安全管理、温湿度环境的监控及机电设备的监控，随着数据中心对可持续发展的要求，智能化是目前最重要的发展方向之一。数据中心在长期运营中面临的远程巡检、专家会诊和云平台、云端训练等都离不开人工智能技术的加持，未来人工智能的运维、声音识别、图像识别和自动传感技术会成为助力数据中心智能运维解决方案的关键。智慧运维不再局限于维护基础设施的韧性和安全性，还包括增强数据中心的可持续性，达到最小化能源和其他自然资源的消耗。

3．异构化：承载多样化业务的必然需求

数据中心日趋庞大，必将承载越来越广泛的数据业务需求，且对灵活性有极高的要求，必然会带来数据中心产品、技术乃至理念质的提升。数据中心为满足应用需求，可根据特定应用需求动态选择"最佳"软、硬件系统，并在应用场景中融合不同的数字化技术。未来，随着数据中心支持业务的多样性，数据中心将会向模块化、预制化数据中心发展，让数据中心可以实现快速建设，在经济性和可靠性上实现最佳配比。

4．边缘数据中心：将成为数据中心的新形态

金融、交通、教育、工业等行业对泛在算力场景的需求不断增长，用户需要随时、随地接入更便利、更高质的算力服务，基于泛在算力使用和交易需求衍生的算力网络成为数据中心发展的重点。随着边缘数据中心规模的不断扩大，用户数据获取来源变得更加多样，边缘数据中心不仅意味着将数据获取节点从中心移动到边缘，还意味着数据处理流程模式的改变，使边缘数据中心的安全性等面临新的问题和挑战。

5．集群集约化部署：满足超大规模计算和数据存储需求

传统数据中心的计算、存储和网络彼此独立，具有不错的稳定性，但随着互联网、移动互联网和云计算等大规模应用需要部署在多个数据中心上，给数据中心带来了繁重的同步任务和巨大的宽带成本，亦给资源部署、扩展、管理带来了极大挑战。在集群部署中，多个数据中心相互集成，形成了算力资源网络；集约化部署可以节省数据中心之间的交互成本，也有利于降低部署和运维成本。因此，集群部署和集约化部署可以满足未来超大数据量的大规模计算和数据存储要求，是数据中心的发展趋势。

6．数据治理：人工智能技术助力数据安全

当前，网络攻击的种类和数量增长迅速，特别是在大数据时代，由于网络攻击，使隐私数据丢失、情报线索泄密、网络设备故障等危害公共信息安全的事件频发，进而导致网络诈骗、黑客攻击、网络盗窃等犯罪事件层出不穷。传统的信息安全已无法保障大数据时

代的信息安全, 而基于人工智能的智能化安全防御策略成为维护网络空间安全的一种武器。将人工智能技术引入信息安全防护领域, 推动网络信息安全的稳定性与可靠性, 让数据更加安全, 助力数据中心的经营决策, 为数据中心发展增值、增效。

1.6 数据中心在我国的发展

1.6.1 数据中心在我国的发展趋势

当前, 算力正在成为一种新的生产力应用于各行各业中, 并成为赋能科技创新、助推产业转型升级的新动能。算力需求的不断出现, 为通用计算、智能计算、超级计算和边缘计算等不同类型和不同形式的数据中心的发展提供了市场推动力, 促进了我国数据中心市场规模的持续增长。技术层面上, 能量存储、冷存储、高密度、算力网络和超级融合体系结构等技术的创新, 促使数据中心向大型化、智能化、绿色化方向发展。未来, 我国的数据中心市场将继续保持高速增长, 产业布局和生态将继续优化, 能够为用户提供广泛、智能、可靠的算力资源。

1. 产业持续、稳定发展

以数字技术为核心驱动的第四次工业革命正在给人们的生产、生活带来深刻变革, 数据中心作为承载各类数字技术应用的物理底座, 产业赋能价值正在逐步凸显。全国一体化大数据中心、新型数据中心等政策文件的出台及"东数西算"工程的实施, 为我国数据中心协同、一体化发展指明了方向, "新基建"的发展及"十四五"规划中数字中国建设目标的提出, 为我国数字基础设施建设提供了重要指导, 使我国数据中心产业发展步入了新阶段。数据中心规模稳步提升, 低碳高质、协同发展的格局正在逐步形成。

2. 收入方面: 全球市场平稳增长, 我国维持高速增长

在数据中心市场收入方面, 2021 年全球数据中心市场收入超过 679 亿美元, 较 2020 年增长 9.8%。预计 2025 年市场收入将达到 746 亿美元, 增速总体保持平稳。受新基建、数字化转型及数字中国远景目标等国家相关政策的促进及企业降本、增效需求的驱动, 我国数据中心业务收入持续高速增长。2021 年, 我国数据中心行业市场收入达 1500 亿元左右, 近三年年均复合增长率达 30.69%, 随着我国各地区、各行业数字化转型的深入推进, 我国数据中心市场收入将保持持续增长态势。

3. 需求方面: 新兴市场需求强劲, 我国应用场景多样

我国的数字经济蓬勃发展, 截至 2021 年 12 月, 我国互联网用户规模达 10.32 亿人。庞大的上网群体及大数据、云计算、人工智能等高新技术的加速创新, 使数字经济正在成为重组生产生活要素资源、重塑社会经济结构、改变全球竞争格局的关键力量。远程办公、在线医疗、社区团购等新业态的持续发展，也让更多人们不断从网络经济、社会和文化中获得满足。应用场景的多元化对数据中心功能的定位提出了新要求，数据中心已经不仅是承载云计算、大数据及人工智能等数字技术应用的物理底座，也正成为一种提供泛在普惠算力服务的基础设施，广泛参与到社会生产、生活的各个领域并实现全面赋能。

4. 低碳方面：技术机制不断完善，节能实践快速推进

数据中心是技术密集型产业，节能降碳是一项系统工程，涉及规划、设计、建设、运维等方面，我国通过技术创新及液冷、蓄冷、高压直流、余热利用、蓄能电站等技术的应用，以及太阳能、风能等可再生能源的利用，进一步降低了数据中心的能耗及碳排放。同时，建立绿色数据中心管理制度及内部碳定价制度促进数据中心的绿色转型。绿电证书及绿电交易市场机制的建立和完善，有效激发了数据中心使用绿色能源、降低碳排放的积极性。

5. 政策方面：中央地方协同联动，推动低碳、高质发展

我国高度重视数据中心低碳、高质发展，国家发改委等四部门先后发布了《关于加快构建全国一体化大数据中心协同创新体系的指导意见》《全国一体化大数据中心协同创新体系算力枢纽实施方案》和《贯彻落实碳达峰碳中和目标要求　推动数据中心和 5G 等新型基础设施绿色高质量发展实施方案》等政策文件，从绿色低碳、算力赋能、智能运营、安全可靠等方面出发，引导我国数据中心向低碳、高质发展。除此之外，北京、上海、广东等多个省市积极响应，陆续出台了一系列文件规范数据中心的建设和能效，如北京市发布的《北京市数据中心统筹发展实施方案（2021—2023 年）》、上海市发布的《上海市数据中心建设导则（2021 版）》、广东省发布的《广东省数字经济发展指引 1.0》和河南省发布的《河南省促进大数据产业发展若干政策》，形成了中央与地方协同联动，全面指引我国低碳、高质数据中心的建设。

1.6.2　"东数西算"工程

数据中心算力是指数据中心的软、硬件设施对数据的计算、存储、输出等能力的综合评判指标，由通用计算能力、高性能计算能力、存储能力和数据流通能力共同衡量。当前，我国的数字化经济飞速发展，数据已经成为数字时代的基石，而算力成为核心生产力。近年来，人工智能、5G、元宇宙等的快速发展，加上传统产业也在逐渐向数字化发展，导致算力需求的激增。据数据分析，未来我国数据中心算力的需求仍然会以 20% 的速度逐年增长。根据浪潮集团发布的算力评估报告，算力指数每提升 1%，GDP 就会增长 0.18%。

我国算力需求在地区上明显失衡，东部地区的算力资源紧张，西部地区的算力资源富足，"东数西算"顾名思义就是先将智能计算需求量较大的东部地区的数据通过数据中心及其他新型算力网络体系转移到西部地区进行分析和运算，再将计算结果传回东部地区，使西部地区的算力资源得到更好的利用。通过"东数西算"工程平衡算力供求关系是我国未来发展的重要方向。"东数西算"是与"南水北调""西气东输""西电东送"类似的工程，都是由于我国自然资源及人口的分布不均匀而开展的工程。

2021 年 5 月，"东数西算"工程在《全国一体化大数据中心协同创新体系算力枢纽实施方案》中被提出，对实施的理论依据、布局原则、重点任务和保障措施做了解读，为工程加速实施提供了重要保障。2022 年 2 月 17 日，中共中央网络安全和信息化委员会办公室等部门联合下发通知，同意启动建设 8 个国家算力枢纽和 10 个国家数据中心集群，至此，"东数西算"工程正式启动。

实施"东数西算"工程，对我国进一步提速数字中心的发展，具有十分重大的战略意义。

1．有利于提升国家整体算力水平

目前，数据中心已成为支持各行各业"上云用数赋智"的关键信息基础设施。通过国家一体化数据中心的布局建设，扩大数据中心规模，推进由东向西的梯次布局，对提高计算利用效率，实现国家计算规模集约化发展起加速作用。推动"东数西算"工程逐步快速迭代，优化资源配置，也将更好地实现数字化发展。

2．有利于促进绿色发展

我国数据中心的年用电量约占全国用电量的 2%，而且这一占比仍在迅速增长。我国西部地区资源丰富，特别是可再生能源丰富，具有发展数据中心和承载东部地区算力需求的潜力。"东数西算"工程通过增加西部地区数据中心的布局，可以大幅提高绿色能源的使用比例，消耗和利用西部地区附近的绿色能源，并通过技术创新、低碳发展等措施，持续优化数据中心的能源利用效率。

3．有利于扩大有效投资

从 IT 设备制造、通信服务、数据中心建设到绿色能源供应，数据中心形成的产业链之长，涵盖范围之广，投资规模之大，是任何产业都无法比拟的。通过建设国家算力枢纽和国家数据中心集群，不仅能有效带动相关产业的上游或下游投资，形成更多的内需增长点，而且能加快数字产业化和产业数字化进程，使我国的数字经济不断做强、做大、做优。

4．有利于推动区域协调发展

目前，我国数据中心存在一定程度的供需失衡、发展无序等问题。通过"东数西算"工程由东向西布局，可以带动数据中心相关产业的有效转移，促进东、西部地区数据流通和价值传递，发挥各地区在市场、技术、人才、资金等方面的优势，达到优势互补、强项互补，拓展东部发展空间，助推西部大开发形成新格局。

第2章 数据中心的关键技术

当前，全球新一轮科技革命和产业革命正在兴起，数字经济处于密集创新和高速增长的阶段，成为促进经济社会发展的主要推动力，而数据中心是数字经济时代的核心基础设施和国家战略资源。数据中心的核心技术涉及计算技术、存储技术、网络技术和虚拟化网络技术等。

2.1 数据中心的基础设施

数据中心能通过合理的信息系统架构，实现信息的处理、传输、存储、交换和管理等功能，并作为提供业务服务和数据存储的关键基础物理设施，核心基本元素包括计算单元、存储单元和网络资源等，同时还有与之配套的系统及辅助设备，包括电力、空调和传输管路等。随着数据中心业务的不断增加，需要处理的数据吞吐量也急剧增加，因而高性能算力需求是数据中心的首要目标，但要兼顾系统的高可靠性，既要保证计算装置、存储装置和网络资源的稳定性，又要保证辅助设备的高可靠性，主要涉及供配电系统、制冷系统、消防系统和安防系统等。

1. 供配电系统

供配电系统是数据中心的重要组成部分，主要包括市电引入、变电站、高低压配电设备和备用发电机组等，用于为数据中心提供基础动力来源、能源配送和可靠性保障。为了保障机房的可靠用电，通常接入两路以上不同的电力公司，或同一公司的两条不同线路，同时配置多个不间断供电系统（UPS），以及一定数量的柴油发电机等。若一路电力公司的电力出现故障，可及时切换另一路电力公司的电力作为保障。在极端情况下，若接入的市电出现故障，则可采用配备的 UPS 及柴油发电机，保证其在一段时间内为数据中心提供电力。

2. 制冷系统

制冷系统是数据中心的散热器，机房通常会根据制冷需求，配置多台空调对设备降温。为了达到最好的降温效果，可选择不同的送风方式，常用的有从下面送风、从侧面送风等，有的机房甚至采用液体降温。为了保证机房设备的正常运转，就要确保机房能连续、稳定地制冷，将机房产生的热量及时排出，以保证机房的温度和湿度维持在合理范围。例如，

Facebook 有一个位于北极圈南部的数据中心，北极的低温就是数据中心天然的降温器，大大降低了机房在制冷方面的成本。

3. 消防系统

消防系统是数据中心的重要基础设施之一，机房内要配置一定数量的消防灭火器，其通常使用 FM-200 气体灭火药剂灭火，同时安装烟感、温感等消防传感探测器，以及全方位无死角监控设施，若机房出现火灾等突发事件，则可在第一时间发现并及时处理，快速消除机房的消防安全隐患。

4. 安防系统

安防系统是数据中心运行后进行日常安全运维的重要支撑。因为数据中心的各种机柜、计算设备和存储设备等属于不同企业的自有资产，为保证企业设备的安全性，机房需要有严格的门禁系统、监控系统及规范的操作流程等。必要时，可能会专门为 VIP 企业划分相对独立的空间，存放该企业的设备，若无授权，则其他人不能进入，从而保证 VIP 企业的专用设备不会被第三方恶意破坏，以影响业务。

2.2　计算技术

随着国民经济朝数字化方向快速发展，算力逐渐成为数字经济的核心生产力。数据中心的主要任务是提供算力服务，服务器是执行运算功能的主体，与此配合的是存储设备和网络设备，三者为数据中心服务的主要载体。服务器是数据中心的核心计算单元，一般包括运行操作系统、数据库系统和 Web 系统等的软件系统，以及能够为网络上其他终端提供服务的硬件设备。广义的服务器是指网络中能对其他用户提供某些服务的计算机系统；狭义的服务器是指一台高性能的计算机，能通过网络对外提供服务。

服务器中的具体计算单元是处理器，可分为 CPU、GPU 和 DPU，三种处理器的独立演进和相互协作，能更好地满足数据中心的计算需求。

2.2.1　CPU

CPU 全称为中央处理器（Central Processing Unit），主要包括运算器（Arithmetic Unit，AU）、控制单元（Control Unit，CU）、寄存器（Register）、高速缓存器（Cache）及数据总线（Data Bus）、地址总线（Address Bus）、控制总线（Control Bus）和状态总线（Status Bus）等。常用的 CPU 架构采用的是冯·诺依曼架构，即存储程序按指令顺序执行。CPU 偏向采用以控制为中心的结构，自身支持完备的指令集，通过编程指令序列定义计算任务，并通过执行指令序列完成特定的计算任务。CPU 采用的指令集具备极其灵活的编程支持，利于实现任意定义的计算逻辑，因而通用性较强。CPU 中的大量资源服务于控制逻辑功能，导致计算能力相对较弱，但 CPU 更擅长逻辑控制，不适于大规模的并行计算环境。

2.2.2　GPU

GPU 全称是图形处理器（Graphics Processing Unit），用于解决 CPU 执行大规模并行运算任务时遇到的速度受限等问题。GPU 采用以数据计算为中心的结构，形式上更倾向于作为专用加速器。GPU 的结构为数据并行（Data-Parallel）结构，通过大规模同质核执行细粒度并行计算，来获得较大的数据处理带宽。GPU 开始专注于处理图像领域的运算加速，因为图像上的每个像素点都需要处理，且每个像素点处理的过程和方式基本相同，可以并行计算，使 GPU 在图像处理方面的计算能力非常强。实际应用时，GPU 无法单独工作，必须由 CPU 进行控制调用才能工作。通常由 CPU 处理复杂的逻辑运算和异构数据类型，当遇到需要处理大量且统一类型的数据时，则调用 GPU 并行计算。

2.2.3　DPU

DPU 全称是数据处理单元（Data Processing Unit），是近几年才发展起来的一种专用处理器，偏向于以数据为中心的结构，形式上集成了更多类别的专用加速器，通过指令的灵活性获得更极致的处理性能。相对于 GPU，DPU 需要更多的外置网络接口，既包括外部以太网，也包括内部虚拟 IO，所以 DPU 所处理的并行数据更多的是大量并行处理的数据包，而不是图像中的像素点级并行数据。DPU 一般用于安全、网络、存储和 AI 等业务的加速处理，旨在降低 CPU 的利用率，满足网络专用计算的需求，尤其适于服务器量多、对数据传输速率要求严苛的场景。DPU 的出现并非要替代 CPU 和 GPU，而是通过三种处理器配合使用，更好地满足数据中心市场差异化的需求。

2.3　存储技术

2.3.1　存储技术的发展

存储设备是数据中心不可缺少的重要部分，任何数据中心的数据最终都要放到存储设备上，随着数据中心规模越来越大，需要存储的数据量也越来越大，这对存储设备提出了更高的要求。自 1951 年莫克利和埃克特发明的第一台通用自动计算机 UNIVAC-I 采用磁带机作为外存储器，到 1956 年 IBM 设计的第一台硬盘存储器，发展至今，计算机基本采用的是直接存储的形式，即将存储设备直接连接到服务器上。

在云计算发展的不断推动下，存储也从传统的以主机为中心的存储结构，向网络存储系统发展。网络存储技术是一种通过网络进行数据存储的存储技术。网络存储是指通过专用的网络设备，包括专用数据交换设备、磁盘阵列、固态硬盘或磁带库等存储介质及专用的存储软件；或利用原有网络通过构建一个新的存储专用网络，为用户提供信息存取和共享服务。网络存储将存储系统扩展到网络上，存储设备作为整个网络的一个节点，为其他节点提供数据访问服务。即使计算主机本身没有硬盘，仍可通过网络来存取其他存储设备上的数据。

网络存储的主要特征：超大存储容量、大数据传输率及高效系统可用性、远程备份、异地容灾等。基于网络存储技术，能使数据的存储和访问突破空间限制，使数据的使用更加自由、灵活。现有的网络存储大致分为三种：直连式存储（Direct Attached Storage，DAS）、网络接入存储（Network Attached Storage，NAS）和存储区域网络（Storage Area Network，SAN）。

2.3.2　DAS 技术

DAS 是一种直接与主机系统相连接的存储设备，即存储设备通过电缆直接连接到服务器上，并作为服务器的一个组成部分。DAS 架构如图 2-1 所示。服务器结构如同 PC 架构，外部数据存储设备（磁盘阵列、光盘机和磁带机等）都直接挂载在服务器内部的总线上。数据存储设备是整个服务器结构的一部分，同样服务器也担负着整个存储网络的数据存储职责，类似主机的内置硬盘，其区别是：采用 DAS 方式可以挂载容量更大的存储介质，存储更多的数据。

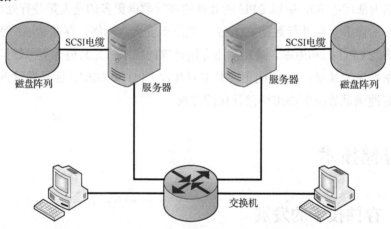

图 2-1　DAS 架构

DAS 与服务器主机之间的连接通常采用小型计算机系统接口（Small Computer System Interface，SCSI）。随着 CPU 的处理能力越来越强，存储硬盘空间越来越大，阵列的硬盘数量越来越多，SCSI 通道的带宽会成为 IO 瓶颈；服务器主机 SCSI ID 资源有限，能够建立的 SCSI 通道连接有限，DAS 的数据量越大，备份和恢复的时间就越长，对服务器的依赖性和影响就越大，因而 DAS 只能逐渐被应用到小型网络和中小型数据中心。在中小企业中，DAS 是最主要的存储模式之一，存储系统被直连到应用服务器中。

DAS 方式具有以下优势：购置成本低、配置简单，与使用本机硬盘并无太大差别，对于服务器仅要求有一个外接的 SCSI，因此对于小型企业很有吸引力，但存在以下局限性。

（1）服务器本身的处理能力容易成为系统瓶颈。

（2）若服务器发生故障，则会导致数据不可访问。

（3）对于存在多台服务器的系统来说，多台服务器使用 DAS 时，存储空间不能在服务器之间动态分配，造成资源浪费。

（4）对多台服务器的数据备份时，网络管理员需要耗费大量时间分别对不同服务器进行数据备份，导致数据备份操作复杂。

2.3.3　NAS 技术

NAS 通常也称为网络附加存储。NAS 技术是一种将分布、独立的数据存储整合为大型、集中化管理的数据中心，以便对不同主机和应用服务器进行访问的技术。NAS 是基于现有的局域网，采用网络文件系统（NFS）或者当前环境下的通用网络文件系统（CIFS）等标准协议，为存储设备端提供基于网络访问的服务。NAS 架构如图 2-2 所示。

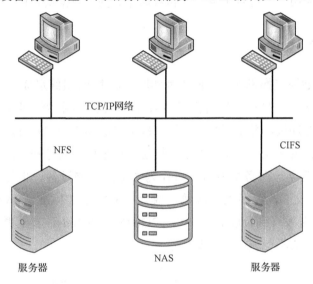

图 2-2　NAS 架构

NAS 之中内嵌的操作系统（简称 NAS 系统）是专用的文件服务器系统，没有计算服务功能，仅向用户提供文件存取服务，实现了操作系统和文件服务器的专门化，整个存储系统类似于一个专用文件服务器，可通过标准网络拓扑结构直接连接到局域网，并可使用目前常用的网络协议，还可通过设定系统的 IP 地址，使网络上的任意设备实现任意位置上的数据访问。当一个客户端要访问存储设备中的数据时，首先要利用文件重定向器把本地文件系统中的本地路径重定向到使用协议的网络操作，连接到远程管理服务器上；然后该服务器会生成访问命令并发送给存储系统；最后，通过网络直接和客户端进行交互传输数据。

NAS 系统的优势包括：

（1）NAS 系统是特殊的存储系统，采用提供存储功能的微核操作系统或应用系统，只具备通信和存储功能，能优化存储设备的性能和功能。

（2）NAS 系统是即插即用的网络集成系统，可方便、快捷地安装到其他局域网络上，无须对客户系统进行太多的配置。

（3）客户端的灵活性，NAS 系统适于多种平台，与其他网络设备互联只需要采用标准协议接口，无须弄清各个客户和服务器系统内部的实现细节。

（4）文件级的共享性，NAS 系统可以在异构操作系统用户之间实现文件级共享，从而快速、安全地存取文件级数据。

（5）性价比高，NAS 系统基于现有的局域网络及相应的设备，建设和配置总费用较低。

NAS 系统的局限性包括：

（1）传输速率慢，由于普通的局域网不是针对存储应用设计的专用网络，且局域网上连接有大量的计算机，因此存储设备从有限的网络带宽中能分到的带宽必然有限，导致 NAS 系统的传输速率慢且不稳定，受带宽消耗的限制，无法完成大容量的存储应用。

（2）数据库支持有限，NAS 系统是采用基于文件的方式来存储数据的，主要针对文件共享和文件备份等应用，不适合事务处理和数据库等基于数据块存储方式的应用。

2.3.4　SAN 技术

SAN 通过光纤通道交换机连接存储阵列和服务器主机，最终形成一个专用的存储网络。SAN 架构如图 2-3 所示。SAN 可以看作存储总线概念的一个扩展，存储设备能组成单独的网络，大多利用光纤连接，并采用光纤通道（Fiber Channel，FC）协议。SAN 技术带动了光纤通道交换机的普及和发展，在数据中心搭建了与数据网同等的存储网络。SAN 可在服务器间共享，也可为某一服务器专有；可作为本地的存储设备，也可扩展到其他地方。SAN 经过十多年的发展，已经相当成熟，成为业界的事实标准。SAN 的带宽从原来的100Mbit/s、200Mbit/s 发展到目前的 1Gbit/s、2Gbit/s 或 8Gbit/s，甚至更高，SAN 技术已成为目前大部分数据中心不可缺少的存储技术。

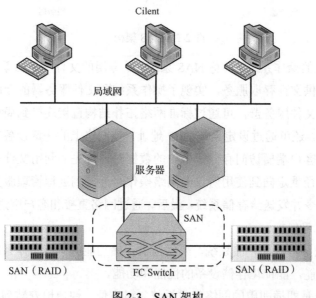

图 2-3　SAN 架构

SAN 不受现今主流和基于 SCSI 存储结构的布局限制，随着存储容量的增长，SAN 允许企业独立增加其存储容量。SAN 的结构允许任何服务器连接到任何存储阵列，且不受物理位置的限制，服务器可直接存取所需要的数据，且 SAN 采用了光纤接口，使其提供的带宽更宽。SAN 作为一种新兴的存储方式，是未来存储技术的发展方向。

SAN 的优势包括：

（1）SAN 可提供 2Gbit/s 到 4Gbit/s 的传输速率，同时 SAN 独立于数据网络存在，因此存取速度很快。

（2）SAN 一般采用高端的磁盘冗余阵列（RAID），使 SAN 的性能在几种专业存储方案中最佳。

（3）由于 SAN 基础是一个专用网络，因此扩展性较强，无论是在 SAN 中增加存储空间还是增加几台使用存储空间的服务器都非常方便。

（4）通过 SAN 接口的磁带机，使 SAN 能更方便、更高效地实现数据的集中备份。

SAN 的局限性包括：

（1）价格昂贵，SAN 阵列柜及光纤通道交换机（FC Switch）的价格相对昂贵，且服务器上使用的光通道卡价格也相对较高。

（2）SAN 需要构建独立的光纤网络，当异地扩展时，建设过程较为困难。

2.3.5　三种存储技术的比较

根据服务器类型可将存储分为封闭系统的存储和开放系统的存储，封闭系统的存储主要指专用的大型机，开放系统的存储指基于 Windows、UNIX、Linux 等操作系统的服务器。开放系统的存储分为内置存储和外挂存储，其中内置存储是由服务器内部硬件设备（控制总线、数据总线、地址总线和电源系统）组成的存储。外挂存储根据连接方式分为 DAS 和 FAS（Fabric-Attached Storage，网络化存储），其中 DAS 是指将存储设备通过总线接口直接连接到一台服务器上使用的存储，FAS 根据传输协议又分为 NAS 和 SAN。存储分类如图 2-4 所示。

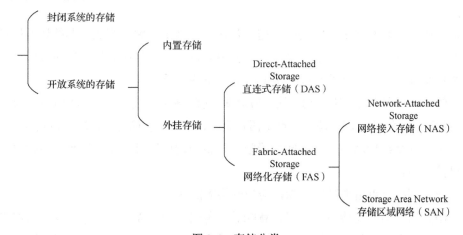

图 2-4　存储分类

从连接方式上对比，DAS 通过存储设备直接连接应用服务器，具有一定的灵活性，但传输带宽受限；NAS 通过现有网络（TCP/IP、ATM 或 FDDI）技术连接存储设备和应用服务器，存储设备位置扩展灵活；SAN 通过光纤通道技术连接存储设备和应用服务器，具有很好的传输速率和扩展性能。

三种存储技术各有优势，在市场上共存，已占到现在磁盘存储市场的 70%以上。DAS、NAS 和 SAN 系统的详细比较，如表 2-1 所示。

表 2-1　DAS、NAS 和 SAN 系统的详细比较

存储类型	DAS	NAS	SAN
价格	价格较低	价格中等	价格较高
可扩展性	非常有限	依赖于解决方案	依赖于解决方案
可管理性	效率较低	效率较低	效率较高
容错性	一定程度的容错性	一定程度的容错性	容错性很好
是否适合文件存储	是	是	是
是否适合网页服务	是	否	是
是否适合 Exchange 存储	是	是	是
安装的简易性	是	否	是
灾难恢复的能力	没有	没有	很多
操作系统的支持	全部	N/A	Windows、Linux、UNIX、NetWare
主要提供商	任何服务器提供商	华为、IBM、Dell、HP、Network Appliance	华为、IBM、EMC、HP、Network Appliance

2.4　网络技术

2.4.1　传统网络技术架构

数据中心的互联网络是关键基础设施，是连接数据中心大规模服务器的核心枢纽，也是承载网络化计算和网络化存储的基础。数据中心执行的计算任务往往伴随着服务器之间的海量数据交互，底层网络性能决定了上层运算服务的质量。

传统的三层数据中心网络架构是为了应对服务客户端和服务器应用程序的大流量，同时方便网络管理员对流量进行管理。优点是拓扑简单、部署实现简捷，但缺点也较为明显。

（1）采用树型结构网络，扩展能力受限于设备的端口数目，无法满足目前数据中心网络的高可扩展性。

（2）一旦网络节点出现网络故障，会使网络隔离和瘫痪。

（3）服务器之间的连接带宽受限，意味着服务器的流量需要经过第三层，最终在树型结构的根节点处会存在带宽瓶颈，容易导致过载，该问题是树型结构无法规避的。

2.4.2　虚拟化网络技术

虚拟化网络技术能够有效提高服务器利用率、减少能源消耗和降低客户运维成本，使虚拟化技术得到了极大发展。虚拟化给数据中心带来的不仅是高效的服务器利用率，还有网络架构的变化，原因在于虚拟机迁移技术需要灵活调配计算资源，进一步提高虚拟机的资源利用率。虚拟机迁移要求迁移前后的 IP 地址和 MAC 地址不变，且网络处于同一个二层域内部，使"二层网络规模有多大，虚拟机就能迁移多远"。

由于客户要求虚拟机迁移的范围越来越大，甚至是跨越不同地域、不同机房之间的迁移，导致数据中心对大二层网络架构日益迫切。在大二层网络架构下，服务器可在任意地点创建和迁移，无须对 IP 地址或者默认网关进行修改。大二层网络架构 Layer2/Layer3 网络分界在核心交换机之下，即整个数据中心是 Layer2 网络（多个 VLAN，VLAN 之间通过核心交换机做路由进行连通）。大二层网络架构如图 2-5 所示。

数据中心的大二层首先需要解决的是数据中心内部的网络扩展问题，通过大二层网络和虚拟局域网（VLAN）的延伸，覆盖多个接入交换机和核心交换机，实现虚拟机在数据中心内部的大规模迁移。大二层网络架构中常用的技术有虚拟交换机技术和隧道技术。

1. 虚拟交换机技术

大二层网络的核心是环路问题，而环路问题是由冗余设备和链路产生的，因此，若将相互冗余的两台或多台设备、两条或多条链路合并成一台设备和一条链路，即可回到之前的单设备、单链路情况，自然能够避免环路。尤其随着交换机技术的发展，虚拟交换机技术已广泛应用于从低端盒式交换机到高端框式交换机，具备了相当的成熟度和稳定度。因此，虚拟交换机技术成为目前应用最广的大二层网络解决方案之一。

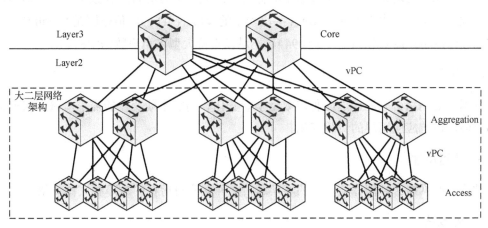

图 2-5　大二层网络架构

虚拟交换机技术的代表是 H3C 公司的 IRF 和 Cisco 公司的 VSS，它们的特点是只需要对交换机的软件进行升级即可支持虚拟交换机技术，应用成本低、部署简单。目前，此类技术都是由各厂商独立实现和完成的,在同一厂商的相同系列产品之间才能实施虚拟化。同时,由于高端框式交换机的性能和密度越来越高,对虚拟交换机的技术要求也越来越高,目前高端框式交换机的虚拟化密度最高为 4∶1,密度限制了大二层网络的规模为 1 万～2 万台服务器。

2. 隧道技术

大二层网络不允许有环路,冗余链路必须阻塞掉。隧道技术通过在二层报文前插入额外的帧头,采用路由计算方式控制整网数据的转发,可以在冗余链路下防止广播风暴,还可以使用等价链路,即可以在该网络环境下同时使用多条等价链路,不仅可以增加传输带宽,而且可以无时延、无丢包地备份失效链路的数据传输。因此,隧道技术可将大二层网络的规模扩展到整个网络,且不受核心交换机数量的限制。代表性的隧道技术是 TRILL(TRansparent Interconnection of Lots of Links,多链路透明互联)和 SPB(Shortest Path Bridging,最短路径桥接),都是通过借用 IS-IS 路由协议的计算和转发模式实现大二层网络的大规模扩展的。隧道技术可以构建比虚拟交换机技术更大的超大规模二层网络(应用于大规模集群计算),但尚未完全成熟,目前正进行标准化中。

2.4.3　面临的挑战

在当前云计算高速发展的背景下,数据中心网络是云计算生态中非常重要的一环,在云计算模式下网络承担了基础底座的功能。计算、存储和交换等功能均需要网络承载,面临着诸多挑战。

1. 扩展性

在云数据中心场景下,一个数据中心需要容纳成千上万的租户和数千个租户网络,因此扩展性至关重要。由于 12bit VLAN 字段表示的 VLAN ID 的取值范围是 0～4095,实际可用的 VLAN ID 共 4094 个(1～4094),不足以支持大型多租户数据中心。

2. 弹性

数据中心网络必须能够适应租户数量不断变化和功能不断变化的需求,做到快速调整网络资源,以响应应用层的负载变化。

3. 高可用性

数据中心网络必须能保证全年的连续运转,并能应对潜在的故障和灾难场景。

4. 开放性

为防止对单一品牌的过度依赖,越来越多的大型数据中心网络都在朝着"白盒"方向演进,品牌厂商也在要求不断开放基于数据中心部署的标准。

5．安全性

在云数据中心，多租户的网络隔离、公有云和私有云之间的安全策略及未授权设备的接入访问等安全性问题较为重要。

6．敏捷性

应用层部署请求完成所需时间是考验数据中心网络敏捷性的重要标准。

7．低成本

数据中心的总体成本包括资本支出和运营支出。虽然资本支出部分随时间而开销，但运营支出部分是持续性支出，因此降低数据中心的运营成本至关重要。

8．一体化解决方案

不同于传统数据中心逐点部署的方式，当前数据中心需要一套整体解决方案，使网络与计算、存储等资源紧密结合，并协同软件定义网络（SDN）控制器完成复杂场景的自动化任务。

2.5 数据中心的节能方案

数据中心能耗主要包括服务器、交换机、空调、UPS、安防和照明等的能耗，具体的数据分布如图 2-6 所示。从图中可以看出，数据中心最大的能耗来自服务器，因此需要重点关注服务器的能效状况。另外，数据中心空调的能耗占数据中心总能耗的 31%，该部分也被视为数据中心节能的极具潜力部分；供电系统的能耗占数据中心总能耗的 12%，主要来自 UPS、照明等供电系统的能效转换。综上，要降低数据中心的能耗，需要从计算设备（服务器等）、空调和供电系统 3 个方面实施改进。

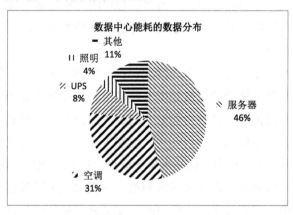

图 2-6 数据中心能耗的数据分布

2.5.1　降低服务器能耗

数据中心设备类型较多，但是能耗占比最大的是服务器，因此如何提高服务器的利用率，减少服务器数量是降低能耗的一个重要手段；另外，可从硬件和软件两方面着手，硬件方面可以采用节能型硬盘及组件来降低硬件本身的能耗；软件方面可以寻求高效的计算方法和存储模式，如通过改变数据中心网络的结构，实现低能耗的节点间路由机制等。最为关键的是如何降低服务器空闲状态的能耗，在实际应用中，数据中心必须提供 24 小时不间断服务，为了能有效处理所有的负载情况，许多数据中心都是根据峰值负载设计的，但直接导致大量服务器在非高峰期（尤其在夜晚和凌晨）常常处于空闲状态，此时空闲服务器不提供任何服务，但仍需消耗大量电能。因此，节能管理的重点就是在保证服务质量的前提下，提高现有服务器的利用率，尽可能减少不必要的能耗损失。

现阶段，利用虚拟化技术，只需要较少数量的物理服务器就能满足运行同等数量的应用软件的需求，并且当服务器利用率降低到预设的上限以下，比如低于 30%时，虚拟机就会自动迁移到其他可供使用的服务器上，成为帮助数据中心降低耗能的重要技术，也是提高服务器真实利用率的重要技术之一。虚拟化技术已经足够成熟，且掌握难度也在持续降低。因此，大多数据中心都已经采用虚拟化技术，不仅降低了设备采购成本，也降低了 IT 工程师的工作难度。

2.5.2　降低空调能耗

服务器在数据中心内分布密集，运行时会产生大量热量，为保证服务器在正常温度下运转，往往需要消耗大量的制冷能耗，而空调等制冷设备在制冷的同时，自身也成为重要的热量和能耗来源。空调系统占数据中心能耗的比例逐年增加，通过调研发现，导致空调系统长时间处于非满载运行状态的原因如下：

（1）通信设备对空调系统要求较高，设计时"安全余量"较大。

（2）设备分期安装、分期投入运行，数据中心启用初期空置率较高。

（3）空调系统的制冷量是通过夏季空调计算温度计算得到的，在其他季节，室外温度降低，制冷负荷明显减小。

综上，数据中心空调系统的节能潜力较大。在完整的系统架构不发生根本性改变的情况下，数据中心空调系统节能管理是数据中心基础设施节能最重要的一环。降低数据中心空调系统的能耗，可通过提高空调设备能效、减少冷量损耗、充分利用廉价能源及充分利用自然冷源等方法实现。根据数据中心所在环境和气候的变化，可采用不同类型的空调系统，并通过提高空调制冷电机效率、换热频率和降低制冷系统阻力，降低空调的制冷能耗。数据中心空调节能可采用变频技术实现对压缩机、水泵和风机等设备的调节，有利于空调系统的节能。当数据中心需要较多的冷空气时，变频式主机能增加转速，当数据中心有足够的冷气时，变频式主机能降低转速，以达到省电的目的。

2.5.3　降低供电系统能耗

目前，数据中心设备用电主要是交流电，是由变压器和 ATS（Automatic Transfer Switching Equipment，自动转换开关电器）组成的 UPS，UPS 能耗占数据中心机房所需总能耗的 8%。主要节能方式如下：

（1）采用无变压器的 UPS 设备。目前，越来越多的厂商推出无变压器的 UPS 设备，可以让整机效率提升至 90%以上。传统 UPS 设备的整机效率只有 75%～85%。因此，选用无变压器的 UPS 设备可以更有效地运用电源、降低电力成本。

（2）选择模块化、可扩展 UPS 设备。IT 设备会随着企业业务的增加而增加，企业为了备份通常会选购大型的 UPS 设备，但 UPS 设备的使用效率大都低于 30%，导致能源转换效率较低，造成电力浪费。

（3）数据中心的 IT 设备尽量选用 220V 的电压。处理器每花费 1W 的功率，实际上所消耗的功率大于 1.5W，损耗的原因在于电力输送损失和转换损耗，因而数据中心的 IT 设备应尽量缩短传输距离和转换次数。

2.6　虚拟化技术

虚拟化技术源于大型机虚拟分区技术，20 世纪 60 年代，IBM 发明了一种操作系统的虚拟机技术，允许用户在一台主机上创建多个虚拟环境，每个虚拟环境具有独立的操作系统。虚拟化技术本质上是一种资源管理技术，通过将计算机的各种实体硬件（服务器、网络及存储等）资源进行抽象，打破实体结构间不可逾越的障碍。通过虚拟化技术，用户可以最大限度地利用计算机资源，而不受地理或物理限制。主流的虚拟化技术包括虚拟机技术和容器技术。

2.6.1　虚拟机技术

虚拟机是物理客观上不存在，且肉眼不可见的计算机，但具备和物理机相同的功能。常见的虚拟化平台软件有"VMware Workstation"和"VirtualBox"等，可通过虚拟化平台在 Windows 11/10/7 和 XP 等系统中，创建一个虚拟机，并在虚拟机中安装 Windows 11/10/7、XP 或 Linux 等系统（在 Windows 11 系统下再运行一个 Windows 7 系统等）。虚拟机技术可以分为两大类：硬件虚拟化技术和指令集虚拟化技术，硬件虚拟化技术的典型代表包括 VMware 和 Xen 等，指令集虚拟化技术的典型代表包括 Qemu 和 Boch 等。

虚拟机主要通过虚拟机监视器运行，是一种运行在基础物理服务器和操作系统之间的中间软件层，可允许多个操作系统和应用共享硬件，用于实现虚拟机与底层硬件的解耦，以及物理服务器模拟一台或多台虚拟计算机。虚拟机原理架构如图 2-7 所示。虚拟机像真正的计算机一样，可安装操作系统和应用程序，并能访问网络资源。对用户而言，虚拟机只是运行在物理机上的一个应用程序，但对于在虚拟机中运行的应用程序而言，如同在真实的计算机上工作。因此，当在虚拟机中进行软件评测时，同样会出现系统崩溃的问题，但崩溃的只是虚拟机上的操作系统，而不是主机上的操作系统。通过使用虚拟机的恢复功能，可以立即将虚拟机恢复到安装软件之前的状态。

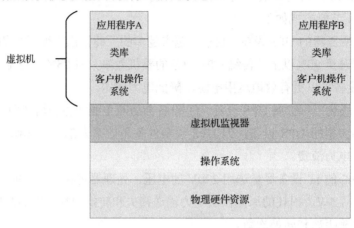

图2-7 虚拟机原理架构

虚拟机技术，即服务器虚拟化，并衍生出较多细分技术，已成为数据中心虚拟化的重要技术之一，在数据中心得到了广泛应用和发展。数据中心虚拟化技术架构包括应用层、虚拟机管理层和计算、存储资源层三部分，如图2-8所示。

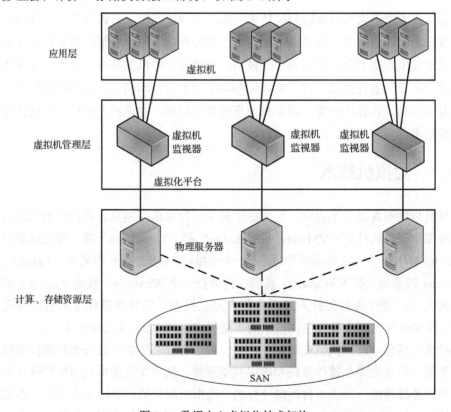

图2-8 数据中心虚拟化技术架构

（1）应用层：包括相同/不同操作系统的虚拟机，用于实现数据中心服务器的应用需求，如网页浏览、即时通信和媒体资源库等。

（2）虚拟机管理层：用于管理和控制应用层的虚拟机，包括虚拟机部署、生命周期管理、虚拟机迁移和资源调整等。

（3）计算、存储资源层：可以将物理服务器的资源按照虚拟机不同的应用需求进行分配。

数据中心的服务器虚拟化，具有多实例、隔离性、封装性和高性能等特性。

（1）多实例。服务器虚拟化可在一个物理服务器上虚拟出多个虚拟机，支持多个操作系统实例，可将服务器的物理资源进行逻辑整合，供多个虚拟机实例使用，并能根据实际需求把中央处理器（CPU）、内存等硬件资源动态分配给不同的虚拟机实例，实现有限资源的最大化利用，可以节省服务器管理的人力资源。

（2）隔离性。虚拟机之间可以采用不同的操作系统，因此每个虚拟机之间是完全独立的，当一个虚拟机出现问题时，这种隔离机制可以保障其他虚拟机不受影响。

（3）封装性。采用服务器虚拟化后，每个虚拟机的运行环境与硬件无关，通过虚拟化进行硬件资源分配，每个虚拟机就是一个独立的个体，可实现计算机的所有操作。

（4）高性能。根据上层应用的需求，动态构建适当数量、且计算能力适合的虚拟服务器群，以保证上层业务的高性能。

2.6.2　容器技术

虚拟机系统会占用比较多主机系统的物理资源，当需要迁移虚拟机服务程序时，需迁移整个虚拟机系统，迁移流程相对复杂。为提高虚拟机的迁移速度，近年来涌现了一种"轻量级"虚拟化技术——容器（Container）技术。容器也是通过虚拟化操作系统的方式来管理代码和应用程序的，目的和虚拟机类似，主要是创造一个"隔离环境"，但二者的区别在于，虚拟机是操作系统级别的资源隔离，而容器本质上是进程级的资源隔离。容器技术是在虚拟化技术后面出现的，虚拟机技术解决了资源分配和隔离的问题，容器技术解决的是应用开发、测试和部署等效率提升问题。

容器技术是一种更加轻量级的操作系统虚拟化技术，容器原理架构如图 2-9 所示。容器将应用程序及其运行依赖的环境打包封装到标准化、强移植的镜像中，通过容器引擎提供进程隔离、资源可限制的运行环境，实现应用与操作系统（OS）平台及底层硬件的解耦，一次打包，随处运行。容器基于镜像运行，可部署在物理机或虚拟机上，通过容器引擎与容器编排调度平台，实现容器化应用的生命周期管理。

容器技术可以将更多的计算工作负载引入到单台服务器中，且可以快速为新的计算任务增加资源。容器技术使用了一系列系统级别机制，诸如利用 Linux Name Spaces（LNS）来进行空间隔离，通过文件系统的挂载点来决定容器可以访问哪些文件，通过 Cgroup（Control Group，控制组）来确定每个容器可以利用多少资源，使每个容器内都包含一个独享的完整用户环境空间，并且一个容器内的变动不会影响其他容器的运行环境，且容器之间共享同一个系统内核，当同一个库被多个容器使用时，内存的使用效率会得到提升。

图 2-9　容器原理架构

容器技术主要由一些知名公司研发，如 BlueData、CoreOS、Docker、Kismatic、PortWorx 等公司，其中较为出名的属 Docker 公司推出的 Docker 容器技术，目前 Docker 容器技术已成为容器技术的经典代表，应用 C/S 架构，分为 Docker Client、Docker Host 和 Docker Registry，如图 2-10 所示。Docker 容器的运行过程：先是 Docker Client 发送 Docker Run 命令到 Dockerd，Dockerd 从本地或镜像仓库获取 Docker 镜像，然后通过镜像启动容器实例。

（1）Docker Client。Docker 应用/管理员，相应的 Docker 命令通过 HTTP/HTTPS、REST/API 等方式与 Docker Daemon 实现 Docker 服务使用与管理。

（2）Docker Host。Docker Host 为运行各种 Docker 组件提供容器服务，其中 Docker Daemon 负责监听 Docker Client 的请求并管理 Docker 对象（容器、镜像、网络和磁盘等）；Docker Image 提供容器运行所需的所有文件；Linux Kernel 中的 Namespace 负责容器资源隔离；Cgroup 负责容器资源使用限制。

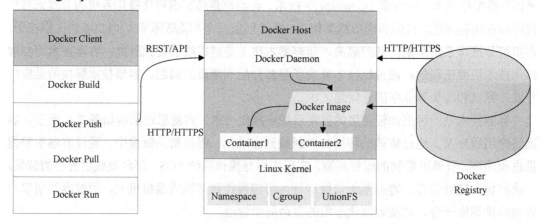

图 2-10　Docker 容器应用 C/S 架构

（3）Docker Registry。Docker Registry 为容器镜像仓库，负责 Docker 镜像存储管理，可以用镜像仓库 Docker Hub 或者自建私有镜像仓库 Docker Push/Pull 向镜像仓库上传/下载镜像。

Docker 容器具有以下特点：

（1）轻量化。单台主机上可运行多个 Docker 容器，共享主机操作系统内核；启动迅速，只需要占用很少的计算和内存资源。

（2）标准开放。Docker 容器基于开放式标准，能够在所有主流操作系统，如 Linux 系统、Windows 系统，以及包括虚拟机、裸机服务器和云在内的任何基础设施上运行。

（3）安全可靠。Docker 容器支持的隔离性不仅限于 Docker 容器之间的隔离，还独立于底层的基础设施。Docker 容器默认提供最强的隔离措施，因此当应用程序出现问题时，只涉及单个容器，且对其他容器不造成影响，更不会影响整台主机。

2.6.3　虚拟机与容器的区别

传统虚拟机技术是指先虚拟出一套完整的硬件平台，并在其上运行一个独立的操作系统，在该操作系统上再运行所需的进程。虚拟机和容器都是虚拟化的，但是技术热点和实现方式完全不同：①虚拟机能提供专用操作系统的安全性，以及更牢固的逻辑边界，使虚拟机管理程序与硬件进行信息传递，就如同虚拟机操作系统和应用程序构成了一个单独的物理机，此外虚拟机操作系统可以不同于主机操作系统。②容器技术虚拟化的是操作系统，而不是硬件，因此使容器具有更好的可移植性和使用效率。容器的应用进程直接运行于主机内核，容器没有自己虚拟的内核和硬件，因此，容器要比传统虚拟机更轻便。③容器具有轻量级特性，所需的内存空间较小，能够提供非常快的启动速度。

在数据中心的虚拟化进程中采用虚拟机还是容器，最终取决于具体需求。如果只是将应用运行的进程进行隔离，从管理应用运行环境、启动应用实例及控制资源开销方面考虑，容器是一个高效工具。从安全角度考虑，系统级的虚拟机能提供安全的隔离方案。虚拟机和容器在速度、资源、安全性和隔离性、可移植性、操作系统要求和应用程序的生命周期等 6 个方面存在差异，如表 2-2 所示。

表 2-2　虚拟机和容器的差异

对比项	虚拟机	容器
速度	速度慢	速度快
资源	占用资源多	占用资源少
安全性和隔离性	隔离性强、安全系数高	隔离性弱、安全系数低
可移植性	可移植性弱	可移植性强
操作系统要求	可创建一个或多个操作系统	只能创建单个操作系统
应用程序的生命周期	应用程序生命周期长	应用程序生命周期短

1. 速度

在速度方面，容器相比虚拟机具有明显优势，容器往往被用来减少软件应用程序的加载和运行时间，由于操作系统已经启动和运行，因此应用程序的启动没有明显的延迟。相反，虚拟机需要充足的时间来完成虚拟操作系统的启动，导致虚拟机启动时间要比容器长。

2. 资源

由于虚拟机有独立的操作系统，每个系统调用都要经过虚拟化层，属于资源密集型虚拟机。对于内存来说更是如此，因为即使不处理用户请求，虚拟机也会消耗内存。与虚拟机相比，容器的内存消耗保持在较低水平，此外，容器可以不使用管理程序而运行，开销较小。

3. 安全性和隔离性

虚拟机在安全和隔离方面具有较大优势。由于虚拟机能保持独立和相互隔离，一个虚拟机被感染不会影响其他主机，且每个虚拟机都可以选用自己的安全协议。容器只在进程层面隔离数据和应用程序，提供的安全环境较差，并依赖于主机系统的安全协议。

4. 可移植性

相比虚拟机，容器镜像较小，且更容易转移，以节省主机文件系统的空间，原因是虚拟机的移植过程需要复制整个操作系统、主机内核、系统库、配置文件和任何必要的文件目录，增加了镜像的大小。容器移植时，涉及的移植内容较少。

5. 操作系统要求

虚拟机可同时创建多个不同操作系统的虚拟主机，容器只能在单个操作系统中实施。因此，当一个企业运行多个需要专用操作系统的应用程序时，虚拟机是最佳选择，但在大多数应用程序有相同的操作系统要求时，容器则是更优的解决方案。

6. 应用程序的生命周期

容器对于短期的应用程序需求较为有效，可以快速设置和移植，而且启动时间比虚拟机快，其局限性在于，缺乏一个专门处理和存储资源的操作系统。虚拟机更适合处理较长运行时间的应用程序，因为它们在虚拟化环境中运行更具通用性。

2.7　数据中心操作系统

数据中心操作系统（DCOS）又称网络操作系统，主要功能是：实现对数据中心机房中硬件与软件的直接控制，并对相关的辅助设备进行管理、协调。相比个人版操作系统，在一个具体网络中，数据中心操作系统要承担额外的管理、配置、稳定和安全等功能，处于每个网络的核心部位。数据中心操作系统目前已广泛应用在多数据中心之间，采用全扁平式、点到点全互联、统一资源管理的分布式云数据中心架构，将多个不同地域、不同阶段和不同规模的数据中心资源进行逻辑集中、统一管理、统一呈现和统一运营。目前，数据中心常用的操作系统有 Cisco IOS 与 CatOS、VRP、Comware 和 Junos。

2.7.1　Cisco IOS 与 CatOS

1. Cisco IOS

操作系统相当于网络设备公司自主研发的软件平台，用于管理和配置公司生产的路由器、交换机及存储设备等，因而操作系统是网络设备公司必不可少的软件系统。互联网操作系统（Internetwork Operating System，IOS）是思科（Cisco）公司为其网络设备开发的操作维护系统，主要运行于 Cisco 路由器和交换机等网络设备上。Cisco IOS 能提供路由选择、交换、网络互联和远程通信功能，并能通过 Cisco IOS 命令行界面（CLI）来配置 Cisco 路由器等设备，类似于局域网络操作系统（NOS），如 Novell 的 NetWare。Cisco IOS 采用与软、硬件分离的体系结构，随着网络技术的不断发展，可动态升级以适应不断变化的技术升级需求。

Cisco IOS 作为网络互联的中心枢纽，负责管理和控制分布式复杂网络资源，主要特性如下：

（1）运行网络协议并提供功能。

（2）支持在设备之间高速传输数据。

（3）控制访问和禁止未授权的网络使用，从而提高安全性。

（4）提供可扩展性（以方便网络扩容）和冗余性。

（5）提供连接网络资源的可靠性。

2. CatOS

CatOS（Catalyst Operating System，Catalyst 操作系统）也是由 Cisco 公司推出的，是 Cisco Catalyst 交换机上应用的传统第二层操作系统。由于早期 Cisco 公司只生产路由器，随着网络技术和市场的不断发展，Cisco 公司也逐渐向交换机领域发展，并收购了知名交换机厂商 Catalyst 公司，因此，Cisco 公司的路由器主要以 Cisco xxx 系列命名，而交换机以 Catalyst xxx 系列命名。

CatOS 的具体特性如下：

（1）CatOS 网络功能完善。CatOS 内置了丰富的免费网络服务器软件、数据库和网页开发工具，如 Apache、Sendmail、VSFtp、SSH、MySQL、PHP 和 JSP 等，可利用 CatOS 担任全方位的网络服务器。

（2）CatOS 安全可靠。CatOS 自带防火墙、入侵检测工具和安全认证工具，能够及时修补系统漏洞，有效提高 Linux 系统的安全性。

（3）CatOS 强大且稳定。CatOS 在某些方面比 Cisco IOS 功能强大，如在保障服务质量时，能为数据包打上 DSCP（Differentiated Services Code Point，区分服务码点）标记，较为方便，而 Cisco IOS 则需要按照 MQC（Module QoS CLI，模块化服务质量命令行）规定的方式逐条配置。

尽管 Cisco IOS 最终目标是与 CatOS 具有相似的特性和配置，但目前 Cisco IOS 和 CatOS 两种系统仍有较大区别，Cisco IOS 与 CatOS 特性的主要区别如表 2-3 所示。

表 2-3　Cisco IOS 与 CatOS 特性的主要区别

功能	Cisco IOS	CatOS
配置文件	一个配置文件	两个配置文件：一个用于 Supervisor 引擎，一个用于 MSFC
软件映像	一个软件映像；要正确加载 MSFC，还需要 MSFC 引导映像	两个映像：一个用于 Supervisor 引擎，一个用于 MSFC
默认端口模式	每个端口都是 L3 路由端口（接口）	所有端口均为 L2 交换端口
默认端口状态	所有端口（接口）均为关闭状态	所有端口均启用
配置命令格式	包含 global-和 interface-level 命令的 Cisco IOS 命令结构	命令关键字 Set 在每个配置命令之前
配置模式	configure terminal 命令和 VLAN 数据库激活配置模式	无配置模式（set、clear 和 show 命令）
删除/更改配置	与 Cisco IOS 命令结构相同；关键字 no 为可否定命令	通常使用 clear、set 或 enable/disable 命令

2.7.2　VRP

华为作为世界知名的大型通信设备研发、制造公司，网络设备种类繁多，为此华为研发了一套基于 IP/ATM 构架的数据通信产品操作系统平台，称为 VRP（Versatile Routing Platform），即通用路由平台。VRP 可运行于路由器、局域网交换机、ATM 交换机、拨号访问服务器、IP 电话网关、电信级综合业务接入平台、智能业务选择网关，以及专用硬件防火墙上。

VRP 以 TCP/IP 为核心，支持数据链路层、网络层和应用层等的多种协议，在操作系统中集成了路由技术、服务质量技术、虚拟专用网（VPN）技术、安全技术和 IP 语音技术等数据通信要件，并以 IP 转发引擎技术作为基础，为网络设备提供高效的数据转发能力。VRP 体系结构主要涉及广域网互联、IP 转发引擎、路由协议、IP 业务和配置管理等，如图 2-11 所示。

广域网互联：支持 PPP/MP、SLIP、HDLC/SDLC、X25、Frame Relay、LAPB、ISDN 和 Ethernet 等。

IP 转发引擎：包括传统的 IP 报文转发、IP 快速转发、服务质量保证、策略路由、IP 安全及防火墙等。

路由协议：支持 RIP、OSPF、BGP、IGRP、EIGRP、PIM、DVMRP、BGMP 等。

IP 业务：支持 ARP/Proxy ARP、NAT、DNS、DHCP 中继、VLAN、SNA、VoIP 和 VPN 等。

配置管理：支持命令行配置、日志告警、调试信息、简单网络管理协议（SNMP）管理和 Web 管理等。

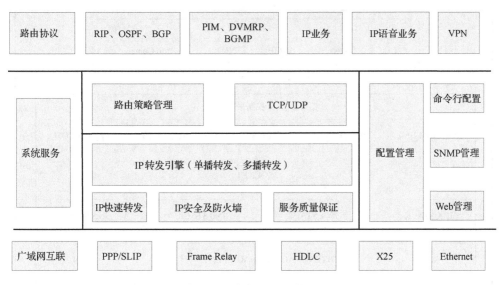

图 2-11　VRP 体系结构

VRP 采用了组件化的体系结构，能够提供丰富的功能特性，为多种硬件平台提供一致的网络界面、用户界面和管理界面，极大方便了用户使用。VRP 的特性如下：

（1）界面友好，支持命令行中文显示。

（2）平台标准开放，可以在所有协议特性上与其他数据通信厂商/电信厂商的 IP 产品进行良好互通。

（3）系统运行稳定，VRP 规模小，故障点和隐患均较少，运行效率高。

2.7.3　Comware

Comware 是由 H3C 公司研发的网络操作系统，采用了 Linux 内核，即保留了传统内核的最基本的任务调度功能；同时提供了自主研发的内存管理、信息管理和网络协议，以及网络产品支撑架构等，具有优良的特性、良好的可裁剪性和灵活的可伸缩性，应用范围覆盖了从低端盒式设备到高端框式设备等全系列的网络产品。Comware 体系结构如图 2-12 所示。

Comware 由下至上被分为四层平面：基础设施平面、数据平面、控制平面和管理平面。

（1）基础设施平面：在操作系统的基础上提供业务运行的软件基础。

（2）数据平面：提供数据报文转发功能。

（3）控制平面：运行路由、多协议标记交换（MPLS）、链路层、安全等各种路由、信令和控制协议。

（4）管理平面：对外提供设备的管理接口，如命令行、SNMP 管理、Web 管理等。

此外，作为一个完整的软件系统平台，在 Comware 上运行的产品还包括自研的驱动和对应的硬件系统，以构成完整的软、硬件体系结构。目前，Comware 已经包含了 270 多个不同的模块，覆盖路由、交换、无线和安全等不同领域的各种特性，为产品提供极为丰富的特性：

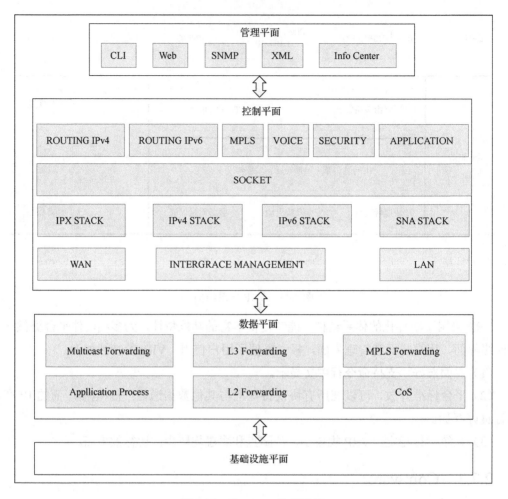

图 2-12　Comware 体系结构

（1）同时支持 IPv4 和 IPv6。

（2）具有高可靠性和弹性伸缩。

（3）具有灵活裁剪和定制功能。

（4）对外能提供系统可编程开发接口。

2.7.4　Junos

Junos 是由 Juniper 网络公司研发的一款网络操作系统，能提供强大的路由、交换与安全性能，有利于加快新服务的部署速度，并降低网络运营成本。该操作系统提供了安全编程接口和 Junos SDK，旨在开发能够充分发挥网络价值的应用。Junos 体系结构如图 2-13 所示。

Junos 能将控制平面和数据平面分离，路由引擎作为 Junos 的控制平面，负责所有协议进程、设备管理和机箱管理等，是 Junos 的大脑，路由引擎需要维护路由表和转发表等，并且能通过内部接口将转发表复制一份给包转发引擎。转发平面中的包转发引擎运行于单独的硬件，负责流量转发。

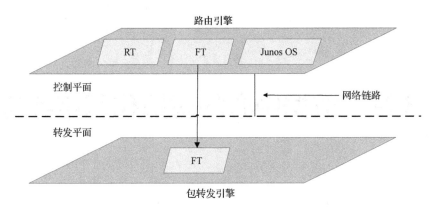

图 2-13　Junos 体系结构

Junos 的特性如下：

（1）模块化：Junos 采用模块化的软件设计，能提供卓越的故障恢复能力，并能简单地集成 IPv6 等。

（2）可靠性：Junos 严格遵守网络相关协议标准，能为客户提供稳定服务，并能降低系统运行的复杂性。

（3）安全性：Junos 能结合智能数据包处理功能和卓越的性能，为客户提供一个强有力的 IP 安全性工具包。

（4）丰富的业务：无论是个人用户、企业客户或服务供应商，Junos IP 系列业务都能使客户为各种类型的最终用户提供有保障的体验。

网络运营商、企业和公共机构都可部署 Junos，具有以下优势：

（1）稳定运行的系统：通过高性能的软件设计、高可用特性，能防止人为造成功能错误，主动运行保护措施，提高网络的可用性，以及应用和服务的交付能力。

（2）高效、低成本方案：通过一致的特性实施和防错配置，可自动执行运行任务的脚本，以及通过单一软件版本易于升级的特性来提高效率，从而降低运行成本。

（3）支持创新应用：Junos 软件基于标准的开放设计和平滑的可扩展性，使合作伙伴及客户能够公开参与开发过程，更灵活地提供新服务和新应用。

第 3 章　数据中心的虚拟化网络架构

3.1　数据中心网络架构的演变

　　海量数据的算力需求会影响数据中心的网络架构和解决方案，在过去 20 年里，数据中心物理拓扑从"接入层—汇聚层—核心层"三层网络架构演变为大二层网络架构。数据中心内的网络设备规模大，对自动化部署要求高，因此通过虚拟化技术，主要是 SDN 技术及 SDN 集中控制器，提升数据中心的灵活部署和智能管控等能力。

3.1.1　传统网络架构

1．三层网络架构概述

　　数据中心网络架构通常采用层次化模型设计，将庞大的数据中心网络按照划分的层次进行管理，每个层次偏重实现某些特定功能。数据中心采用三层网络架构，从上到下依次是核心层、汇聚层和接入层，如图 3-1 所示。

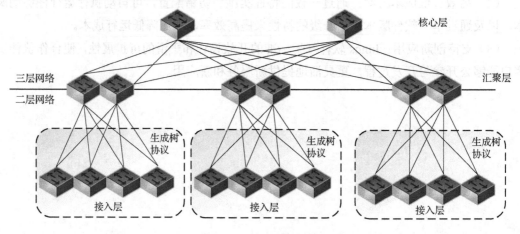

图 3-1　三层网络架构

1）核心层

核心层是数据中心网络的主干、外部网络所有流量的最终承载者，以及整个网络交互的核心枢纽，具有可靠性、冗余性、高效性、容错性、适应性和低延时性等特性。核心层通常使用千兆以上的高带宽核心交换机，为进出数据中心的流量提供高速的转发服务，同时为多个汇聚层提供连接。

2）汇聚层

汇聚层是接入层和核心层的"中介（中间层）"，具有实施策略，虚拟局域网（VLAN）之间的路由、目的地址和源地址过滤等多种功能。数据在接入核心层之前首先要进行汇聚，减轻核心层设备的负荷，在汇聚层通常选用支持三层交换技术和 VLAN 的交换机，以达到网络隔离和地址分段的目的。

3）接入层

接入层是直接面向用户连接的部分，主要向本地网段提供主机接入，解决相邻用户之间的互访需求，同时负责用户管理功能（用户认证、地址认证和计费管理等）和用户信息收集工作（用户的 IP 地址、MAC 地址和访问日志等）等。

2. 三层网络架构的设计原则

网络架构作为数据中心主机之间相互通信的层次、各层次中的协议和层次之间接口的集合，是整个数据中心实现通信的基础，数据中心三层网络架构采用层次化的设计架构，遵循的设计原则包括：

1）层次化设计

三层网络架构可以更好地实现对网络规模和服务质量的控制，同时也方便网络管理和维护。每层都可以看作是一个具有特定角色和功能结构定义良好的模块，层次化设计结构易于扩展和维护升级工作，降低设计的复杂度。

2）模块化设计

每个模块对应一个部门、功能或业务区域，可根据网络规模灵活扩展，功能或业务调整只在本区域内，对其他区域无影响，业务调整的范围较小。

3）冗余设计

双节点冗余设计可以保证设备级可靠，对于框式核心交换机或者出口路由器，若无法实现双节点冗余设计，可以考虑单板级冗余，如双主控板和双交换网板。

3.1.2　三层网络架构的技术挑战

随着网络规模的不断增长，造成数据中心服务器的压力逐步增大，使虚拟化技术在服务器中广泛部署，实现了业务的灵活变更。由于新型数据中心虚拟机数量的快速增长和虚拟机迁移业务的日趋频繁，采用传统的三层网络架构会导致频繁的地址变更，对数据中心的业务扩展形成了新的挑战。

1. 虚拟机迁移范围受限

虚拟机迁移需要特定的网络属性要求，使虚拟机迁移范围受到网络架构的限制。为保证虚拟机迁移过程中不中断业务，虚拟机在不同物理机中的迁移，IP 地址和 MAC 地址等参数都需要保持不变，因而要求业务网络必须在同一个 Layer2 网络，而传统的三层网络架构无法满足灵活的虚拟机迁移策略，且将迁移范围限制在较小的局部范围内。

2. 虚拟机规模受限

在 Layer2 网络环境下，数据流需要通过明确的网络寻址以保证准确到达目的地，服务器虚拟化后，数据中心内虚拟机的数量急剧增长，造成虚拟机网卡 MAC 地址数量的空前增加，以及二层地址表项（MAC 地址表）数量的急剧增加，由于二层地址表项不能无限扩大，限制了虚拟机的扩展规模。

3. 流量变化对网络架构的挑战

目前，数据中心的网络流量分为南北向流量和东西向流量，其中南北向流量是指数据中心外部用户和内部服务器之间交互的流量；东西向流量是指数据中心内部服务器之间交互的流量。随着虚拟化技术在数据中心的广泛应用，东西向流量急剧增加，使数据中心的主流流量由传统的以南北向流量为主，转变为以东西向流量为主。在传统的三层网络架构中，东西向流量的处理需要经过层层设备，导致流量的通信时延较长，且不同服务器间的通信路径存在差异，导致时延不可预测。

3.1.3　大二层网络架构

随着虚拟化架构在数据中心广泛应用，使东西向流量大于南北向流量，东西向流量成为数据中心网络的主要构成部分。针对东西向流量造成的核心交换机带宽压力加大、流量路径的差异导致时延不同等问题，推动数据中心由传统的三层网络架构向大二层网络架构演进，即 Spine-Leaf 网络架构。

1. Spine-Leaf 网络架构

数据中心网络架构从传统的三层网络架构向扁平化、无阻塞的 Spine-Leaf（叶脊）网络架构演进，Spine-Leaf 网络架构采用"骨干节点"（Spine）+"叶子节点"（Leaf）的大二层网络架构，是典型的分布式核心网络，其中 Leaf 交换机能实现服务器与网络的连接，Spine 交换机连接多台 Leaf 交换机能实现大量数据的高速转发，如图 3-2 所示。

与传统三层网络架构相比，Spine-Leaf 网络架构只有接入层和核心层，所有的 Leaf 交换机都能与 Spine 交换机建立链路。基于全连接的方式连接整个数据中心的网络，缩短了流量转发路径，使数据中心内部的数据交换效率大大提高，易于实现任意端口之间的低时延和无阻塞转发。

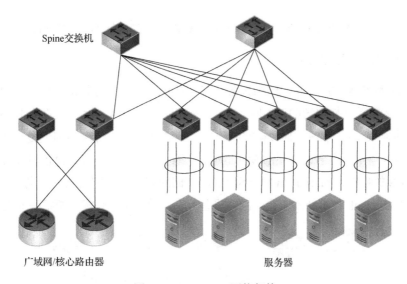

图 3-2　Spine-Leaf 网络架构

2．Spine-Leaf 网络架构的优势

1）链路带宽利用率高

每个 Leaf 交换机的上行链路都采用负载均衡的工作方式，充分利用链路带宽，当 Leaf 交换机的输入端口和输出端口链路速率满足要求时，Spine-Leaf 网络架构就实现了无阻塞连接网络。

2）网络延迟可预测

Leaf 交换机之间连通路径的条数可确定且只需经过一个 Spine 交换机，流量的传输时间较为固定，传输性能稳定，便于对东西向网络的延迟进行预测。

3）网络性能展性好

当出现链路带宽不足和服务器数量增加的情况时，能通过增加 Spine 交换机的数量扩展带宽，实现数据中心规模的扩大。

4）降低对交换机的性能要求

在 Spine-Leaf 网络架构中的南北向流量，可以通过叶子节点转发，也可以通过骨干节点转发，且东西向流量分布在多条路径上，降低了对交换机性能和带宽的要求。

5）安全性和可用性高

在 Spine-Leaf 网络架构中，当一台设备故障时，不需要重新收敛，流量可以继续通过其他路径正常传输，网络连通性不受影响，且只减少了一条路径的带宽，对整体性能的影响小。

3.1.4　FabricPath 技术

为顺应数据中心大二层网络架构的发展，Cisco 公司于 2010 年推出了 FabricPath 技术，基于 FabricPath 技术可以把传统的三层网络架构转变为稳定和高性能的大二层网络架构，为数据中心提供一个简单、灵活和稳定的网络环境，具有良好的可扩展性和快速收敛性。

1. FabricPath 网络架构

FabricPath 网络架构由汇聚层网络设备与接入层网络设备共同组成，如图 3-3 所示。接入层网络设备作为网关连接传统的以太网，FabricPath 网关中 MAC 地址表的目的地址为本地设备数据帧源地址,避免了学习其他数据帧源地址和广播帧源地址,能够保证边缘网关设备 MAC 地址表里只保存与本地有会话关系的 MAC 地址，缩小了数据中心接入设备的 MAC 地址表体积。基于 IS-IS 的特性，FabricPath 网络设备的 Switch ID 可以动态修改，而不影响流量转发，且可以通过 FabricPath 技术新增汇聚层网络设备，满足数据中心规模不断扩张的需求。

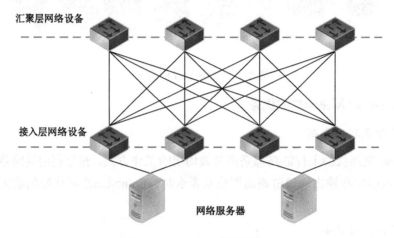

图 3-3　FabricPath 网络架构

2. FabricPath 帧格式

FabricPath 能在传统以太网帧的头部，新增一个 16Byte 帧头来建立层次化的地址空间，采用 MAC in MAC 的封装格式，对外层的 MAC 地址有明确的编址规则，外层的 MAC 地址主要包含 5 个信息——Switch ID、Sub Switch ID、Port ID、Tree ID 和 Time To Live，如图 3-4 所示。

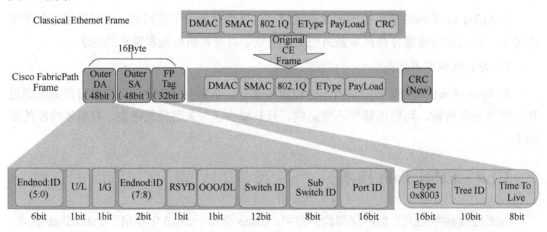

图 3-4　FabricPath 帧格式

（1）Switch ID（SID）是 FabricPath 域内交换机的唯一标识，一个交换机的 SID 在任何 Ftag 子拓扑中都是不变的。

（2）Sub Switch ID（SSID）是 vPC+Port Channel 在 vPC+Domain 中的编号（不使用 vPC+ 时 SSID 默认为 0）。

（3）Port ID（PID）能提供 MAC 地址接入的物理端口号，因此在 FabricPath 数据帧中可将目的地所在的位置表示为 SID.SSID.PID。

（4）Tree ID（TID）是识别每个拓扑的唯一号码，每个 TID 对应物理网络的一个子拓扑，一个 TID 子拓扑可以对应多个 VLAN，这些 VLAN 的泛洪和广播都基于 TID 子拓扑来完成，以便为不同的 VLAN 构造不同的广播、未知单播和组播（Broadcast、Unknown-unicast、Multicast，BUM）转发树。

（5）Time To Live（TTL）的默认初始值为 32，逐条递减，以防止因故障造成的数据帧无限环路。

3.1.5　VXLAN 技术

对数据中心服务器虚拟化后出现的虚拟机动态迁移问题，需要提供无障碍接入网络，而且数据中心规模越大，租户数量越多，越需要网络提供隔离海量租户的能力。大二层技术 VXLAN（Virtual eXtensible Local Area Network，虚拟扩展局域网）能很好地满足数据中心虚拟机动态迁移和多租户等需求。通过 IP 网络进行二层隧道流量的传输，已成为数据中心的主流技术。

VXLAN 是互联网工程任务组（IETF）在 RFC7348 定义的 NVO3（Network Virtualization Overlayer 3）标准技术之一，由 VMware、Cisco 和 RedHat 等公司提出。VXLAN 技术能够为数据中心的虚拟机动态迁移业务提供无障碍接入网络，并且随着数据中心用户数量的增加，能够为网络提供隔离海量租户的能力。VXLAN 技术本质上是一种隧道技术，在发送主机与目的主机之间的 IP 网络上，借助用户数据报协议（UDP）构建 Overlay 逻辑网络，将用户侧报文经过特定的格式封装后，通过隧道完成数据转发。基于 VXLAN 技术能使逻辑网络和物理网络解耦，实现灵活组网。

1．VXLAN 网络架构

VXLAN 通过 IP 网络在两台主机之间建立了一条隧道，借助 IP 网络的 ECMP（Equal Cost Multi Path，等价多路径路由）特性获得了多路径的扩展性，将服务器发出的原始数据帧使用 UDP 封装，让原始报文可以在承载网络，如 IP 网络上传输。当报文到达目的服务器所连接的网络设备后即离开 VXLAN 隧道，目的 VTEP 会先将报文解封装，再将数据发送给目标服务器或虚拟机。VXLAN 网络架构包括 VTEP、VNI 和 VXLAN 隧道，如图 3-5 所示。

（1）VTEP（VXLAN Tunnel Endpoints，VXLAN 隧道端点）是 VXLAN 隧道的起点和终点，是 VXLAN 网络的边缘设备，原始数据帧的封装和解封装均在 VTEP 上进行。

（2）VNI（VXLAN Network Identifier，VXLAN 网络标识符）类似 VLAN ID 的用户标示，每个 VNI 代表一个租户，VNI 的不同虚拟机之间不能直接进行 Layer2 网络通信。VXLAN 报文封装时，给 VNI 分配了 24bit 的空间支持海量租户的隔离。

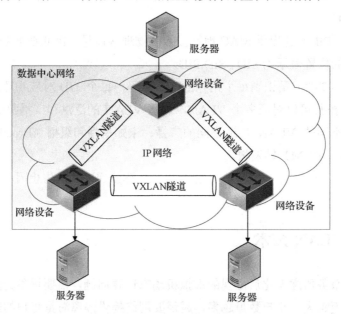

图 3-5　VXLAN 网络架构

（3）VXLAN 隧道是一个逻辑上的概念，是建立在两个 VTEP 之间的一条虚拟通道，可以在承载网络，如 IP 网络上传输，用来传输经过 VXLAN 封装的报文。

2．VXLAN 报文格式

VXLAN 隧道是一种 MAC in UDP 的隧道，即把 Layer2 网络中的以太网帧封装在 UDP 报文体内。在同一个物理网络上可以创建多个 VXLAN，不同节点上的虚拟机或容器能够通过 VXLAN 建立的隧道直连。VXLAN 封装的是以太网帧，外层的报头可以为 IPv4 包，也可以为 IPv6 包。VXLAN 报文格式如图 3-6 所示。VTEP 对网络主机发送的原始以太网帧（Original Ethernet Frame）头部包装了 Outer MAC Header、Outer IP Header、UDP Header 和 VXLAN Header。

1）Outer MAC Header

Outer MAC Header 共 14Byte，用于封装外层 MAC 地址，包括源 MAC 地址和目的 MAC 地址，其中源 MAC 地址为源虚拟机所属 VTEP 的 MAC 地址，目的 MAC 地址为到达目的 VTEP 路径中下一条设备的 MAC 地址。

2）Outer IP Header

Outer IP Header 共 20Byte，用于封装外层 IP 地址，包括源 IP 地址和目的 IP 地址，其中源 IP 地址为源虚拟机所属 VTEP 的 IP 地址，目的 IP 地址为目的虚拟机所属 VTEP 的 IP 地址。

3）UDP Header

UDP Header 共 8Byte，与 Outer MAC Header 共同构成了 UDP 数据。UDP Header 中目的端口号（VXLAN Port）固定为 4789，源端口号基于 MAC 地址、IP 地址和四层端口号通过 Hash 操作随机分配。

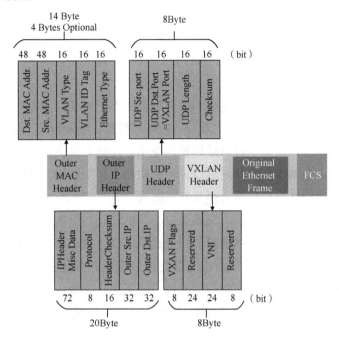

图 3-6　VXLAN 报文格式

4）VXLAN Header

VXLAN Header 共 8Byte，包含 3Byte 的 VNI 字段，用来定义 VXLAN 网络中的不同租户；还包含 1Byte 的 VXLAN Flags 和两个保留字段（分别为 3Byte 和 1Byte）。

3. VXLAN 技术优势

基于 VXLAN 技术扩展数据中心网络，具有以下优势：

1）应用部署灵活

常用的虚拟机迁移只能在同网段的 Layer2 网络内进行，通过 VXLAN 技术构建跨越 Layer3 网络边界的虚拟 Layer2 网络，使虚拟机可以跨越数据中心进行组网和迁移，虚拟机的部署更加灵活，同时可以解决数据中心多租户网络环境中的 IP 地址冲突问题。

2）高拓展性

VXLAN 技术中的 VNI 字段采用 3Byte，最大支持 1600 万个逻辑网络，可以很好地满足数据中心规模的扩展问题。

3）优化网络操作

VXLAN 报文基于 Layer3 网络隔离，无须构建和管理庞大的 Layer2 网络，且 VXLAN

由物理服务器内部的虚拟机管理程序控制，无须对现有的物理交换机和路由器等硬件设备进行升级和改造。

3.2　网络虚拟化技术

3.2.1　网络虚拟化概述

当前，数据中心网络随着用户规模和业务规模的不断增长，面临网络架构功能限制和容量限制，如在可扩展性、安全性、移动性、业务多样性，服务质量、终端节点功能、网络僵化和能耗等方面均难以适应全球网络格局的变化。网络虚拟化技术让底层物理网络能够支持多个逻辑网络，保留了虚拟化网络设计中的拓扑与层次结构、数据通道和相关服务，使多个独立的虚拟化网络可以同时共存且互不影响。

网络虚拟化将网络中的交换机、网络端口、路由器及其他物理元素的网络流量抽象隔离，每个物理元素都被网络元素的虚拟表示形式所取代。物理网络资源先抽象为虚拟节点或者虚拟链路之类的虚拟资源，然后由这些虚拟资源组建成虚拟化网络。网络被虚拟化后，貌似一个单独的资源，能够实现功能扩展，便于用户高效、便捷地利用网络资源（物理空间和设备容量等），简化网络运营与维护的复杂程度。网络虚拟化拓扑结构示例如图 3-7 所示。

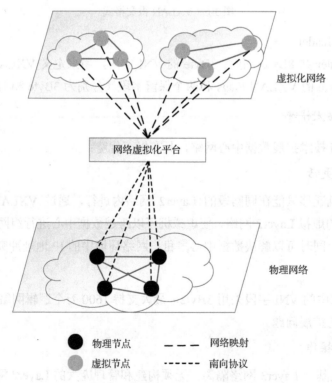

图 3-7　网络虚拟化拓扑结构示例

目前，网络中可虚拟化的要素较多，从技术角度来分，网络虚拟化可分为网元虚拟化、链路虚拟化、隧道虚拟化和互联虚拟化等；从应用角度来分，网络虚拟化可分为资源提供虚拟化、资源管理虚拟化和运营维护虚拟化等。为了向用户提供端到端的资源虚拟化服务，虚拟化网络分为虚拟化服务网络、虚拟化通道网络和虚拟化设备网络等。

3.2.2　网络虚拟化优势

网络虚拟化后，既可以将单个物理网络划分为多个逻辑网络，又可以采用整合式虚拟化，将多个独立的物理网络整合为一个逻辑网络，甚至可以使用混合式虚拟化网络，满足不同应用对虚拟化网络的各类需求，网络虚拟化技术的优势包括：

1．可编程性

网络虚拟化具有较好的灵活性，用户可以按照自己的需要来设计虚拟化网络的拓扑、路由、转发及控制协议等，不受物理网络和其他虚拟化网络的影响，根据业务需求灵活、快速地构建网络拓扑、部署网络应用和变更网络策略。

2．可扩展性

网络虚拟化可以在同一个物理网络上构建多个并存的虚拟化网络，在不影响已存在的虚拟化网络性能的情况下，根据各个用户的需求灵活分配和扩展规模，使有限的物理资源更好地为服务提供支持。

3．兼容性

网络虚拟化技术能集成或兼容已有的不同虚拟化网络，屏蔽底层物理网络的异构性和端到端逻辑网络的异构性，在异构物理网络上组建统一的虚拟化网络，只是在底层物理网络上运行异构的互联网协议和算法。

4．网络隔离

网络隔离为保证多个虚拟化网络之间相互独立，实现对网络资源（节点资源、链路带宽资源和网络设备的转发表等方面的资源）的划分和隔离，将每个虚拟化网络可能出现的风险限制在内部，不会外溢到其他网络，提高了网络的容错性、安全性和隐私性。

5．资源利用率

网络虚拟化技术既可通过"一实虚多"的方式，即单个资源丰富的网络环境上承载多个用户的方式，又可通过"多实虚一"的方式，让多个性能较弱的物理网络融合为高性能网络，以支持需求较高的应用服务。网络虚拟化技术可提升单个物理设备的效能，有利于减少硬件设备的数量，降低网络的建设成本。

6．创新的实验平台

通过网络虚拟化技术，可以在同一物理基础设施上同时运行多种网络架构和技术，从而实现更高效、更灵活的网络管理和资源利用。网络虚拟化技术利于在现有或未来网络上部署和验证新型网络架构，便于新型网络架构和技术在现有物理网络平台上快速验证，可以为未来网络发展提供更多的可能性。

3.2.3　虚拟局域网

虚拟局域网（Virtual Local Area Network，VLAN）技术是指将一个物理局域网在逻辑上划分成多个广播域的通信技术。从数据链路层分析，VLAN 技术是指将局域网设备（二层交换机）从逻辑上划分成多个相互独立的广播域，且不受物理位置的限制，形成多个逻辑子网的数据交换技术。VLAN 的作用如图 3-8 所示。每个 VLAN 相当于一个独立的局域网，VLAN 内的主机间可以自由通信，不同 VLAN 间的主机不能直接通信。

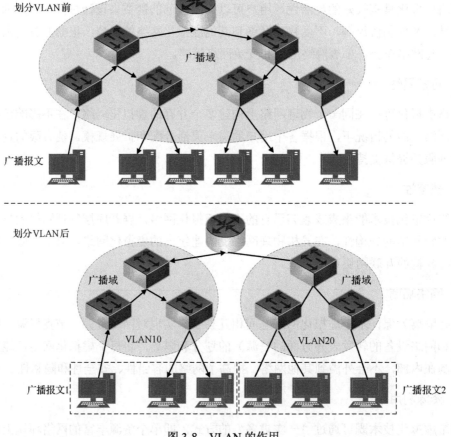

图 3-8　VLAN 的作用

1．VLAN 帧格式

VLAN 报文需要在报文中添加标识 VLAN 信息的字段，根据 IEEE 802.1Q 协议，在以太网数据帧的目的 MAC 地址和源 MAC 地址字段之后，协议类型字段之前加入 VLAN 标签（又称 VLAN Tag，简称 Tag），用于标识数据帧所属的 VLAN 域，VLAN 标签包含 TPID、PRI、CFI 和 VID 4 个字段，在 VLAN 数据帧中的位置如图 3-9 所示。

VLAN 标签中各字段的长度和含义如表 3-1 所示。

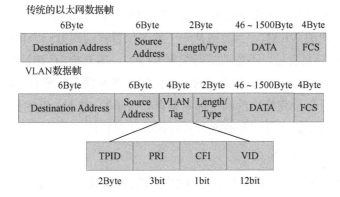

图 3-9　4 个字段在 VLAN 数据帧中的位置

表 3-1　VLAN 标签中各字段的长度和含义

字段	长度	含义
TPID	2Byte	Tag Protocol Identifier（标签协议标识符），表示数据帧的类型
PRI	3bit	Priority，表示数据帧的 802.1p 优先级
CFI	1bit	Canonical Format Indicator（标准格式指示位），表示 MAC 地址在不同传输介质中是否以标准格式封装，用于兼容以太网和令牌环网
VID	12bit	VLAN ID，表示该数据帧所属 VLAN 的编号

2．VLAN 划分依据

VLAN 域通过交换机配置进行划分，划分方式分为 3 种，具体是基于端口的 VLAN、基于 MAC 地址的 VLAN 和基于网络层的 VLAN。

1）基于端口的 VLAN

当 VLAN 成员离开原来连接的交换机端口时，必须重新定义终端设备所连接的其他交换机的端口，使终端设备接入局域网时不能随意变换位置。

基于端口的 VLAN 是指将交换机物理端口分成若干个组，每个组构成一个虚拟网。基于端口的 VLAN 实现方式如图 3-10 所示。基于端口的 VLAN 划分的方法相对简单，只需要将多个端口都定义为相应的 VLAN 组即可。缺点是：当 VLAN 组中的主机离开原来连接的交换机端口，连接一个新的交换机端口时，需要重新定义主机与交换机连接的端口。

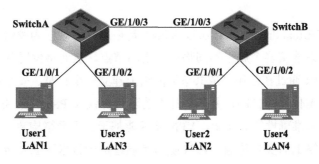

图 3-10　基于端口的 VLAN 实现方式

2）基于 MAC 地址的 VLAN

基于 MAC 地址的 VLAN 是根据每台主机的 MAC 地址来划分 VLAN 的。交换机端口不限制接入主机所属的 VLAN，当主机从一个物理位置移动到另一个物理位置时，会自动保留所属 VLAN 的成员身份，不需要重新配置 VLAN。基于 MAC 地址的 VLAN 实现方式如图 3-11 所示。该方式的缺点：初始化时所有的用户都必须进行配置，配置工作量大，适用于小型局域网，且每个交换机的端口都需要存有大量的 VLAN 组成员，导致主机 MAC 地址的存储量大，查询效率低，使交换机执行效率相对较低。

3）基于网络层的 VLAN

基于网络层的 VLAN 是根据每个主机的网络层地址或协议类型划分的，可分为 IP、IPX、DECnet、AppleTalk、Banyan 等 VLAN 网络，图 3-12 所示的基于网络层的 VLAN 实现方式为根据 IP 划分的 VLAN，主机可以在网络内部自由移动，VLAN 组成员身份仍然保持不变，利于网络规模的扩展。因为交换机需要对每个包检查网络协议字段，导致帧处理时延增大，增加了交换机的处理压力。

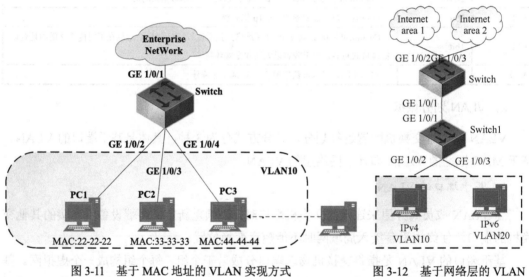

图 3-11　基于 MAC 地址的 VLAN 实现方式　　　图 3-12　基于网络层的 VLAN 实现方式

3.2.4　虚拟专用网

虚拟专用网（Virtual Private Network，VPN）是拓展网络规模为逻辑专用网络的一种网络，通过隧道技术来连接多个属于不同物理网络的节点，从而将位置分散的节点组成一个逻辑专用网络。VPN 通过在公用（或共享）网络上建立一个临时、安全的隧道，以实现通过公用网络完成数据传输的目的，并基于加密的隧道协议（IPSec 或 SSL）来实现数据保密、终端认证和信息准确性等。综上，VPN 技术能基于公用网络构建一个逻辑专用网络，用于数据在公用网络上的安全传输。VPN 隧道是通过加密技术建立安全传输通道的，无须另外建立专门的网络连接，具有建立方便和成本低廉的优势。

　　VPN 在隧道中的通信路径是真实的，能借用公用网络中真实的物理通信路径，因此在公用网络中 VPN 必须依靠实际的路由路径进行数据包转发。多路 VPN 用户的隧道可以共享同一个公用网络，但是 VPN 隧道是专用的，每一路 VPN 用户都有专用隧道，其他用户不能使用。多路 VPN 用户共享一个公用网络如图 3-13 所示。VPN 与底层承载的公用网络之间保持了资源独立，即一个 VPN 隧道的资源不会被网络中非该 VPN 用户所使用。

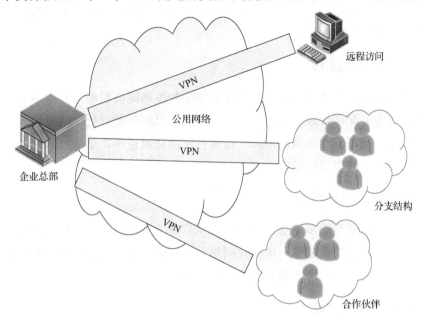

图 3-13　多路 VPN 用户共享一个公用网络

　　VPN 技术基于现有的 IP 网络，可划分逻辑上隔离的多个网络，或将多个网络融合为一个逻辑网络，最终为各个用户构建独立的传输通道，具有以下优势：

　　（1）VPN 能够实现远程安全传输，利于同一企业的各个远程子部门、异地员工、合作伙伴或授权客户利用公用网络来搭建私有的内部网络，保证数据传输的安全性。

　　（2）VPN 具有模块化和可升级的优点，用户在部署新应用时，无须构建新的物理网络，降低了建设成本。

　　（3）VPN 能利用加密等技术，保护多个专用网之间的数据传输，为数据传输提供一定程度的安全保护。

　　（4）无须专门构建专线连接 VPN，通过软件配置就可以方便、快捷地定位、增加和删除 VPN 用户，完成修改用户 VPN 的方案配置，无须改动硬件设施。

3.2.5　应用发展趋势

　　网络虚拟化技术作为改变网络互联架构的一项重要技术，有利于打破网络僵化问题、改善网络架构和网络服务，对实现网络智能化运行等方面带来了深远影响。随着云计算和物联网技术的发展和推广，网络虚拟化应用日益广泛，在性能保障、可靠性、易用性和完备性等方面必将进一步完善，网络虚拟化技术后续演进的趋势包括：

1. 虚拟化范围不断扩展

早期，网络虚拟化技术主要关注的是如何将物理节点虚拟化，以及如何实现虚拟节点之间的连通性，并提供虚拟链路。随着网络虚拟化技术不断成熟，近年来相关研究不仅着眼于实现数据链路层的虚拟化，而且将进一步扩展至控制层和应用层的虚拟化等，以实现未来新型网络架构的全面虚拟化。

2. 虚拟化粒度更加精细

随着对网络虚拟化要求越来越高，需要更细小粒度的隔离机制来实现多租户、多业务场景下的网络资源分配和管理。目前网络虚拟化技术已经开始向更加精细的方向发展，比如在虚拟化网络中实现应用级别的隔离、控制内部网络流量等，这些技术都致力于打造更加适应新型网络需求的虚拟化平台。

3. 虚拟化灵活度持续增加

虚拟化可在网络架构的多个层次中进行，从物理层到应用层均有相关应用。从应用角度而言，虚拟化实施的层次越低，虚拟化网络与高层协议的关联性越低，虚拟化网络的灵活性越高，能够支持多样和丰富的上层应用服务越多。

4. 虚拟化场景日益广泛

现有的虚拟化研究重点专注于特定网络条件下的虚拟化，应用领域主要集中在数据中心的网络环境。随着网络技术的多样化发展，未来虚拟化的趋势是：支持不同网络环境下的网络虚拟化融合方法，应用场景从数据中心网络推广至其他网络。

 3.3　SDN 技术

3.3.1　SDN 技术简述

1. SDN 技术起源

SDN（Software Defined Network，软件定义网络）起源于斯坦福大学 Nick McKeown 教授研究团队基于 GENI 项目资助的 Clean Slate 课题，该团队基于 Open Flow 可编程网络协议提出了 SDN 的概念，将部分或全部的网络控制功能从硬件设备中解耦出来，统一交给远程服务器中的控制软件（也称控制器）来实现集中式控制，网络设备仅需根据控制器下发的流表进行报文转发，同时将网络的编程能力对外开放，用户可以对控制器进行编程控制，使用的控制接口协议为 Open Flow。

SDN 技术将控制功能从网络设备中剥离出来，通过复杂的物理网络进行抽象，并通过

开放接口实现网络的可编程和可定制，能够按应用需求对网络资源进行自动编排，实现业务部署和网络管控的自动化，简化了网络的运营和管理，有利于加快新业务的部署和更新速度，提高网络的灵活性和可扩展性。SDN 技术的核心包括转发与控制分离、集中控制、开放的可编程接口，具体如下：

（1）转发与控制分离。转发与控制分离是 SDN 技术最本质的特性，从传统网络设备（交换机、路由器等）中抽象出控制功能，并交由统一的控制器，由控制器转发数据并进行决策，生成流表（Flow Table）下发至网络设备。网络设备负责将收到的报文与流表进行匹配，按照匹配的流表项（Flow Entry）所指定的操作（Action）进行处理，交换机则专注于数据转发，使数据处理变得简单和高效。

（2）集中控制。集中化的网络控制方式可以使控制器获得全网的资源信息，上层应用能根据具体需求进行资源的分配和优化，使网络的管理和控制更加便捷，可以实现自动化网络管控。

（3）开放的可编程接口。开放的南向接口和北向接口使用户更易于以编程方式对网络进行管控，使上层应用与底层物理网络有机地集成，从而使网络资源可以更加有效地服务于上层应用。此外，用户可通过开放的 API（Application Programming Interface，应用程序接口）来实现更加灵活或更细粒度的网络资源调配，加快网络新业务的部署。

2. SDN 技术优势

SDN 技术通过将网络设备控制面与数据面分离，从而实现网络流量的灵活控制，让网络成为一种可灵活调配的资源，技术优势包括：

（1）全面的网络拓扑视图：整个网络被逻辑上统一的控制器管控，控制器可以实时获取全网的拓扑和状态等信息，有利于实现高效、快捷的网络设置、管理与优化。

（2）提高网络资源利用率：集中式的流量工程使人们能够有效地调整端到端之间不同路径上的流量，实现网络资源的高效利用。

（3）故障快速诊断与恢复：SDN 技术可以快速实现链路和节点故障的预测、定位和修复，并且能够快速聚合网络资源，以实现网络资源的均衡分配。

（4）平滑升级：控制和转发相分离，可以让控制器和网络设备各自独立更新和演进，从而可以在实现软、硬件升级时，不会出现显著的性能下降问题。

（5）弹性计算：大规模的计算和路径分析任务都被集中到控制器中，这些任务可以由最新的服务器来完成。

基于上述优势，SDN 技术可以很好地在互联网领域大规模应用，采用标准化的 SDN 交换机和控制器来代替原先传统网络中昂贵的网络专用设备，不再需要引入各类协议来实现复杂的网络功能，可以有效降低网络建设的成本；同时，SDN 技术使互联网企业的网络更加简单，使企业内部的网络管理工作者可以通过编程方式实现对网络的灵活控制，因此 SDN 技术早期主要部署于互联网企业中，并在实际应用中取得较好效果。

3.3.2　SDN 架构解析

SDN 领域在标准化方面知名度较高的是 ONF（Open Networking Foundation，开放网络基金会），该组织主要致力于推动 SDN 架构、技术规范和应用推广等工作。目前，ONF 的成员已涵盖 IT 厂商、网络设备商、运营商和网络服务提供商等多家企业。ONF 发布的 SDN 白皮书 *Software Defined Networking: The New Norm for Networks* 为 SDN 的发展奠定了基础，典型的 SDN 架构模型自上而下依次是应用层、控制层和数据层，如图 3-14 所示。

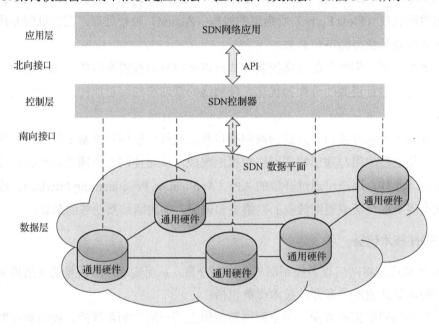

图 3-14　典型的 SDN 架构模型

1．应用层

应用层（Application Layer）处于 SDN 架构的最上层，主要为用户提供各类网络服务（Service），包括由应用程序实现的各类网络业务和应用，主要以软件的方式来实现，如网络性能监测软件、网络管理和控制软件、网络安全软件和流量分配软件等。

2．控制层

SDN 控制器是控制层（Control Layer）的核心部件，也是连接底层网络设备与上层应用的桥梁，处于 SDN 架构的中心位置，是整个 SDN 架构的核心。目前，SDN 控制器的研究和设计是学术界和产业界关注的重点，SDN 控制器负责获取网络的全局视图并维护网络的状态信息，按需向网络设备下发控制信息（流表等），从而对数据平面网络设备的数据转发过程进行控制。从网络拓扑的角度来看，同一网络中可以有多个 SDN 控制器，且多个 SDN 控制器之间可以是对等关系或者是主从关系。每个 SDN 控制器可以控制多个网络设备，相应的，一个网络设备可以同时被多个 SDN 控制器控制。

3. 数据层

数据层（Data Layer）主要包括各类网络设备，如物理交换机、路由器和虚拟交换机。支持 Open Flow 协议的网络设备（交换机和路由器等）统称为 Open Flow 交换机或 SDN 交换机，负责根据 SDN 控制器下发的报文转发规则转发数据。

3.3.3　三种接口介绍

SDN 架构模型中除定义了三个相互独立的层面外，还设计了各层之间的接口，用于负责不同层次之间的通信与协调。SDN 架构中各层之间的接口包括北向接口、南向接口和东西向接口。

1. 南向接口

南向接口（South Bound Interface，SBI）是 SDN 控制器与网络设备之间通信的接口，也就是控制层与数据层之间的接口。南向接口负责将 SDN 控制器生成的转发决策以流表项的形式发送到网络设备，并将网络设备的状态等信息汇报给 SDN 控制器。南向接口标准化工作已取得进展，较著名、较有影响力的南向接口协议是 ONF 提出的 Open Flow 协议，但 Open Flow 协议不是唯一的南向接口协议，还有许多可以实现 SDN 架构的南向接口协议。

2. 北向接口

按照各层之间的位置关系，中间的控制层与上面的应用层之间的接口称为北向接口（North Bound Interface，NBI），该接口是 SDN 控制器与应用程序之间的接口。目前，北向接口还没有统一的标准，一些组织和公司希望将其标准化。南向接口能形成标准化，是因为转发平面具有相似的目标和工作方式，容易抽象出通用接口，但是应用层的业务类型多种多样，导致北向接口的标准化工作异常复杂，难以实现。

3. 东西向接口

东西向接口（West-East Bound Interface，WEBI）是多个 SDN 控制器之间的通信接口，由于单个 SDN 控制器能力有限，为了满足大规模网络应用的需求及 SDN 自身可拓展性的需要，可借助东西向接口实现多个 SDN 控制器的互连。标准的 SDN 东西向接口应能与 SDN 控制器解耦，实现不同厂商 SDN 控制器之间的通信，且能满足在许多场景中多个 SDN 控制器协同工作。例如，在运营商网络中，接入网、回传网和核心网这三种网络的功能差异较大，需要使用不同类型的 SDN 控制器去运行不同的应用，但上述三种网络又需要协作，以实现全网最优化，此时就需要用东西向接口来完成 SDN 控制器之间的通信和协作。

3.3.4　南向接口协议

南向接口的主要功能包括：

（1）SDN 控制器的上行通道能对底层交换机上报的信息进行统一监控和统计，负责对网络拓扑和链路资源数据进行收集、存储及对拓扑链路信息进行管理，随时监控、采集和反馈网络中各个 SDN 交换机的工作状态，以及收集链路的连接状态信息，完成网络拓扑视图的更新。

（2）SDN 控制器的下行通道能通过该接口协议发现链路、进行拓扑管理、制定策略、下发表项等，实现对厂商设备的管理和配置。

南向接口已制定统一的接口协议，具体包括 Open Flow、NETCONF、PCEP、XMPP、I2RS 和 OVSDB 等协议，其中最有影响力的是 Open Flow 协议。

1．Open Flow 协议的起源与发展

斯坦福大学的 Nick McKeown 教授团队在 *ACM Communication Review* 上发表了题目为 "Open Flow: Enabling Innovation in Campus Networks" 的论文，首次提出了 Open Flow 协议，目的是构建基于 Open Flow 协议的控制和转发分离架构，并将控制逻辑从网络设备中抽取出来，放入一个独立的控制器中。基于该架构网络研究人员能以编程方式，通过标准化 Open Flow 协议接口灵活更新网络设备中的控制程序，利于网络新技术、协议和架构的快速部署。最早应用的 Open Flow 协议由 ONF 于 2009 年 12 月发布，版本是 Open Flow 1.0，之后陆续发布了 Open Flow1.1～Open Flow1.5 版本。

2．Open Flow 协议架构

Open Flow 协议架构由 Open Flow 控制器（Controller）、Open Flow 交换机（Switch）及 OpenFlow 安全通道（Secure Channel）组成，如图 3-15 所示。Open Flow 控制器能根据上层应用的需求和整个网络的全局视图生成转发决策，对网络集中控制，遵循 Open Flow 协议将决策以流表项的形式下发给 Open Flow 交换机，实现控制层的功能。Open Flow 安全通道用于 Open Flow 交换机与 Open Flow 控制器之间的信息交互，负责数据的转发，能实现流表项下发和状态上报等功能。

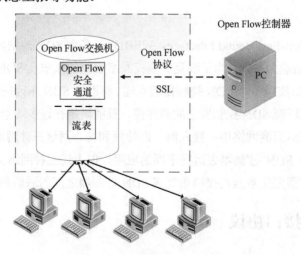

图 3-15　Open Flow 协议架构

1）Open Flow 控制器

Open Flow 控制器位于控制层，是 SDN 的控制大脑，通过 Open Flow 协议控制设备的转发操作。目前，主流的 Open Flow 控制器分为两大类：开源控制器和厂商开发的商用控制器。开源控制器，如 NOX 控制器、POX 控制器、Open Daylight 控制器等；厂商开发的商用控制器，如华为的 iMaster NCE 和 Cisco 公司的 APIC（Application Policy Infrastructure Controller）等。

2）Open Flow 交换机

Open Flow 交换机是整个 Open Flow 网络的核心部件，主要负责数据的转发。Open Flow 交换机可以是物理交换机/路由器，也可以是虚拟化交换机/路由器。在网络实际转发过程中，所有进入 Open Flow 交换机的报文都会按照流表进行转发。流表是 Open Flow 交换机进行数据转发的策略表项集合，能指示 Open Flow 交换机处理转发数据包，流表的生成、维护和下发完全由 Open Flow 控制器来实现。

3）Open Flow 安全通道

Open Flow 安全通道是连接 Open Flow 交换机与 Open Flow 控制器的接口，负责在 Open Flow 交换机和 Open Flow 控制器之间建立安全连接。Open Flow 控制器能通过该通道向 Open Flow 交换机发送信息，同时接收来自 Open Flow 交换机的反馈。通过 Open Flow 安全通道的信息格式必须按照 Open Flow 规范定义，通常会采用传输层安全（Transport Layer Security，TLS）协议加密，以增加安全性，但 Open Flow 1.1 及以上的一些版本，也能通过传输控制协议（TCP）明文来实现。

4）流表项的组成

Open Flow 流表由多个流表项组成，每个流表项是一个转发规则，对应流表中的一行。每个流表项都由匹配域（Match Fields）和指令（Instructions）等部分组成。目前，应用最为广泛的 Open Flow 1.3 版本流表项组成如图 3-16 所示。流表项中最为重要的部分是匹配域和指令，当 Open Flow 交换机收到数据包后，首先会对包头进行解析，提取出需要匹配的关键字段，与流表中流表项的匹配域进行匹配，若匹配成功，则执行指令动作。

5）多级流表的流水线处理

数据包进入 Open Flow 交换机后，首先解析报文，从中提取出关键词；然后将关键词与流表进行搜索对比，一般从序号最小的流表开始依次匹配。在报文的传输过程中，可能会依次对经过的多个流表进行匹配，从而构成一条流水线。数据表流水线匹配多个流表如图 3-17（a）所示。多级流表的出现，一是能够实现对数据包的复杂处理；二是能有效降低单张流表的长度，提高查表效率。数据包经过流表处理的过程分为三步：①找到最高优先级匹配的流表项；②应用指令修改数据包并更新匹配域（应用操作指令），更新操作集（清除操作和/或写入操作指令），更新元数据；③将匹配数据和操作集发送到下一个流表。数据包经过每个流表的处理如图 3-17（b）所示。

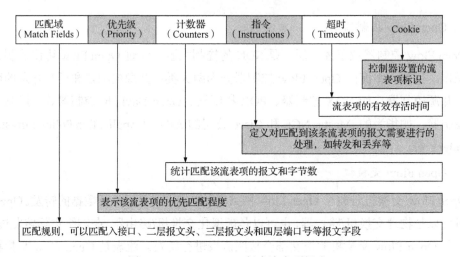

图 3-16 OpenFlow 1.3 版本流表项组成

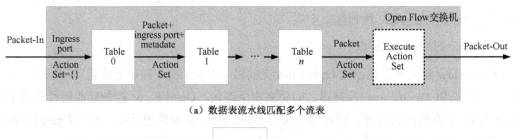

（a）数据表流水线匹配多个流表

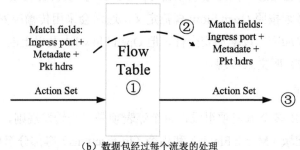

（b）数据包经过每个流表的处理

图 3-17 流表的流水线操作

3. Open Flow 数据转发过程

基于 Open Flow 协议，主机 A 初次与主机 B 通信时，涉及的数据转发过程可分为 7 个步骤。基于 OpenFlow 协议的数据转发过程如图 3-18 所示。

步骤（1）：主机 A 加入网络，并向交换机 1 发送数据包。

步骤（2）：交换机 1 查询自身的流表，若流表中没有与该分组匹配的表项，则交换机 1 会生成一个包含该数据包的 Packet-In 信息，并发送至控制器。交换机 1 可通过 TCP 直接将数据包发送给控制器，或通过某种安全协议（安全传输层协议等）对数据包进行加密后再将数据包发送给控制器。

步骤（3）：控制器收到交换机 1 的 Packet-In 信息后，会生成相应的数据包转发策略，并通过 Packet-Out 信息下发至交换机 1。

步骤（4）：交换机 1 根据控制器下发的转发策略将数据包转发至交换机 2。

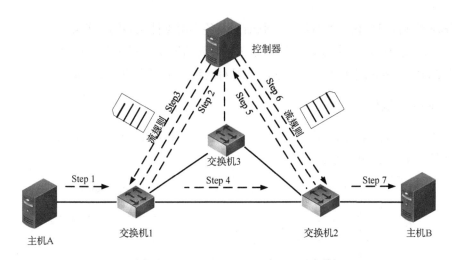

图 3-18　基于 Open Flow 协议的数据转发过程

步骤（5）：若交换机 2 在收到数据包后发现交换机 2 自身所维护的流表中没有与该数据包相匹配的表项，则交换机 2 会执行与步骤（2）相似的处理方法，先将收到的数据包封装在 Packet-In 信息中，然后发送至控制器；若交换机 2 的流表中含有与该数据包相匹配的表项，则会跳转至步骤（7），即交换机 2 会按流表中对应表项所指定的转发规则将数据包转发给主机 B。

步骤（6）：与步骤（3）类似，控制器先根据交换机 2 发出的 Packet-In 信息生成相应的数据包转发策略，然后通过 Packet-Out 信息下发至交换机 2，以便交换机 2 更新流表。

步骤（7）：交换机 2 根据流表中指定的转发方式，将数据包转发至主机 B。

3.3.5　北向接口协议

北向接口位于控制层和应用层之间，支持以软件编程方式调用数据中心、局域网和广域网等网络中的各种资源。北向接口提供了 SDN 中应用层与控制器间的传输通道，利于网络管理者对网络资源进行控制与管理。北向接口为开发者灵活开发应用提供了便利，实现了一些通用的网络物理架构/逻辑抽象，如拓扑视图、虚拟化网络切片和链路/网络层数据库接口。北向接口以 API 形式开放给开发者，二次开发能力较强，使开发者可以将重点关注在应用层的程序开发上。

1. 设计原则与协议框架

针对北向接口协议设计，ONF 成立了 SDN 北向接口工作小组（North Bound Interface-Working Group，NBI-WG），旨在对协议进行标准化设计，并大规模商用。ONF 主导了北向接口的标准化方案，并按照以下原则进行设计：

（1）北向接口对于应用层的业务开发必须具有灵活性和敏捷性，对控制器需要有良好的兼容性，对转发设备需要有良好的稳定性。

（2）标准化的北向接口必须满足底层无关性，即北向接口需要适应包括 Open Flow 协议在内的各种南向接口协议，兼容不同控制器间及各不用硬件设备间的差异化。

（3）北向接口中的各个接口的功能定义需要简洁明了，通过北向接口帮助网络程序员在不了解 SDN 网络底层实现的情况下，实现对网络各个层次的设备可编程。

2．北向接口框架

ONF 北向接口框架自上而下主要包括北向接口应用 API、网络服务 API 和控制器基础功能 API 等，如图 3-19 所示。

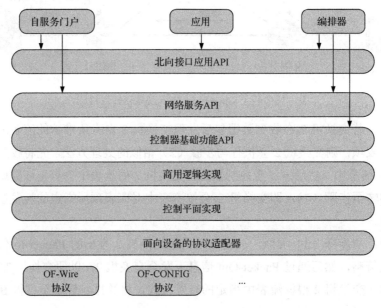

图 3-19　ONF 北向接口框架

（1）北向接口应用 API 抽象出底层设备和协议细节，以提供高层次的业务逻辑，如服务质量策略的制定等。

（2）网络服务 API 提供了基础网络服务的编程接口，如通过开放二层交换机与三层路由的信息，以保障网络的连通性。

（3）控制器基础功能 API 提供了控制平面中底层的功能，通过北向接口可以控制南向接口指令的收发。

3．北向接口的发展趋势

目前从技术实现上来看，RESTful 形式的接口已经成为北向接口的主流实现方式。RESTful 不是一种具体的接口协议，是指满足 REST（Representational State Transfer，表现层状态转移）架构约束条件和原则的一种接口设计风格。REST API 架构成熟，接口友好，具有可寻址性强、接口无状态、注重关联性及接口统一等特点，目前绝大多数的开源控制器，如 Open Daylight 控制器、Floodlight 控制器、Ryu 控制器和 ONOS 控制器等的北向接口都采用了 RESTful 形式的接口。

3.3.6　东西向接口协议

为扩展网络规模，通常需要利用多个控制器组成一个更大的逻辑网络，多个控制器之间涉及协作问题。多控制器协作问题的解决方案包括分布式控制器集群解决方案和东西向接口协议。分布式控制器集群解决方案由 ONIX 控制器和 ONOS 控制器等分布式控制器实现，但该类接口均为私有接口，通用性较差，导致不同厂家的控制器之间无法协同工作。东西向接口采用标准化设计控制器间的通信接口，主要解决单控制器能力有限，不能满足大规模网络管理和实际业务需求灵活拓展的问题，利用东西向接口可以实现各控制器间控制信息的交互，从而根据全局网络信息制定策略，完成逻辑上的集中控制。东西向接口协议主要有 SDNi 接口协议和 West-East Bridge 接口协议等。

1．SDNi 接口协议

SDNi 接口协议是华为开发的一种用于处理 Domain 控制器之间数据交换的通信协议，目前已经在 SDN 开源控制器 Open Daylight 上部署实现。SDNi 接口协议能在控制器之间交互 Reachability 和 Flow Setup/Tear-Down/Update 的请求、带宽信息、服务质量和延迟信息等。SDNi 接口协议之间的数据交换可基于 SIP 或 BGP 协议来实现，如开源控制器 Open Daylight 就是基于 BGP 协议实现的。SDNi 接口协议可以支持不同异构控制器之间协同工作，实现大规模网络管理，以及跨域流量优化等。使用 SDNi 接口协议的网络拓扑如图 3-20 所示。

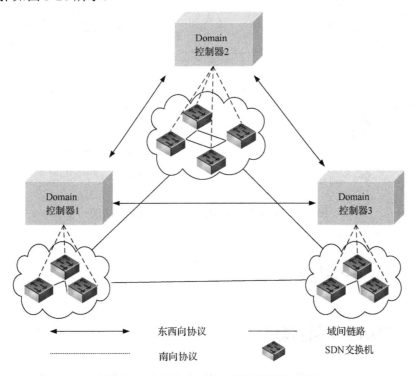

图 3-20　使用 SDNi 接口协议的网络拓扑

2. West-East Bridge 接口协议

West-East Bridge 接口协议由清华大学研究团队提出,是一种支持异构控制器协同工作的协议,允许控制器通过标准化插件形式集成,通过订阅/发布机制来完成数据的分发。当网络视图发生变化时,该事件会被发布到所有订阅其数据的节点上,从而实现异构控制器间标准化的东西向通信。

West-East Bridge 接口协议将 SDN 网络元素抽象为节点、链路、端口和流等概念,通过扩展的 LLDP(Link Layer Discovery Protocol,链路层发现协议)获取域内各网元的标识(ID)、容量(Capacity)和状态(Status)等信息,并对其进行综合分析、优化以形成域内的网络视图。West-East Bridge 接口协议中的控制器以 Full-Mesh(全网状)的拓扑形式组网,能实现控制器发现、网域视图信息维护和多域网络视图信息交互等功能,其工作模式如图 3-21 所示。

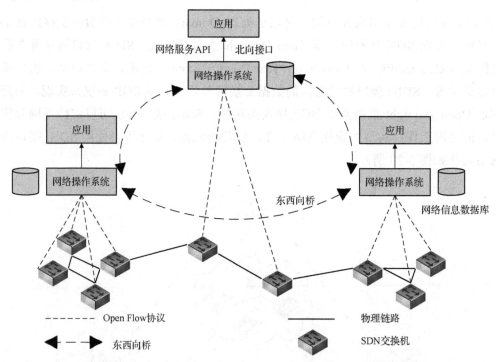

图 3-21 　West-East Bridge 接口协议的工作模式

3.4　SDN 控制器

3.4.1　SDN 控制器概述

SDN 控制器用于对网络基础设施层的交换机和路由器等设备进行抽象建模,把每台单独的网络设备中的控制平面集中抽取到控制层中,实现底层转发设备的“去智能化”。在 SDN

控制器中，底层设备只需要按流表转发处理，而转发决策中的流表项都由控制层通过南向接口协议统一下发。SDN 控制器的核心是：实现网络的可编程控制，推动网络业务的创新。北向接口正是提供可编程能力的直接推手，通过北向接口，网络业务开发者能以编程形式调用各种网络资源，同时上层的网络资源管理系统可以通过北向接口全局把控整个网络的资源状态，并对资源进行统一调度。由于北向接口直接为业务应用服务，其设计需要密切联系业务应用需求，具有多样化特征，较难统一，目前还缺少业界公认的标准。从技术实现来看，SDN 控制器的主要功能如下：

（1）SDN 控制器能实时采集设备的关键信息、网络拓扑状态变化情况和网络中链路的使用状态，为应用提供网络拓扑、实时流量分析和关键业务动态部署等业务支撑。

（2）SDN 控制器基于全局网络和流量视图，能为关键网络业务提供端到端路径的集中计算功能，实现业务流实时调度、业务快速部署和设备配置。

（3）SDN 控制器能提供可靠性和安全性管理，使 SDN 控制器在故障情况下能够实现快速恢复和关键功能的在线部署与升级；SDN 控制器与设备之间的通信通道使用加密技术，以防止对 SDN 控制器的非法访问和数据篡改。

（4）SDN 控制器能实现集群内状态同步、数据库持久化管理和控制器集群内多服务器间的状态数据实时同步，确保相关配置数据和策略数据在设备意外冷启动后能快速恢复。

目前，开源 SDN 控制器和私有 SDN 控制器不断涌现，如 NOX 控制器、Open Daylight 控制器和 ONOS 控制器等。

3.4.2　NOX 控制器

NOX 控制器是斯坦福大学在 2008 年提出的第一款基于 Open Flow 协议的控制器，早期版本（NOX-Classic）的控制器是由 C++和 Python 两种语言实现的，NOX 控制器的核心架构及关键部分都是使用 C++语言实现的。NOX 控制器能提供相应的编程接口，开发人员可基于 C++语言或者 Python 语言，通过调用该接口实现自己的应用。NOX 控制器是现有多种控制器的原形，对推动后续其他控制器的发展具有重要意义。

NOX 控制器可面向用户提供对整个网络统一集中的编程接口，通过抽象网络资源控制接口，收集整个网络的网络状态视图，并将其存储在网络视图数据库中。NOX 控制器的网络视图包括 Open Flow 交换机的网络拓扑，用户、主机、中间件及其他网络元素。基于 NOX 控制器接口实现的各种应用程序能通过访问网络视图数据库，生成控制命令，并发送到相应的 Open Flow 交换机中。

NOX 控制器中的组件是实现 Open Flow 交换机控制的功能实体，所有的控制策略均由各个组件下发，不同组件可独立完成某种功能，又可相互配合完成更加复杂的功能。为提高 NOX 控制器的可扩展性，允许第三方组件或用户自定义组件，大大提高了控制器的开放性。目前，NOX 控制器包括三种类型的组件，分别是 Net apps 组件、Web apps 组件和 Core apps 组件。NOX 控制器组件结构如图 3-22 所示。

1．Net apps 组件

Net apps 组件是用来进行网络控制的组件，如 Discovery（发现）组件向 Open Flow 交换机发送 LLDP 数据包，通过收到返回的 LLDP 数据包来了解 Open Flow 交换机之间的连接情况；Routing（路由）组件负责为网络中的流量计算路径，下发相应的流表项到 Open Flow 交换机中，当 Open Flow 交换机的数据转发端口收到与流表项匹配的网络时，即按照该流表项规则进行处理；Monitoring（监视）组件用于周期性向与控制器相连的 Open Flow 交换机发送查询信息，从 Open Flow 交换机接收回复信息，以获知 Open Flow 交换机的工作状态是否正常。

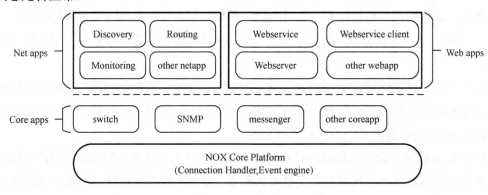

图 3-22　NOX 控制器组件结构

2．Web apps 组件

Web apps 组件能向 Web 服务提供接口，使网络管理人员可以通过 Web 方式管理 NOX 控制器，典型的组件有 Webservice 组件、Webserver 组件、Webservice client 组件等。

3．Core apps 组件

Core apps 组件能向 Net apps 组件和 Web apps 组件提供相关的基本功能，如 messenger 组件能提供 TCP/SSL 服务端的 Socket 通信接口，其他组件可以基于该组件与客户端进行通信；SNMP 组件支持 snmptrap 功能，其他组件可由此监控网络设备的状态。

3.4.3　Open Daylight 控制器

Open Daylight 控制器（ODL 控制器）是 IBM 和 HP 基于 Java 语言开发的开源控制器，遵循模块化、可插拔和灵活性的设计原则，提供开放的北向 API，同时支持包括 Open Flow 协议在内的多种南向接口协议，底层支持传统交换机和 Open Flow 交换机。目前，Open Daylight 控制器已经实现了传统二层和三层交换机的基本转发功能，并支持任意网络拓扑和最优路径转发。

在 Open Daylight 控制器框架中，服务抽象层（Service Abstraction Layer，SAL）作为模块化和可插拔的控制平台，北向连接功能模块以插件的形式为之提供底层设备服务；南向可连接多种协议,屏蔽不同协议的差异性,为上层功能模块提供一致性服务,使上层模块与下层模块之间的调用相互隔离。SAL 可自动适配底层的不同设备,使开发者专注于上层业务应用的开发。

Open Daylight 控制器使用模块化设计方式来实现控制器的功能和应用,Open Daylight控制器架构自上而下依次是网络应用层、控制平台、南向协议层和数据平面,示意图如图 3-23 所示。

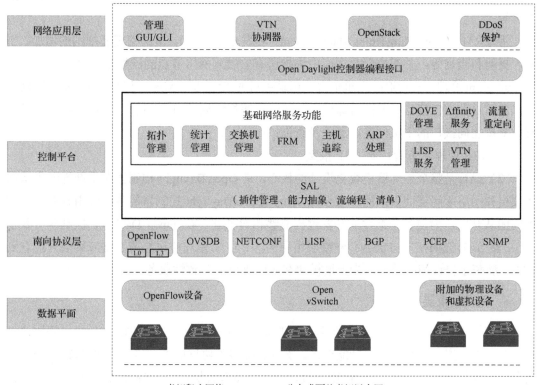

1—VTN:虚拟租户网络;　2—DOVE:分布式覆盖虚拟以太网;
3—DDoS:分布式拒绝服务;　4—LISP:位置标识分离协议;
5—OVSDB:Open Switch数据库协议;　6—BGP:边界网络协议;
7—PCEP:路径计算单元协议;　8—SNMP:简单网络管理协议。

图 3-23　Open Daylight 控制器架构示意图

1. 网络应用层

网络应用层包括基础网络服务组件和业务功能组件,基础网络服务组件主要完成网络资源的管理,并为业务功能组件提供服务;业务功能组件包含了与具体网络应用相关的业务逻辑。网络应用层定义了北向业务 API 层,当前 Open Daylight 控制器主要定义了数据中心内部和 OpenStack 对接的业务接口。由于 Open Daylight 控制器主要面向数据中心,同时考虑到数据中心已经存在一个主流开源的 Cloud OS,即 OpenStack,所以 Open Daylight 控制器能实现一个针对数据中心虚拟化网络的业务北向接口,该接口也是基于 OpenStack 定义的,Open Daylight 控制器作为网络控制器与其互联,通过 OpenStack 完成对数据中心网络的控制。

2．控制平台

控制平台包括基础网络服务功能和 SAL 等，具体如下。

（1）基础网络服务功能主要包括：

① 拓扑管理，负责管理节点、连接和主机等信息和拓扑计算；

② 统计管理，负责统计各种状态信息；

③ 交换机管理，负责维护网络中的节点、节点连接器、接入点属性、三层配置和节点配置等；

④ FRM（Forwarding Rules Management，转发规则管理），负责管理流规则的增加、删除、更新和查询等，并在内存数据库中维护所有安装到网络节点的流规则信息；

⑤ 主机追踪，负责追踪主机信息，记录主机的 IP 地址、MAC 地址、VLAN 及连接交换机的节点和端口信息，主机追踪模块支持地址解析协议（ARP）请求发送及 ARP 信息监听，支持北向接口的主机创建、删除及查询；

⑥ ARP 处理，负责处理 ARP 报文。

（2）SAL 是整个控制器模块化设计的核心，是 Open Daylight 控制器在早期为隔离南向协议层和网络应用层而引入的一项设计，由于 Open Daylight 控制器的各组件由开源社区的不同团队开发，为使各个组件的开发过程能够相对独立，在 Open Daylight 控制器引入了 SAL，将 SAL 充当南向协议层和网络应用层的"中介"，南向协议层或网络应用层只能看到 SAL，屏蔽了协议间的差异，为上层模块和应用提供了一致性服务。

3．南向协议层

南向协议层包含 Open Flow 协议、BGP 协议、PCEP 协议、NETCONF 协议等协议插件，能完成与南向网络设备的功能对接，支持连接多种协议插件，屏蔽不同协议的差异性，为北向功能模块提供一致性服务。南向接口目前支持多种协议，协议插件能动态连接在 SAL 上，用于从网络设备中获取数据，将策略/控制应用到网络设备中。

4．数据平面

数据平面由物理设备和虚拟设备组成，如路由器、传统交换机和 Open Flow 交换机等，且支持交换机和路由器等在网络端点间建立连接。

3.4.4　ONOS 控制器

ONOS（Open Network Operating System，开放网络操作系统）是由运营商和 ON.Lab 实验室联合开发的开源控制器平台，支持包括 Open Flow 协议在内的多种南向协议，同时提供开放的北向 API，具有可靠性强、灵活度高、性能好及南北向抽象化等特点。

ONOS 控制器采用 Java 语言开发，控制器架构支持底层分布式设备运行，自上而下分别是应用层、北向接口层、分布式核心平台、南向接口层、南向抽象层和设备层。ONOS 控制器架构示意图如图 3-24 所示。以下对主要部分进行介绍。

1. 北向接口层

ONOS 控制器的北向接口层通过应用意图框架结构（Application Intent Framework，AIF）为应用层提供网络全局视图接口等众多灵活的编程接口，使应用层可调用编程接口完成应用开发，实现对网络的控制、管理和业务配置，满足运营商对 ONOS 控制器的要求。北向接口层包括网络图、流目标与意图三部分。

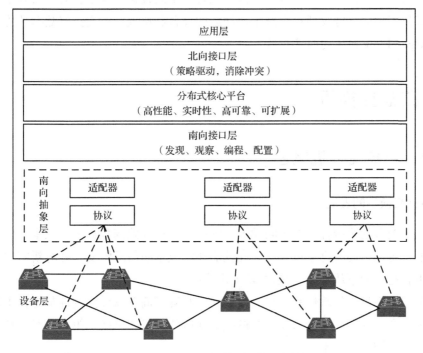

图 3-24　ONOS 控制器架构示意图

（1）网络图：根据网络情况抽象出来的有向图，在有向图中，基础设施、设备及基础设施之间的连接分别用内部顶点和边表示；主机和隐含的边缘连接分别用外部顶点和边表示。

（2）流目标：以设备为中心的抽象，能实现对设备的编程，具有良好的拓展性并支持多流表架构。基于流目标架构，可降低编程复杂度，并支持 Open Flow1.3 协议。

（3）意图：能提供一个高层次且以网络为中心的抽象，开发者只需要表达去做什么，而不需要考虑具体的编程实现过程。

2. 分布式核心平台

分布式核心平台能提供组件间的通信和状态管理，对外表现为逻辑组件，可以获悉组件和数据平台的故障代码，简化应用开发和故障的处理过程。从业务角度来看，ONOS 控制器创建了一个可靠性极高的环境，有效避免了网络连接中断的情况，而且当网络扩展时，网络服务提供商可以方便地扩容数据平台，且不会导致网络中断。

3. 南向接口层

南向接口层能兼容多种南向接口协议，且支持以插件形式加入南向接口协议，便于

ONOS 控制器对 Open Flow 交换机或传统交换机进行统一管理，实现网络升级的平滑过渡。

4．南向抽象层

南向抽象层的实质是南向核心接口层和适配层的融合，是连接 ONOS 控制器分布式核心平台与设备层的重要桥梁。南向抽象层能将每个网络单元表示为通用格式对象。采用南向抽象层，具有以下优势：①可以用不同协议管理不同设备，且不会对分布式核心平台造成影响；②扩展性强，能灵活在系统中添加新的设备和协议；③支持将数据从传统设备迁移到支持 Open Flow 协议的白牌设备。

3.5 白盒交换机

3.5.1 白盒交换机概述

1．白盒交换机的发展

近年来，随着互联网行业的蓬勃发展，数据和流量开始向数据中心聚集，使数据中心网络向高度稳定性、高度可管可控性、高性能和低成本的需求转变。针对新需求的变化，传统交换机有些"力不从心"，面临着以下挑战：

（1）传统交换机中的软件和硬件高度耦合，品牌厂商从软件到硬件都是自主封闭开发的，相当于一个黑盒子，只能依靠厂商进行交换机的升级和更换，第三方对交换机的功能扩展难度大，后期维护成本高。

（2）数据中心通常会采用不同类型、不同厂商的交换机，不同厂商的交换机互通性较低，使数据中心的网络管控难度加大。

（3）厂商的交换机要经过从研发到产品成型等多个环节，才能将交换机交付给用户，其间的研发、测试和试用所占时间太长，难以满足客户的新需求。

在此背景下，必须针对数据中心场景应用新的、更为灵活的网络设备来满足要求，白盒交换机由此诞生。

2010 年，日本电气公司（NEC）和 HP 着手研究交换机软件化技术，推出了基于 OVS 的开放软件交换机，使网络资源和能力得到前所未有的释放，网络运营开始走向自动化和智能化。

2013 年开放计算项目（Open Compute Project，OCP）等组织开启了对交换机硬件白盒化的标准化工作，推出了开放网络安装环境（Open Network Install Environment，ONIE）、FBOSS（Facebook Open Switching System）设备管理软件及 Open Daylight 控制器标准文档，在 SDN 交换机和白盒交换机领域取得了重大突破。2015 年，OCP 组织成功推出了第一款白盒交换机 Wedge，与此同时 OVN（Open Virtual Network）虚拟化、ONL（Open Network Linux）操作系统和 ONOS（Open Network Operating System）控制器开始涌现；在电信领域

OpenNFV 和 CORD 等虚拟化和白盒化项目也陆续展开。

2016 年至今，白盒设备技术、软件操作系统技术和网络自动化技术等快速发展。Microsoft 推出了 SONiC（Software for Open Networking in the Cloud）系统，HP 推出了 OpenSwitch 系统，AT&T 推出了 DANOS（Disaggregated Network Operating System），Google 面向 NG-SDN（Next Generation SDN）推出了 Stratum 系统，各个公司的开源交换机操作系统层出不穷，百花齐放。与此同时，开放的网络自动化平台（Open Network Automation Platform，ONAP）、可编程协议无关报文处理（Programming Protocol-independent Packet Processors，P4）Runtime 接口和 Trellis 等网络管控解决方案也呼之欲出，与白盒交换机相关的网络技术全都在快速发展。

2. 白盒交换机的优势

白盒交换机采用开放化及可编程的架构，契合新型业务和网络发展的需求，具有以下优势：

（1）白盒交换机能突破传统交换机的软、硬件一体化设计，解耦底层网络硬件与上层操作软件，用户可以只购买交换机硬件，按需要搭配第三方操作系统软件，使用户可以灵活地设计和配置网络。

（2）控制平面支持网络协议的软件并可编程，数据平面支持转发芯片的硬件并可编程，提升了网络的灵活性、敏捷性和确定性，优化了网络性能，能够很好地满足复杂的业务需求。

（3）白盒交换机具有端口密度大的特性，十分适合数据中心和大型企业的高密度网络部署。例如，拥有超大规模数据中心的 Facebook 和 Google 等互联网企业均采用白盒交换机来部署网络，根据具体的网络需求来定制白盒交换机，以及选择合适的操作系统软件。

3.5.2　白盒交换机架构

白盒交换机遵循层次化的网络架构设计，自上而下依次为网络操作系统和协议层、芯片接口层、基础软件平台层和硬件转发层，如图 3-25 所示。

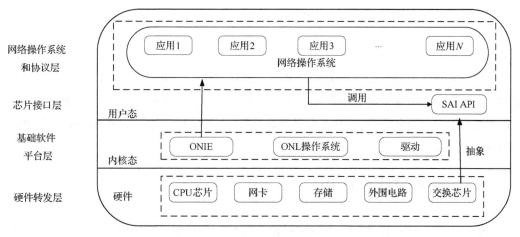

图 3-25　白盒交换机网络架构

1．网络操作系统和协议层

网络操作系统（Network Operating System，NOS）主要用硬件和软件资源的系统软件程序，通过基础软件平台（ONIE 等）的引导完成安装，用于控制交换机的操作和运行。目前，开源网络操作系统包括 SONiC 系统、DANOS、Stratum 系统和 Switch Light OS 等；商用网络操作系统包括 Cisco IOS/NX-OS、Juniper JUNOS 和 H3C Comware 等。

2．芯片接口层

芯片接口层旨在为上层应用提供标准化的芯片功能接口，实现芯片和上层应用的通信，包括传统的软件开发工具包（Software Development Kit，SDK）接口，或 SDN 概念中基于 SDK 封装的标准性和可编程性抽象接口。芯片接口层能将交换芯片的硬件功能接口封装为统一的接口，解耦上层应用与底层硬件，上层应用通过调用芯片接口定制底层转发逻辑，提供网络的可编程功能。为了使网络操作系统与芯片接口平滑适配，芯片供应商提供的 SDK 需要与网络操作系统集成，并提供标准接口以支持访问芯片。目前，标准接口已被各种开源网络操作系统广泛接受并使用，因此开发人员只需要知道与供应商无关的标准 API 即可。常用的标准化芯片接口有 OpenNSL（Open Network Switch Layer）、OF-DPA（Openflow Data Plane Abstraction）和 SAI 等。

3．基础软件平台层

基础软件平台层用于连接底层硬件和上层网络操作系统，能提供基础的安装环境和驱动等软件，目前主要的应用规范是由 OCP 组织提出的 ONIE 和 ONL 操作系统。ONIE 为白盒交换机提供了一个开放的安装环境，实现了交换机硬件和网络操作系统的解耦，支持在不同厂商的硬件上引导启动网络操作系统。ONL 操作系统本质上是一个定制化的 Linux 发行版操作系统，在 Linux 操作系统的基础上添加了大量与交换机硬件相关的驱动程序，如 USB、通用输入输出口（General Purpose Input Output，GPIO）和复杂可编程逻辑器件（Complex Programmable Logic Device，CPLD）等，可供不同的白盒交换机厂商共享相同的交换机硬件驱动，有利于减少开发工作量。

4．硬件转发层

硬件转发层主要处理芯片和外围电路，主要器件包括交换芯片、CPU 芯片、网卡和存储器。交换芯片负责交换机底层数据的交换转发，是交换机最核心的部件；CPU 芯片负责管控系统的运作；网卡负责对 CPU 提供管理功能；存储器包括内存和硬盘等；外围电路包括风扇和电源等。

3.5.3　白盒交换机应用

数据中心通常使用高性能以太网交换机，实现计算资源之间的快速通信。通过部署白盒交换机，数据中心网络管理员能够自主掌控软、硬件运营体系，搭建更低成本、更为可靠、高度可控、高度自动化和智能化的数据中心网络。

白盒交换机的应用如图 3-26 所示，是基于 Spine-Leaf 网络架构建立的数据中心网络，该网络中的白盒交换机分为三种，分别是 Spine 交换机、服务器 Leaf 交换机（Server ToR）和网关 Leaf 交换机（Gateway ToR）。

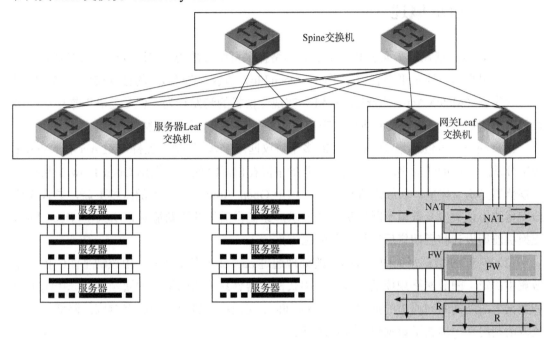

图 3-26 　白盒交换机的应用

1. Spine 交换机

Spine 交换机能承载所有 Leaf 交换机之间的流量，具备大容量和多租户的区隔能力，支持创建和维护大量的转发表项。

2. 服务器 Leaf 交换机

服务器 Leaf 交换机能承载虚拟计算机之间的东西向流量，完成各种内部业务或应用的高速和大容量交换。

3. 网关 Leaf 交换机

网关 Leaf 交换机能承载虚拟计算机与外部网络之间的南北向流量，是数据中心对外提供服务的转发通道。

在数据中心网络部署中，白盒交换机能根据交换机所承担的角色，有针对性地优化网络，以更好的性能为上层业务提供支持，提升用户体验。上述的三种白盒交换机承担了数据中心网络的不同任务，其处理的网络流量特征与所消耗硬件资源的配比是不同的，白盒交换机通过加载功能组件，运行各个种类交换机的转发逻辑，实现了数据中心网络硬件资源的分配。

3.6 POF

3.6.1 POF 概述

SDN 通过解耦控制平面和数据平面为网络提供可编程能力，并通过标准的南北向接口来连通应用平面、控制平面和数据平面。Open Flow 协议作为 SDN 的主流实现方式，使用匹配动作表（Match Action Table，MAT）实现交换机的转发行为，但是随着数据中心网络规模的不断扩大，Open Flow 协议存在协议扩展复杂和南向接口拥塞的问题。

（1）目前 Open Flow 协议能支持 40 多个协议匹配字段，但是不支持 VXLAN 和 NVGRE 等部分常用协议的匹配字段。交换机的匹配字段在出厂时就已经根据 Open Flow 交换机协议规范事先定义完成。后续运行过程中，由于 Open Flow 协议版本的持续更新，导致需要新支持的协议类型及数量不断增加，并要求厂家提供后续的更新服务，增大了 Open Flow 交换机前期设计和后期售后运维服务的工作量。

（2）在 SDN 数据平面中，数据包的处理通过 packet-in 信息上报，由控制平面的控制器做集中决策，随着网络规模的扩大，集中式控制器容易形成网络管理瓶颈，造成控制平面和数据平面之间南向通道的拥塞；且 Open Flow 交换机一直等待控制器响应，降低了网络资源的利用率，增加了数据包的处理时延。

针对上述 Open Flow 协议存在的问题，华为提出了协议无感知转发（Protocol Oblivious Forwarding，POF）协议，POF 协议采用了与 Open Flow 协议类似的逻辑集中式控制平面。在数据平面上，POF 交换机保留了 Open Flow 流表匹配的思想，支持多级流表构成的流水线进行数据包处理，通过 POF 流转发指令集（POF-Flow Instruction Set，POF-FIS）完成对交换机的处理行为控制。交换机中的每级流表被称为 POF 流指令块（POF-Flow Instruction Block，POF-FIB），控制器通过 POF 协议南向接口管理交换机中的 POF-FIB，进而实现对数据包的处理。POF 架构如图 3-27 所示。

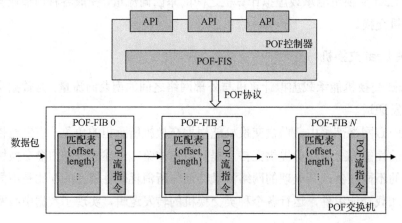

图 3-27　POF 架构

在 POF-FIS 中定义了五类不同的类指令，分别是 Editing 类指令、Forwarding 类指令、Flow 类指令、Entry 类指令和 Jump 类指令。

（1）Editing 类指令：主要针对数据包协议字段进行操作的相关指令，如 Set_Field、Add_Field 和 Del_Field 能对数据包中的字段进行增、删、改的操作。

（2）Forwarding 类指令：用于实现数据包的转发操作，如 Output 能实现数据包在交换机中跳转到下一个端口；Goto_Table 能实现流表之间的传输。

（3）Flow 类指令：用于实现数据流的全局状态存储。

（4）Entry 类指令：如 FlowMod 信息能实现流表项的增、删、改操作。

（5）Jump 类指令：属于高级指令，用于实现协议字段值的条件判断。

在 POF 交换机中，POF-FIB 定义了四种类型的匹配表，分别是精确匹配（EM）表、直接表（DT）、最长前缀匹配（LPM）表和掩码匹配（MM）表。其中 EM 表、LPM 表和 MM 表分别实现的是精确匹配、最长前缀匹配和掩码匹配，支持任意偏移量和长度字段的匹配；DT 是一种只含指令不含匹配项的表，类似 Open Flow 协议中的 Group Table。基于上述不同类型表的转发处理过程，可以基于软件或硬件算法和数据结构实现。例如，基于硬件方式，MM 表可以用三态内容寻址存储器（Ternary Content Addressable Memory，TCAM）实现快速查找，EM 表可以通过静态随机存取存储器（Static Random Access Memory，SRAM）实现；基于软件方式，EM 表可以利用哈希算法查找，LPM 表可以用二叉树等数据结构实现。

3.6.2　POF 协议字段

POF 协议重新定义了对流表项中协议字段的抽象方式，使用三元组格式{type, offset, length}（类型，偏移量，长度）描述协议字段和 Metadata 空间字段，如记录数据包进入交换机端口的信息等。其中，①type 属性为 0 表示当前协议字段属于数据包头部，属性为 1 表示当前协议字段属于 Metadata 空间字段；②offset 属性表示当前协议字段距离起始位置的偏移量信息；③length 属性表示当前协议字段在数据包中的长度信息。

Metadata 空间字段是交换机为处理网络数据报文分配的一段内存，主要为多表流水线在数据包的处理过程中共享一些特定的数据，分为包元数据（Packet Metadata）和流元数据（Flow Metadata）。Packet Metadata 和 Flow Metadata 的读写利用 POF-FIS 中的 Metadata 相关指令来操作。

（1）Packet Metadata 用于流表数据之间的共享，是流表之间传递数据的唯一方式，匹配字段被流表写入 Metadata 空间字段中，其他流表从 Metadata 空间字段中取出匹配字段完成匹配操作。

（2）Flow Metadata 用于存储同一条流水线上数据包中的共有信息，解决数据平面无状态的问题，用户将自定义值作为字段写入 Metadata 空间字段中，通过流表匹配参与到数据包的处理流程中。

POF 交换机的流表需要通过控制器下发 TableMod 信息来创建，在 TableMod 信息中使用{type, offset, length}描述匹配字段信息和流表项数量等信息。POF 交换机通过维护标记指针，表示当前处理指针的参照位置，即每一级流表只能解析该流表定义的匹配字段位置上的数据，并基于匹配表进行查找，匹配成功后，便能执行流表项中定义的 POF 流指令。数据包从一个流表到另一个流表的操作由 Goto_Table 指令实现，该指令还可以重新调整交换机处理数据包的偏移指针。

　　POF 交换机数据包处理流程如图 3-28 所示。POF 交换机内部包含 3 张流表，其中 Flow Table0 和 Flow Table1 以数据包字段作为匹配字段，Flow Table2 以数据包字段和 Metadata 空间字段作为匹配字段。为提高 POF 交换机的工作效率，POF 使用从前向后的分层解析方式，数据包在 POF 交换机中的处理过程可分为 3 个步骤。

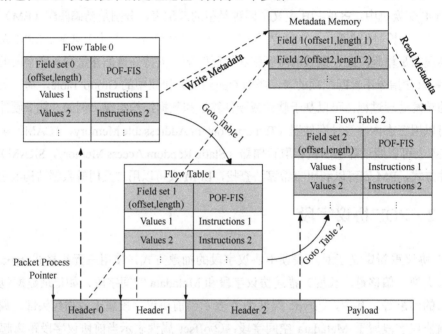

图 3-28　POF 交换机数据包处理流程

　　步骤（1）：数据包进入 POF 交换机后，Flow Table0 匹配数据包的 Header0 字段，先使用 Move_Packet_Offset 指令将数据包标记指针移动到 Header1 首部起始位置，然后使用 Write_Metadata 指令取出 Header0 字段信息存入 Metadata 空间中，最后使用 Goto_Table 指令跳转到处理流水线中的 Flow Table1 进行后续处理。

　　步骤（2）：数据包跳转到 Flow Table1，Flow Table1 匹配该数据包的 Header1 字段，先使用 Move_Packet_Offset 指令将数据包标记指针移动到 Header2 首部起始位置，然后使用 Write_Metadata 指令取出 Header1 字段信息存入 Metadata 空间中，最后使用 Goto_Table 指令跳转到处理流水线中的 Flow Table2。

　　步骤（3）：数据包跳转到 Flow Table2，Flow Table2 将 Flow Table0 和 Flow Table1 存入 Metadata 空间的字段与 Header2 字段共同作为匹配字段，最终完成 POF 交换机需要对该数据包完成的操作。

3.6.3　POF 控制器

POF 控制器保留了 Floodlight 控制器的通信模块，添加了部分 POF 协议功能模块，南向协议更改了 Open Flow1.3 版本的转发和操作等指令。POF 控制器包括 POF GUI 模块、POF Manager 模块、Bypass Manager Module 和 PM Database 模块等。POF 控制器架构模块图如图 3-29 所示。

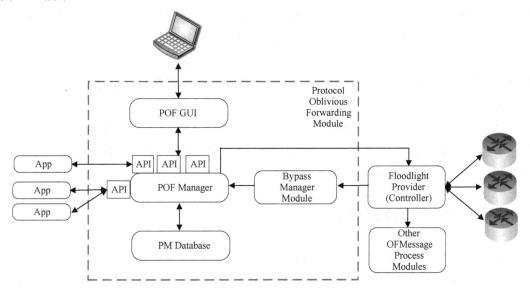

图 3-29　POF 控制器架构模块图

（1）POF GUI 模块能提供图形用户的 API，支持网络开发者创建新的协议并下发对应的流表，同时能展示网络设备的 ID 和端口号等信息。

（2）POF Manager（POF 管理器）模块是 POF 控制器的核心模块，为 POF GUI 模块和上层调用提供 API，同时维护 PM Database 模块中的存储内容，能实现数据库读写和交换机收发信息。

（3）Bypass Manager Module（旁路管理器模块）负责监听交换机发到 POF 控制器的信息，根据监听到的信息选择调用 POF Manager 模块中对应的 API。

（4）PM Database（项目管理数据库）模块负责存储 POF 控制器创建和收到的信息。

3.7　P4

3.7.1　P4 语言概述

为解决 Open Flow 协议自身设计存在可扩展性差的问题，Nick McKeown 等人提出了可编程协议无关报文处理（Programming Protocol-independent Packet Processors，P4）语言及相应的转发模型。P4 语言是一种用于可编程数据平面数据包处理的高级编程语言，能实现一种基于协议无关的交换机架构（PISA）的抽象转发模型，包括 P4$_{14}$ 和 P4$_{16}$ 版本模型。借助 P4 语言的数据平面编程能力，可以实现诸如网桥、路由器和防火墙等 Open Flow 协议已支持的网络设备功能，且支持 VXLAN 协议和 RCP 协议等。

P4 语言作为一种新出现的网络领域的高级编程语言，用于描述网络转发设备（交换机和路由器等）如何处理数据包，具有以下特性：

（1）可重构性。由于网络新协议的不断涌现，传统交换机只能通过更换设备等被动更新的方式支持新协议。在无须更换交换机的情况下，网络程序员基于 P4 语言可通过编程方式，灵活定义数据包的解析过程和处理流程，实现可编程功能。

（2）协议无关性。通过 P4 语言可以灵活定义任意网络数据平面协议，或者交换机中数据包的处理逻辑，且允许定制交换机本身所支持的协议，实现自定义数据包匹配顺序和数据流控制程序的设定。

（3）目标无关性。P4 语言降低了网络程序员的工作难度，网络程序员无须关心底层硬件设备的具体实现细节，就能编程实现数据包处理过程的相关操作，且编写的 P4 语言程序与具体平台实现无关，可扩展性强。

3.7.2　P4 抽象转发模型

在抽象转发模型方面，相比 Open Flow 协议，P4 语言的主要特点如下：

（1）Open Flow 协议仅支持固定协议的解析器，而 P4 语言支持可扩展和可编程的解析器模块。

（2）Open Flow 协议中多级匹配动作表仅支持顺序的匹配动作执行，而 P4 语言的匹配动作表支持顺序、并行或顺序与并行共存等多种方式。

（3）Open Flow 模型中的动作是一系列固定的动作，而 P4 抽象转发模型的动作是任意操作且与协议无关的。

P4 抽象转发模型主要包括解析器、匹配动作表和控制程序三部分，如图 3-30 所示。

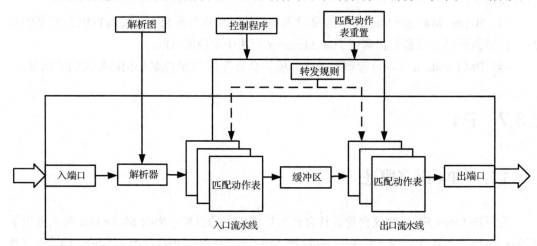

图 3-30　P4 抽象转发模型

（1）解析器（Parser）：数据包经过入端口，解析器将数据包中头部域和载荷分开存储，头部域按照解析图解析，载荷不参与后续匹配。网络程序员可以根据具体的网络场景，定义新的协议头部字段和数据包头部解析流程。解析器会先利用编写的数据包头部解析流程完成对数据包头部的解析工作；然后将解析出的字段值存入交换机 Metadata 空间字段中，以便后续对该字段值做进一步处理。

（2）匹配动作表（Match-Action Table）：匹配动作表分为入口流水线匹配动作表和出口流水匹配动作表线两部分，入口流水线匹配动作表定义了交换机中可能存在的动作，如转发、复制、丢弃或触发流控，决定了报文的输出端口号；出口流水线匹配动作表主要负责修改数据包头部。经过多级匹配动作表的头部域，编译后生成一个有向无环图（Directed Acyclic Graph，DAG），描述数据平面的控制流。

（3）控制程序（Control Program）：根据实际应用场景的需求和匹配动作表中需要执行的操作，制定数据包在交换机中需要匹配的转发表，以及各个匹配转发表的匹配先后次序，完成流表匹配后的各种处理逻辑，支持不同先后次序的流表下发、配置和安装。

3.7.3　P4 语言语法介绍

P4 语言作为一种支持可重构性、协议无关性和目标无关性的数据平面编程语言，其中，语法要素用于描述基本抽象转发模型的数据包处理行为，是 P4 语言要求网络程序员掌握的基本要求，P4 语言语法要素包括头部（Header）、解析器（Parser）、逆解析器（Deparser）、动作（Action）、控制流（Control Flow）、表（Table）、固有元数据（Intrinsic Metadata）和用户自定义元数据（User-defined Metadata）等八大要素。

（1）头部：分为包头（Packet Header）和元数据（Metadata）两种，包括数据包头部所含域的结构、宽度和值的限定等信息。

（2）解析器：一个 P4 语言程序中定义了大量的头部协议格式，解析器定义了如何鉴别数据包头部的顺序，用于指导数据平面上的物理解析器如何解析数据包。

（3）逆解析器：对流水线处理完的数据包头部进行重组。

（4）动作：用来描述如何处理数据包头部和 Metadata。P4 语言中的动作主要分为基本动作（Primitive Actions）和复合动作（Compound Actions）。基本动作包括数据处理运算符和基本算数运算符等；复合动作由网络程序员根据多个基本动作组合而成。

（5）控制流：定义数据包在不同的匹配动作表中的处理顺序，其中处理逻辑包括顺序逻辑和判断逻辑等。

（6）表：P4 语言的表能定义匹配字段和动作等信息，描述匹配域和相应的执行动作。

（7）固有元数据：交换机自身的配置信息，如数据包进入交换机时的端口号和数据包被转发后的出端口信息等，可以完成一些数据平面的预定义功能，如多端口洪泛等。

（8）用户自定义元数据：网络程序员运行 P4 语言程序过程中产生的自定义数据，包括自定义值和临时变量等。当数据包在各级匹配动作表之间传递时，用户自定义元数据可以完成匹配动作表间的参数传递。

第 4 章　数据中心的安全威胁

4.1　数据中心的安全现状

由于云计算、大数据和人工智能等新兴产业的快速发展，作为重要信息基础设施的互联网数据中心，被视为"新基建的基础设施"和经济高质量发展的"数字底座"，发挥了越来越重要的作用。需要认清的是，数据中心作为互联网的一个组成节点，同样面临着互联网共性的安全威胁，如病毒、蠕虫、木马、高级持续性威胁（APT）攻击和供应链攻击等。

4.1.1　数据中心安全重要性

数据中心作为关键信息基础设施，通常由基础环境设施、硬件设备、基础软件和应用支撑平台等组成。其中，基础环境设施包括供配电系统、空调系统、消防系统、门禁系统、监控系统及用于维持数据中心正常运行的辅助系统；硬件设备包括网络交换机、服务器群、容灾备份设备、网络安全设备、机柜及配套通信设施；基础软件包括操作系统、应用服务、虚拟化、数据库管理和防病毒等用于支撑数据中心管理及维护数据的软件；应用支撑平台包括用户管理、权限管理和内容管理等信息集成管理平台，可以将分散、异构的系统和数据资源整合，提高数据中心业务的开发、集成、部署与管理效率。

由于数据中心拥有海量的用户应用接口、庞大的数据通信连接、复杂的网络环境和众多的环境控制设备，需要防护的相关要素众多。数据中心易遭攻击的原因可以归于以下 4 点：

1. 愈发先进的网络攻击手段

数据中心网络通过加入互联网实现与外部信息的交互，响应用户的服务请求。由于数据中心已融入互联网环境中，成为互联网的一个中间节点，使数据中心网络的通信运行规则与通常的互联网无差别，因而面临着其他网络节点共同类型的网络攻击威胁，如注入攻击、DDoS 攻击、中间人攻击、供应链攻击及高级持续性威胁攻击等。数据中心安全威胁如图 4-1 所示。

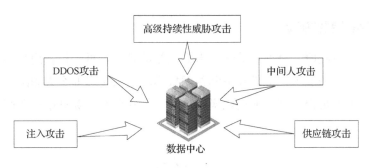

图 4-1　数据中心安全威胁

各种新网络协议、工具和设备等相关技术的不断研发，使网络攻击面呈扩张趋势，网络攻击手段呈新发展趋势。

1）攻击行为日益主动

在网络攻防中，防御者需要防护的对象包括计算机信息系统、基础设施、计算机网络或个人主机设备等众多对象，且要防止数据信息、用户权限、网络功能和系统等不被盗取、破解、修改和破坏，保证系统能正常服务，因而防御者不易预测攻击者的行动目标。对于攻击者而言，在任意点的任意类型的进攻动作都是网络攻击，攻击者只需要针对攻击目标在整个安全链上找到一个可利用的脆弱点，就可一招制胜，破坏或掌控整个系统，而且攻击者在时机上也具有"出其不意，先发制人"的行动优势，可以轻松掌握攻防对抗的战略主动权。

2）攻击工具愈加先进

攻击工具的不断发展演进，降低了攻击者所需要的专业知识门槛，借助攻击工具，攻击者可以简单、快速地实施网络攻击。攻击技术的不断迭代优化，使攻击工具的特征更难发现，新型攻击工具呈现隐蔽性、动态性和自主变异性。①隐蔽性：攻击者日益倾向采用具有隐蔽攻击特征的技术更新攻击工具，使攻击目标需要耗费更多的时间对攻击工具进行分析，了解其攻击行为模式；②动态性：新型攻击工具能通过随机选择和预先定义决策路径等方式动态改变下次攻击的攻击模式与行为，增加下次攻击特征的不可预测性；③自主变异性：新型攻击工具可以自我升级或更新，并不断变换自身的攻击特征，且新型攻击工具普遍具有多种操作系统平台执行能力，在一次网络攻击中能融合多种不同攻击特征的攻击工具协同攻击，可大大提高攻击成功率。

3）自动化和攻击速度加快

攻击工具的自动化水平和攻击速度不断提高，特征包括①先进的扫描模式：扫描工具能利用更先进的扫描模式来提升扫描效果、加快扫描速度和加快攻击过程；②自主传播：新型攻击工具具有自我复制能力，无须人为干预即可自主发动新一轮攻击并感染主机，在网络中传播病毒；③分布式拒绝服务协同攻击：攻击者可以通过已经部署在互联网中的大量分布式攻击工具，多点、多时段对攻击目标的系统发起拒绝服务攻击，造成目标系统的网络阻塞甚至系统宕机。

2．高额回报的利益驱动

数据中心存储着政府、企业和普通个人等大量的珍贵数据，涉及用户的核心利益。在攻击收益日益升高的情况下，高额经济利益回报驱动越来越多的个人和组织对数据中心进行渗透，盗取其中的机密数据，通过贩卖和勒索等方式牟利。数据中心资产利益驱动图如图 4-2 所示。

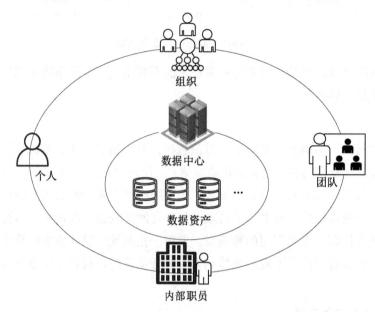

图 4-2　数据中心资产利益驱动图

互联网以检索方式的差异划分为明网及暗网。明网是指能被普通搜索引擎检索到的网络，即公众日常接触的网络，通过 IP 地址与路由器等网络设备建立连接，使接入者的行踪和位置等信息可以被追溯。与明网相对的是暗网，是指不能被普通搜索引擎检索到的网址，该类网站通常采用了分布式、多节点访问技术及多层数据加密技术，将数据信息层层包裹和隐匿，具有与生俱来的隐匿特性，被不法分子广泛运用于网络犯罪。在暗网中，信用卡数据、加密账户和社交媒体等信息均可售卖，据 Privacy Affairs 2022 年发布的"Dark Web Price Index 2022"报告指出，2021 年 2 月～2022 年 6 月暗网各类信息交易的平均价格如表 4-1 所示。

表 4-1　2021 年 2 月～2022 年 6 月暗网各类信息交易的平均价格

类别	产品	平均价格/美元
信用卡数据	信用卡详细信息，且账户余额高达 5000 美元	120
付款处理服务	被黑的转账账户	510
加密账户	美国验证的本地比特币账户	120
社交媒体	被黑的推特账户	25
被黑的服务	网飞账户，1 年订阅	25
伪造文档-扫描	美国商业支票模板	10
电子邮件数据转移	1000 万个美国电子邮件地址	120

3. 国家之间的对抗日趋激烈

关键信息基础设施的安全问题已成为各国网络安全的核心，其中，存储公民、企业、政府单位乃至国家海量信息数据的数据中心已然成为各国网络空间高强度对抗的主战场。网络攻击的隐蔽性强、社会危害性大、能力不对称导致防御方力不从心，鉴于网络攻击带来的巨大破坏，网络安全问题日益受到各国的重视。

网络攻击和网络间谍事件屡见不鲜，2013 年"棱镜计划"事件披露了美国对多国政府、科研机构和企业的通信网络进行严密监视，以及 2020 年"太阳风"网络攻击事件中，美国商务部、国土安全部、国务院、财政部等联邦机构均在受害名单内等。越来越多被披露的网络攻击事例表明：在以国家为网络攻击行动主体，国家关键信息基础设施为行动目标的网络攻击中，网络攻击的性质正在发生转变——经济利益驱动变为政治目的驱动。网络间谍窃密图如图 4-3 所示。

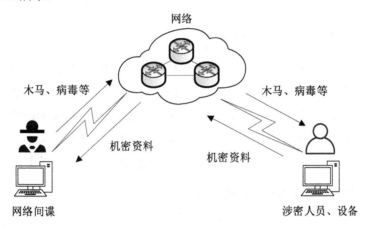

图 4-3　网络间谍窃密图

4. 来自高度组织化的网络犯罪集团的威胁

近年来，高度组织化的网络犯罪集团等非国家行为体对数据中心的安全威胁呈高发态势，定向攻击、勒索软件攻击和供应链攻击等高级网络攻击愈演愈烈，且攻击技术能力不逊于国家行为主体的技术能力。高度组织化的网络犯罪集团通常出于经济利益对大企业，尤其对跨国集团实施网络勒索攻击，如美国肉类生产商 JBS 公司被黑客攻击，一度关闭了在美国、澳大利亚和加拿大的工厂，最终支付了 1100 万美元赎金才恢复了生产；2021 年 5 月，美国最大的燃油管道公司科洛尼尔遭遇"黑暗面"黑客组织的勒索攻击，致近 9000km 长的输油管道停止工作，引起全球关注。上述非国家行为主体实施的网络攻击事件，造成了国家关键基础设施停止服务，表明高度组织化的网络犯罪集团也是国家关键基础设施的重要威胁。

综上，在全球范围内，以数据为目标的攻击越来越频繁，已成为挑战国家主权安全的犯罪新形态。据美国联邦调查局 2021 年互联网犯罪报告显示，联邦调查局的互联网犯罪投诉中心共收到 84 万多起投诉，损失超过 69 亿美元；2021 年 12 月 22 日，国际警察协会俄罗斯分会会长尤里·日丹诺夫表示：全国 2021 年网络犯罪造成的损失评估高达 900 亿卢布（约合 12 亿美元），2020 年的损失约为 700 亿卢布（约合 9.4 亿美元）；2021 年迈克菲的研究数据显示，我国平均每年由于网络安全问题造成的损失高达 600 亿美元，居亚洲首位、全球第二。

4.1.2　数据中心安全事件

在全球数字经济大发展的前提下，网络和数据资源已经成为一项非常重要的"基础设施"，成为各国在未来经济、政治和科技等领域极力抢占的战略"新高地"。由此引发的以非国家行为主体实施的网络攻击、敲诈勒索和数据窃取等网络安全和风险问题成为人们关注的热点，甚至成为全球范围内国家行为主体之间的网络对抗，引发的网络安全重大事件层出不穷。

1. 美国 Equinix 公司遭遇勒索攻击

1998 年诞生的美国 Equinix 公司，是全球规模最大的数据中心和托管服务提供商之一，目前在五大洲拥有 220 多家数据中心，连接了超过 9700 家企业、云、数字内容和金融公司，拥有 280.23 亿美元资产。2020 年 9 月，Equinix 公司遭遇 Netwalker 勒索软件攻击，澳大利亚办事处的办公室网络被成功入侵，包括财务信息、审计和数据中心报告等内容被窃取，并被要求支付 450 万美元赎金，用于解密被加密的数据，并承诺不公布被窃数据。

2. 俄罗斯联邦安全局遭遇大规模入侵

俄罗斯联邦安全局，简称 FSB，负责俄罗斯国内的反间谍工作，同时负责打击大规模有组织犯罪活动和恐怖活动，打击非法武器贩卖和走私活动，打击危害国家安全的非法武装组织和集团，以及保护国家边境安全。2019 年 7 月 13 日，俄罗斯联邦安全局遭遇了史上最大规模攻击者的攻击，攻击者入侵了俄罗斯联邦安全局的服务器，从俄罗斯联邦安全局的主要承包商 "Sytech" 处获取了 7.5TB 的数据，并泄露了与非公共互联网项目有关的数十个数据，如俄罗斯如何对 Tor 浏览器用户进行去匿名化处理等，将俄罗斯的互联网业务与世界其他地区隔离，并收集了网络社交用户的信息。

3. 意大利拉齐奥大区政府的网络数据中心瘫痪

2021 年 7 月 31 日晚间，意大利拉齐奥大区政府的网络数据中心遭到攻击，攻击者入侵了拉齐奥大区政府的网络数据中心，并植入名为 Cryptolocker 的勒索软件，几乎封锁了网络数据中心的所有文件，包括政府采购招标、证件发放和疫苗预约在内的相关服务文件，使网址处于无法登录的瘫痪状态。技术人员花费了 10 天左右的时间破解攻击者的软件代码，才部分恢复了卫生部门的系统数据，而恢复所有部门的系统数据使网络正常运行则需要花费数周时间。

4. 台积电工业互联网遭遇 WannaCry 的变种病毒入侵

2018 年 8 月 3 日晚间，全球晶圆代工龙头企业台积电位于台湾新竹科学园区的 12 寸晶圆厂和营运总部受到病毒攻击，造成竹科晶圆 12 厂、中科晶圆 15 厂和南科晶圆 14 厂等主要厂区的几台生产线全数停摆。病毒通过工业互联网进行传播，几小时后，其他的生产线也受到攻击，使台积电在台湾北、中、南部 3 处重要生产基地的核心工厂全部沦陷，生产线全部停摆，损失高达 1.69 亿～1.71 亿美元。

4.1.3　数据中心安全趋势

国际数据公司（IDC）发布的《2021 下半年中国 IT 安全服务市场跟踪报告》显示：我国 IT 安全服务市场部署外部数据中心的托管安全服务市场规模，2021 年较 2020 年实现了 61.2% 的高速增长；较 2019 年，实现了 92% 的高速增长。上述数据表明：越来越多的企业数据正从本地服务器迁移至数据中心进行集中式管理，形成该趋势的主要原因如下。

1. 本地存储数据安全性不易保障

随着信息技术的快速发展，每天产生的信息数据规模呈指数型增长，使数据之间的交换、共享、备份和存储需要更多的硬件设备支持，企业利用传统终端设备存储数据无疑增加了运营成本。当前的大环境也加剧了数据量的产生，越来越多的企业选择居家远程办公，数据中心专业的远程集中式托管服务以效率高、成本低的优势迅速发展，被众多中小企业接受和使用。相比数据中心专业的集中式管理，本地服务器主要存在以下缺陷。

1）本地服务器易感染病毒

本地服务器的安全防御依赖于安全团队的专业性及策略配置，缺少专业的安全人员维护，在面临拒绝服务攻击、结构查询语言（SQL）注入等多种安全风险时，缺乏灵活的防护手段，易感染网络病毒。本地服务器之间的网络通信频繁，且本地服务器具有统一的配置，通常一台服务器被感染，其余服务器也会迅速被感染，并快速传播至剩余服务器，传播速度非常快。

2）本地服务器更新换代快

本地服务器承载着繁忙的运算任务，且需要永不间断的运行，原部件老化等原因造成的故障率明显上升，一般情况下可使用三年，维护好的情况下可使用五年。本地服务器通常三年进行一次更新，导致企业的负担加重。

3）人为因素导致数据泄露

本地服务器提供商、软件提供商甚至内部工作人员能直接在本地操作数据，极易误操作，导致数据丢失或者破坏。

2. 数据中心集中式管理安全优势显著

数据中心网络使用虚拟化和 SDN 等技术突破了传统物理网络固态、僵化的结构限制，将各种软、硬件基础设施和资源解耦，根据业务需求灵活部署。随着云计算、大数据和人工智能等新兴技术产业的发展，数据中心的安全发展呈四大趋势：

1）全维度安全防御

数据中心网络通常是采用以太网技术的局域网络。当数据在网络中传输时，根据常用的互联网协议五层模型，任何一层网络协议出现安全漏洞，都会导致数据被泄露或破坏，所以要对所有网络层级进行综合安全防御。例如，在数据链路层部署一些 PPP、Portal、Port 等用户身份协议认证，增加访问的安全性；在网络层增加路由策略和访问控制列表（ACL），基于逻辑网络分段来控制各子网之间的访问；在传输层进行入侵检测，丢弃检测到的异常流量，并基于传输层安全协议实现数据传输在保密安全信道的加密；在应用层通过漏洞扫描、代码审计和渗透测试等手段审计应用的安全性。通过构建全维度、立体式防护手段，对所有的网络协议层均设置防御措施，尽量避免网络协议的漏洞。

2）主动防御技术的兴起

传统网络防御技术重在加固目标系统的外部安全和发现与消除已知威胁的检测，不能实现提前对网络攻击达成"先发现先防护"的防御效果，只能采取事后记录和修补措施，弥补和挽回网络攻击造成的损失。为改变被动防御"易攻难守"的局面，主动防御技术通过赋予运行环境的动态性、冗余性和异构性，改变系统的静态性、确定性和相似性，最大限度降低了潜在安全漏洞被成功利用的概率，并通过扰乱或破坏后门的可控性，达到干扰或阻断攻击的目的。主动防御技术正成为日渐兴起的主流网络安全技术，包括基于可信、动态和异构的可信计算、移动目标防御和拟态防御等内生安全技术。

3）数据中心安全边界不断扩张

网络安全防御边界从单机时代的主机安全，扩展到互联互通的网络安全，到如今万物互联的云安全，网络安全边界在不断扩张。原有的安全技术和防御策略在应对新安全环境和需求时，显得力不从心。数字经济的蓬勃发展，为数据中心带来了庞大的需求增量，推动了数据中心规模的持续扩大，接入数据中心的各类物联网设备成为网络攻击的首选目标，而终端到云端的传输环节也将更多地暴露在威胁之下。其中，功能简单且安全性较差的物联网设备将成为数据中心网络攻击中最薄弱的环节。此外，通过攻击供应链上游供应商，间接攻击整条供应链中的企业的攻击方式，使数据中心的安全边界从保障自身安全转向保障供应链企业安全。综上，不断接入的物联网设备及不断涌现的攻击方式，使数据中心安全防御边界不断扩张。

4）安全设备虚拟化

虚拟化技术已经成为安全设备的一项必备技术，在安全领域受到了极大欢迎。虚拟化技术可以将数据中心的防火墙、入侵防御系统（IPS）和 ACG 等安全设备和系统虚拟化为一个个安全功能，根据安全需求和业务功能需求，自动设计并快速部署内含各种安全功能的网络拓扑，且具有完整的控制权限，可以进行统一管理，简化运维管理；同时，上述虚拟化的安全功能资源可以按需分配给数据中心的各个局部网络，以确保这些安全功能资源覆盖整个网络，避免造成资源浪费。

4.1.4　数据中心安全缺陷

数据中心以数据为安全构建核心，从数据的生成、使用、泄露和破坏等多维度构建安全防御体系。数据中心安全主要包括物理安全、系统安全和网络安全等。物理安全由硬件设备自身的使用年限、运转效率和人工维护等多方面因素构成，可以通过更换损失的零部件快速修补；系统是数据中心运行的主体，承担着数据中心业务的计算和存储任务；网络则是数据中心的灵魂，不仅数据中心内各系统之间的数据交互要通过网络实现，而且各数据中心之间的数据交流也要依靠网络转发。

由于数据中心设计的初衷是存储数据和更高效地完成业务处理，因此数据中心系统的侧重点在于提高业务计算速度和存储效率。网络设计的初衷是为了快速建立双方通信，相关的通信协议也是围绕互联互通而制定的。因而，数据中心的系统和网络在设计之初，就存在先天安全缺陷，导致攻击者容易利用系统安全缺陷和网络安全缺陷成功攻破数据中心的安全防御。从技术角度分析，造成数据中心安全威胁的主要原因可归纳为系统安全缺陷和网络安全缺陷。

1. 系统安全缺陷

数据中心系统的安全主要指各类操作系统、数据库系统和中间件等在内的软件系统的安全，以及为提高这些系统的安全性而使用的安全评估管理工具。其中，操作系统、数据库系统、中间件与业务数据的处理、存储和转发具有紧密联系，系统安全缺陷会给数据资源造成巨大损失，通常存在以下 3 个方面。

（1）数据中心的各类操作系统由人为编写形成，程序员出于获取先发信息优势和恶意操作等目的刻意留下后门程序，以及由于设计考虑不周等造成的系统漏洞，都可能被恶意攻击者利用，成为向操作系统发起攻击的突破点。攻击者能利用后门和漏洞破译操作系统密码，进入服务器的应用软件系统，获取其中的用户数据，或破坏其中的数据、盗取其中的隐私数据，甚至转移其中的资金。

（2）数据库系统是注入攻击的频发环节，因而是安全防御的重点，主要通过安全审计对数据中心业务处理的相关信息进行实时识别、跟踪、记录、存储和审计，有效监控网内和网外用户对数据库系统的操作，提高数据库系统的可靠性和安全性。上述方法存在数据库系统智能化程度低、无法解决长 SQL 语句漏审、多语句无法有效分割、数据库对象解析错误和参数审计错误等问题，且审计日志可以被攻击者恶意修改和删除，以防止运维人员发现其恶意操作，阻断被反向追踪的途径。

（3）中间件是处于用户应用系统和硬件操作系统之间的一类基础软件，分布式应用借助中间件可以在不同系统和平台之间达到资源共享和功能共享的目的。因此，中间件若产生安全缺陷会迅速扩散到各个系统和平台。中间件的安全缺陷问题主要来自两点：①中间件的开发没有统一规范，不同厂家使用的 API 和协议各不相同，不同厂家之间的互通性较差，且不同厂家的开发技术存在差距，导致中间件在开发过程中出现难以防范的缺陷问题；②开发或运维人员在使用过程中配置错误会导致中间件在使用时出现故障。

2. 网络安全缺陷

数据中心网络安全主要指为适应数据中心复杂的网络通信环境而搭建的特定网络基础设施及采用的各种与安全相关的技术和手段，如防火墙、入侵检测和安全审计等。当面对安全威胁时，数据中心的网络具有先天缺陷性，具体表现在以下方面。

1）网络开放互联特性缺陷

开放互联是网络产生与发展的基础，开放性决定了网络的无边界性和网络实体的身份虚拟性等。网络开放程度越高，范围越广，所带来的安全风险就越高。例如，不良信息和暴恐音视频传播等网络内容安全问题就是借助网络的开放性形成的典型威胁；网络规模体现了网络的互联性，任何一个网域、一种协议，甚至一类设备的缺陷或设计漏洞引发的安全风险，都可能在互联网络中大面积地传播和扩散。

2）网络设计固有架构缺陷

网络设计最初的目的是提供灵活、便捷的信息通信服务。在设计初期对安全保护机制考虑十分有限，之后在设计时也是以补丁形式后天附加的，不是以内生性和融合性安全机制为主设计的，使网络系统架构和技术存在同质化严重，在静态性、相似性、透明性和确定性等方面存在缺陷，导致攻击者通过网络架构缺陷进行攻击时，在攻击维度上有机可乘。

3）网络协议的先天安全缺陷

网络协议的设计是以保障网络通信服务正常稳定运行为目的的，设计在安全性方面存在先天不足。例如，网络中主流的 TCP/IP，是一个建立在可信环境下的网络互联模型，设计时主要考虑互联互通性、互操作性及连接的可靠性，欠缺安全设计机制，导致所有基于 TCP/IP 的网络服务均存在一定程度的先天安全缺陷。

4.1.5　云数据中心安全威胁

云数据中心是一种基于云计算架构，具有高度虚拟化、自动化和节能化特点的新型数据中心，借助虚拟化技术将服务器、存储、网络和应用等 IT 基础设施虚拟化抽象为高模块化、高自动化和高可用的资源池，用户可以按需调用资源池中的各种资源为应用服务。云数据同样存在于网络中，针对云数据中心的特有环境引发了一系列新的安全威胁和挑战。云数据中心安全威胁示意图如图 4-4 所示。

1. 跨云攻击

跨云攻击是指网络攻击者先入侵一个云平台，再转到另一个云平台，或跳转到同一云计算基础设施中的其他不同子系统。跨云攻击包含两个阶段：①第一阶段，攻击者使用公共云环境渗透到本地数据中心。当客户将其中一个工作负载移动到公共云环境中,并使用 VPN 从公共云环境连接到本地私有云时,就会出现以云端为跳板的攻击威胁。②第二阶段,从公共云迁移到私有数据中心。攻击者扫描环境后,会使用传统的漏洞和攻击来获得公共云的操作权限,基于公共云环境将恶意软件或病毒迁移到私有数据中心,从而获取或破坏私有数据中心的数据。

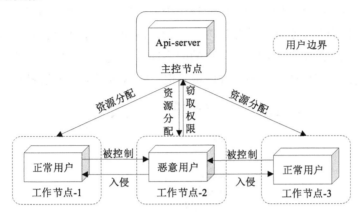

图 4-4　云数据中心安全威胁示意图

2. 编排攻击

编排攻击是指窃取可重复使用的账户或加密密钥,从而获取云计算资源的分配权限。例如,攻击者可以使用被盗账户创建新虚拟机或访问云存储,若攻击者窃取的账户特权较高,一旦编排账户被破坏,攻击者就可以使用他们的访问权限为自己创建新的备份账户,并使用这些新的备份账户访问其他资源。编排攻击通常针对的是云计算 API 层,因此无法使用标准的网络流量检测工具进行检测。

3. 跨租户攻击

跨租户攻击是指攻击者通过共用资源池对共用资源池内租户的资源进行破坏、泄露,并通过执行代码或其他方式影响租户。跨租户攻击产生的原因在于,多租户共用一个资源池,租户可以请求配置工作负载、交换数据和共享服务。基于共用资源池中生成的流量存在严重的安全漏洞。例如,一名员工的业务遭到攻击,攻击者可以使用共享服务渗透与这名员工有关联的财务部门、人力资源部门和其他部门。

4.1.6　网络攻击威胁分类

网络在安全方面的先天脆弱性是导致攻击手段层出不穷的主要原因,且当前各类新的信息技术和人工智能技术的广泛应用,加深了网络攻击被探测的复杂性,也加大了网络攻击面。网络攻击可分为被动攻击与主动攻击两类:被动攻击的本质是在传输中偷听或者监视,目的是从传输中获得信息,不会破坏数据的完整性与可用性,只威胁数据的机密性,典型的被动攻击方式有网络窃听和流量分析等;主动攻击的目的是试图改变被攻击目标的系统资源或影响系统的正常工作，威胁数据的机密性、完整性和可用性等，攻击方式包括篡改信息、非法冒充和堵塞终端等。

1. 被动攻击

1）网络窃听

网络窃听是围绕网络层的攻击手段，使用类似嗅探器的工具从网络中捕获目标主机发送的数据分组，分类并识别其中的数据内容，搜寻诸如保密字和会话令牌等敏感信息或其他种类的秘密信息。网络窃听利用不可靠的网络通信来监听他人发送和接收的数据，且不会导致网络传输数据产生变化，因而难以被发现。网络窃听示意图如图4-5所示。

图 4-5　网络窃听示意图

2）流量分析

流量分析不会主动入侵系统破解密码信息，而是通过对目标系统所有进出的网络流量进行监听和捕获，并从中分析目标系统的通信模式和行为模式等。流量分析适用于某些特殊场合，即使敏感信息被加密传输，也可以通过观察数据报文的通信模式，分析通信双方的位置、通信次数、频率及信息长度，从而判定通信双方的行为模式。当通信双方的行为模式发生改变时，攻击者可以通过分析通信双方周边环境的变化，为后续的社会工程学攻击提供信息支持。

2. 主动攻击

1）篡改信息

篡改信息是指一个合法信息的某些部分被改变或删除，原始信息被假信息代替，或将额外信息插入原始信息中，目的在于，使被攻击者误认为被修改后的信息是合法的，从而获取一个未被授权的操作效果。

2）非法冒充

非法冒充是指非法用户通过发送含有合法用户身份信息数据冒充合法用户，或是低级特权的合法用户冒充高级特权的合法用户，以欺骗方式冒充合法用户或是获取高级特权，以实施其他违法活动。

3）堵塞终端

堵塞终端是指通过向目标主机对外服务端口发送大量无意义的"垃圾"数据，导致终端设备忙于处理"垃圾"数据信息，无法正常通信。攻击者通常是对整个网络设施进行破坏性攻击，以达到降低服务性能，干扰正常终端通信服务的目的。

被动攻击以获取情报信息为主，不会对被攻击者的信息进行篡改，留下的痕迹很少，或者几乎不留痕迹，因而难以被检测，常常是主动攻击的前奏。常见的主动攻击手段包括注入攻击、拒绝服务攻击和中间人攻击等。由于网络技术的发展及攻击技术的不断演进，出现了包括隐蔽性和针对性极强的 APT 攻击，以及针对产品供应链的供应链攻击等新型网络攻击手段。新型网络攻击手段具有间接时隙大、潜伏性深和持久性强等特点，常规的端口扫描、入侵检测和包过滤等防御技术难以防范，且由于新型网络攻击手段具有极强的针对性，攻击一旦得手，往往会给攻击目标造成巨大的经济损失或政治影响，乃至毁灭性打击。网络攻击手段分类表如表 4-2。

表 4-2　网络攻击手段分类表

类别	名称
传统攻击	注入攻击
	拒绝服务攻击
	中间人攻击
新型攻击	APT 攻击
	供应链攻击

4.2　注入攻击

4.2.1　注入攻击概述

注入攻击通过注入数据到应用程序中以获得执行权，或通过非预期的方式执行恶意数据，是网络攻防领域最为常见的攻击手段。注入攻击的本质是把用户输入数据作为代码执行。造成注入攻击的原因是，违背了数据与代码分离的原则，且存在以下条件：①用户可以控制数据输入；②代码拼接了用户输入的数据，否则注入攻击难以执行。注入攻击示意图如图 4-6 所示。

由于注入攻击数量庞大、攻击范围广，并且防御措施复杂，因此是较常用且成功率较高的一种网络攻击手段。注入攻击的危害包括 4 个方面。

（1）盗取用户数据，这些数据被打包贩卖，或用户数据被用于非法目的，轻则损害企业的品牌形象，重则对企业造成严重损失。

（2）攻击者可对目标数据库进行增、删、改、查，一旦攻击者删除了用户数据库，就会导致企业的整个业务陷于瘫痪，且短时间内难以恢复。

（3）植入网页木马程序，对网页进行篡改，发布一些违法犯罪信息。

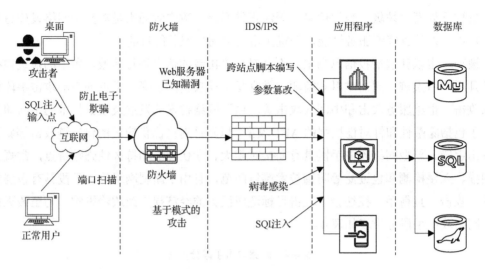

图 4-6　注入攻击示意图

（4）攻击者能添加管理员账号，即便漏洞被修复，如果数据库管理员未及时察觉账号被添加，那么攻击者后续仍可通过管理员账号进入网站后台。

常见的注入攻击有 SQL 注入攻击、进程注入攻击、命令注入攻击和跨站脚本注入攻击等，如图 4-7 所示。

图 4-7　常见的注入攻击

4.2.2　SQL 注入攻击

SQL（Structured Query Language）是用于操作关系型数据库的结构化语言，目前大多数 Web 应用都是基于 SQL 接口对 Web 应用数据和服务器数据库进行交互操作的。SQL 注入攻击是针对 Web 应用层协议的攻击技术，漏洞在于，没有认真核对用户的输入数据或未充分检验，误把输入数据当成 SQL 代码执行，导致系统工作异常。SQL 注入攻击因攻击变种多、攻击方式简单和危害性强等特点成为黑客攻击的惯用手段。SQL 注入攻击示意图如图 4-8 所示。

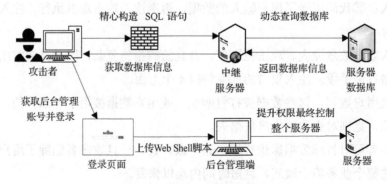

图 4-8　SQL 注入攻击示意图

攻击者利用某些服务器端存在缺乏数据合法性检测机制的漏洞，通过构造特殊 SQL 语句发送给服务器，使服务器端未对攻击者的输入数据进行合法性判断或未能发现"越权"数据库操作行为，向服务器数据库发送动态生成的 SQL 语句。数据库收到 SQL 语句指令后会向攻击者返回数据库信息，攻击者利用数据库信息，控制远程服务器上的数据库以获取后台管理账户，并登录管理页面上传 Web Shell 脚本，提升 root 管理权限，进而控制整个服务器。攻击者通过安装"后门"，便于后续的持续操控和数据信息盗取，同时通过修改或删除操作日志，阻碍管理人员发现上述违法操作。

SQL 注入攻击可按注入点类型、提交方式及获取信息方式进行分类，其中，注入点类型按照输入的参数类型分为数字注入类型和字符串注入类型；提交方式按照表单提交方式分为 Get 注入、POST 注入、Cookie 注入和 HTTP 注入；根据数据库返回的信息值可以分为基于布尔的盲注、基于时间的盲注和基于报错的盲注。

4.2.3　进程注入攻击

进程注入攻击是一种在某进程的地址空间中执行任意代码的攻击。若在一个进程的上下文中运行特定代码，则有可能访问该进程的内存、系统或网络资源，或者提升权限。利用进程注入攻击，可以将恶意代码注入合法进程中，从而逃避基于信任进程的防御手段，以便进入系统后进行横向攻击和传播。根据不同攻击思路，攻击者利用的进程注入攻击的手段包括 CLASSIC DLL 注入、PE 注入、傀儡进程和线程执行劫持等。

1. CLASSIC DLL 注入

CLASSIC DLL 注入是将恶意代码注入另一个进程最常用的技术之一。恶意软件作者将恶意动态链接库（DLL）路径写入另一个进程的虚拟地址空间中，并通过在目标进程中创建一个远程线程来确保目标进程加载恶意 DLL。

2. PE 注入

PE 注入的全称是 Portable Executable 注入，通过编写 shellcode 或调用 CreateRemoteThread 命令，以继续目标进程的方式劫持目标程序的执行。相对于 CLASSIC DLL 注入，PE 注入的优势是：恶意软件不需要将恶意 DLL 放在磁盘中，能减少被发现的风险。PE 注入与 CLASSIC DLL 注入类似，都是让恶意软件在宿主进程中被分配到内存，并没有编写"DLL 路径"，而是通过调用 Write Process Memory 函数将恶意代码写入进程的内存区域。该手段存在目标基址发送时可能产生变化的缺陷，当恶意软件将 PE 注入另一个进程时，若遇到新的不可预测的基址，则需要重新计算 PE 地址。针对该问题，PE 注入会在宿主进程中找到重定位表地址，并通过循环重定位描述符来解析绝对地址。

3. 傀儡进程

傀儡进程又称 Prosess Hollowing，是现代恶意软件常用的一种进程创建手段，将目标进程的映射文件替换为指定的映射文件，在使用任务管理器之类的工具查看时，该进程貌似合法，但该进程的代码实际上已被恶意内容所代替，且不易发现。

4. 线程执行劫持

线程执行劫持又称 Suspend-Inject-Resume（SIR），主要是使用挂起、设置运行点和继续执行的方式劫持目标程序的执行的。其核心 Suspend 意为选择目标进程中的一个非等待状态的线程；Inject 意为将当前栈帧中的执行指令指向已经写入目标进程虚拟地址空间中恶意代码的起始地址；Resume 意为恢复该线程的执行，此时，目标线程会执行恶意代码。SIR的关键在于，目标线程执行完恶意代码后，需要确保已劫持的线程返回原来执行的位置，并且通用寄存器及其他状态寄存器的状态不变。

4.2.4　命令注入攻击

命令注入攻击指应用程序所执行命令的全部内容或部分内容源于不可信赖的数据，程序本身无法对这些不可信赖的数据进行验证和过滤，导致程序执行了恶意命令。命令注入攻击通过执行外部程序或系统命令实施攻击，以非法获取数据或者网络资源等。其本质是：攻击者将传输数据包中的有效数据，即 Payload 部分进行暴力破解并恶意修改，使被攻击系统错误地将恶意代码/命令拼接至已有的代码/命令中，并执行。

SQL 注入攻击针对的是数据库相关网页的应用程序/服务，命令注入攻击能让攻击者插入恶意 Shell 命令到网站主机的操作系统，并找出应用程序的安装目录，在目录下执行恶意脚本。命令注入攻击让攻击者可以利用有漏洞的网页应用程序来执行任意命令，如当应用程序将表单、HTTP 标头和 Cookie 内的恶意内容带到系统 Shell 时，此类攻击能基于上述不安全应用程序的权限执行。命令注入攻击示意图如图 4-9 所示。

图 4-9　命令注入攻击示意图

命令注入攻击的核心是利用特定的连接符，将攻击者注入的攻击命令拼接至已有的代码中触发执行，与命令注入攻击相关的特殊字符如表 4-3 所示。

表 4-3　与命令注入攻击相关的特殊字符

符号	说明	备注
;	前后命令依次执行	注意前后顺序，若更新和变更目录，则必须在"一句"指令内
||	前命令执行失败后才执行后命令	—
&&	前命令执行成功后才执行后命令	—
&	前台执行后任务，后台执行前任务	若 a&b&c，则显示 c 的执行信息，a、b 在后台执行

续表

符号	说明	备注
|	管道，只输出后者命令	当第一条命令失败后，仍然会执行第二条命令
`` （反引号，仅 Linux）	命令替换，Echo `date`，输出系统时间	使用反引号运算符的效果与函数 Shell_exec()相同，但在激活了安全模式或者关闭了 Shell_exec() 时是无效的
$(command)	命令替换的不同符号，与反引号效果一样。Echo $(date)指输出系统时间	更推荐用此命令

4.2.5　跨站脚本注入攻击

跨站脚本注入攻击是一种基于网站应用程序的漏洞攻击，是代码注入攻击的一种，英文表述为 Cross Site Scripting（CSS），安全专家通常将其缩写成 XSS。XSS 是由于 Web 应用程序对用户的输入检测过滤不足而产生的，攻击者可以将恶意脚本代码注入到网页上，正常用户在浏览包含恶意脚本的网页时，就会触发恶意脚本中的代码，从而对其实施 Cookie 窃取、会话劫持和钓鱼欺骗等各种攻击。XSS 攻击示意图如图 4-10 所示。

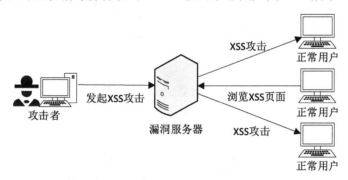

图 4-10　XSS 攻击示意图

根据存在形式和产生的攻击效果，XSS 攻击分为反射型 XSS 攻击、存储型 XSS 攻击、文档对象模型 XSS 攻击三种。

1. 反射型 XSS 攻击

反射型 XSS 攻击是通过发送带有恶意代码参数的统一资源定位地址（URL）给用户，通过假冒身份、虚假招聘和购物返现等方式诱导用户单击该链接，从而触发 XSS 代码。反射型 XSS 攻击大多数用来盗取用户的 Cookie 信息，通常出现在搜索页面，当被攻击用户打开时，这段恶意代码会被解析和执行。XSS 攻击的时效较短，需要用户手动单击构建 URL 才能触发。反射型 XSS 攻击示意图如图 4-11 所示。

2. 存储型 XSS 攻击

存储型 XSS 攻击又称持久型 XSS 攻击，攻击脚本被永久地存放在目标服务器的数据库或文件中，具有很高的隐蔽性。存储型 XSS 攻击采用广撒网的方式，将攻击脚本写进防护过滤或过滤不严的网站，并存储到服务器中，只要有用户访问网站就会自动触发。相比反射型 XSS 攻击，存储型 XSS 攻击不需要寻找被攻击对象，只需要在服务器上就能实施攻击，危害性更大，传播性更广，易造成蠕虫和盗窃 Cookie 等攻击。存储型 XSS 攻击需要向 Web 应用程序至少发送两次 HTTP 请求，也称二阶 XSS 攻击，第一阶是攻击者在目标服务器上构造 XSS 恶意脚本并存储到服务器数据库中；第二阶是用户在浏览含有恶意代码的网页时，触发 HTTP 请求，被攻击者的浏览器解析并执行网页中的 XSS 恶意代码，攻击者即可获取用户发送及提交的信息。存储型 XSS 攻击示意图如图 4-12 所示。

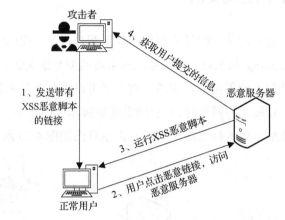

图 4-11　反射型 XSS 攻击示意图

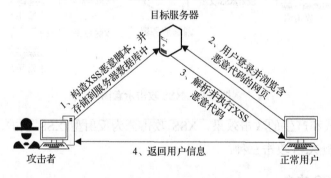

图 4-12　存储型 XSS 攻击示意图

3. 文档对象模型 XSS 攻击

文档对象模型（Document Objeet Model，DOM）XSS 攻击不用经过服务器，只通过修改网页中 DOM 节点数据信息完成跨站脚本攻击。文档对象模型 XSS 攻击是基于文档对象模型的一种漏洞，通常通过 URL 传入参数去控制触发，本质上属于反射型 XSS 攻击。与反射型 XSS 攻击不同，文档对象模型 XSS 攻击不需要将 URL 发送给 Web 服务器，只需要将 URL 发送给用户。当用户访问含有恶意代码的 URL 页面时，用户浏览器会提取并执行恶意代码。文档对象模型 XSS 攻击示意图如图 4-13 所示。

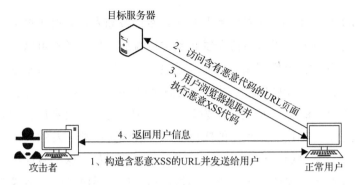

图 4-13　文档对象模型 XSS 攻击示意图

4.3　拒绝服务攻击

4.3.1　拒绝服务攻击概述

拒绝服务（Denial of Service，DoS）攻击是一种常用的资源消耗型网络攻击手段，目的在于，使目标服务器忙于处理大量无用的服务请求或端口、带宽、内存等网络资源，无法为用户提供正常的服务访问。DoS 攻击通常是由于服务器的请求到达了极限导致过载而产生的。攻击者进行 DoS 攻击，服务器会产生两种过载效果：一是服务器的缓冲区满额，不再接收新请求，如死亡之 Ping 攻击；二是使用 IP 欺骗，迫使服务器把合法用户的连接复位，影响合法用户，如 UDP 泛洪攻击。

DoS 攻击一般采用一对一的方式进行攻击，攻击体量较小，通常无法达到使目标服务器资源耗尽的效果。而分布式拒绝服务（Distributed Denial of Service，DDoS）攻击是指在不同物理位置的多个攻击者同时向一个目标发起 DoS 攻击，或者一个攻击者通过控制不同位置的多台机器同时对目标发起 DoS 攻击，大幅提高了 DoS 攻击的体量，加快了目标服务器资源耗尽，因而 DoS 攻击通常采用 DDoS 攻击进行网络攻击。通常，DDoS 攻击以控制傀儡机的形式出现，完整的 DDoS 攻击体系一般由攻击者、主控端、代理端和攻击目标四部分组成。DDoS 攻击示意图如图 4-14 所示。

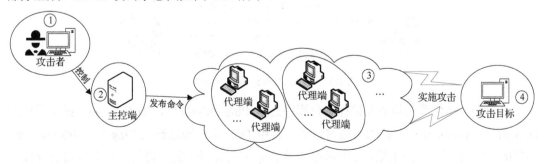

图 4-14　DDoS 攻击示意图

　　攻击者是 DDoS 攻击的实际策划者和攻击命令的发布者，具有主控端和代理端计算机的控制权或者部分控制权，当攻击命令发布到主控端后，攻击者就可以关闭或离开网络，由主控端将命令下发到各个代理端，从而逃避追踪；主控端负责攻击命令的接收与下发，直接或间接控制着代理端计算机，一般只下发命令而不参与实际攻击，受攻击者直接控制，逻辑上离攻击者"距离最近"，因此在下发攻击命令时，主控端会利用各种方法将自己隐藏在代理端之后或之中；代理端是攻击的实施者，在收到主控端下发的攻击命令后，每个代理端计算机都会向攻击目标主机发送大量的服务请求数据包，这些数据包经过伪装，无法识别来源，而且这些数据包所请求的服务通常占据大量的系统资源，造成攻击目标主机无法为用户提供正常服务，甚至导致系统崩溃。常见的 DoS 攻击如图 4-15 所示。

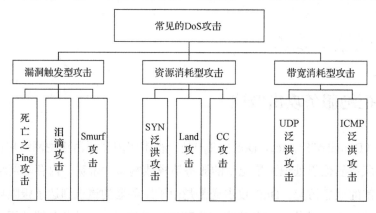

图 4-15　常见的 DoS 攻击

4.3.2　死亡之 Ping 攻击

　　死亡之 Ping 攻击是一种针对 IP 数据包传输漏洞的 DoS 攻击，攻击者通过发送大于最大允许 IP 数据包来破坏攻击目标主机，从而导致攻击目标主机进程冻结或崩溃。由于 IP 数据包报文字段总长度为 16 位，因此 IP 数据包的最大长度为 $2^{16}-1=65535\text{Byte}$。攻击者通过故意创建一个长度大于 65536Byte 的 IP 数据包，并将该数据包发送给攻击目标主机，由于攻击目标主机的服务程序无法处理过大的数据包，会导致系统崩溃、中止或重启。死亡之 Ping 攻击示意图如图 4-16 所示。

图 4-16　死亡之 Ping 攻击示意图

　　由于许多操作系统都能提供控制台程序进行 Ping 网络操作，如 Windows 操作系统的 DoS 窗口，Linux 操作系统的终端窗口等，其中 DoS 窗口通过输入 Ping-l 65500 目标 ip-t（65500 表示数据长度的上限，-t 表示不停地 Ping 目标地址）就可轻易达到向攻击目标发送 IP 数据包的目的，这也是死亡之 Ping 名字的由来。

4.3.3　泪滴攻击

泪滴攻击（Tear Drop）是一种针对 TCP/IP 碎片重组代码漏洞进行的 DoS 攻击。泪滴攻击的工作原理是：攻击者 A 给受害者 B 发送一些分片 IP 数据包报文，并且故意将 IP 包头中的"13 位分片偏移"字段设置成错误值，造成与上一分片数据重叠或错开的重叠偏移分片报文，受害者 B 在组合这类重叠偏移分片报文时，数据包无法恢复正常并进行下一步处理，长时间占用资源。在 Windows7、WindowsXP 等操作系统使用时，会引发系统崩溃和系统重启等现象。泪滴攻击原理图如图 4-17 所示。

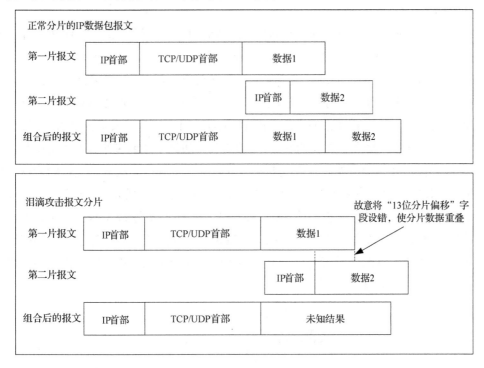

图 4-17　泪滴攻击原理图

4.3.4　Smurf 攻击

Smurf 攻击是一种以 ICMP 数据包淹没目标服务器为目的的 DDoS 攻击，以最初发动这种攻击的程序"Smurf"来命名。Smurf 攻击是基于 ICMP 泛洪的放大效果攻击，在 Smurf 攻击中，攻击者能向连接有大量主机的网关发送欺骗性 Ping 分组（Echo 请求）广播数据包，其中欺骗性 Ping 分组广播数据包的源目标 IP 地址就是攻击目标的 IP 地址，该网关下的所有主机收到 Ping 分组广播数据包后，都会向目标 IP 地址发送 Echo 响应信息。数据中心的主机数量众多，通常会有数百个以上的主机对收到的 Echo 请求进行回复。由于 ICMP 的处理优先级在信息队列中通常处于高优先级，因此目标服务器会尽快处理 ICMP 传输的信息，并发出 Echo 响应信息，导致目标服务器只忙于处理 ICMP 传输的信息，而无法为其他主机提供正常的网络传输服务。Smurf 攻击示意图如图 4-18 所示。

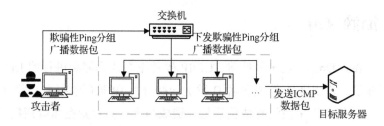

图 4-18　　Smurf 攻击示意图

4.3.5　SYN 泛洪攻击

SYN（Synchronize Sequence Numbers）中文名称为同步序列编号，是 TCP/IP 建立连接时使用的握手信号。SYN 泛洪攻击是一种常见的基于半开连接方式的 DDoS 攻击，利用 TCP 三次握手机制的缺陷，通过发送大量的半连接请求，耗费目标主机的 CPU 和内存资源，造成目标主机无法继续服务。SYN 泛洪攻击过程：利用 TCP 连接需要完成三次握手建立通信连接的过程，攻击者通常使用伪造的 IP 地址向目标服务器发送大量 SYN 数据包进行连接请求；目标服务器在收到初始 SYN 数据包后，通过一个或多个 SYN/ACK 数据包进行回应，以确保打开的端口能做好接收响应准备，并一直等待完成握手过程的最后一步，若最后的 ACK 数据包一直未被接收，则目标主机认为该通信过程分配的资源无法释放；攻击者会向目标服务器继续发送更多的 SYN 数据包，每当有新的 SYN 数据包到达时，目标服务器都会临时打开一个新的端口，并在一段特定时间内为该端口分配资源，等待连接；最终，目标服务器的资源被所有端口占用，使目标服务器无法为正常用户提供连接服务。SYN 泛洪攻击示意图如图 4-19 所示。

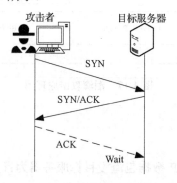

图 4-19　SYN 泛洪攻击示意图

4.3.6　Land 攻击

局域网拒绝服务攻击（Local Area Network Denial attack，LAND attack）又称 Land 攻击，是以 IP 欺骗、ARP 欺骗等方式发送给目标服务器欺骗性的数据包，诱导目标服务器不断试图与自己建立连接而陷入死循环。Land 攻击的过程和 SYN 泛洪攻击类似，也是利用 TCP 连接建立的三次握手机制。Land 攻击是通过向目标服务器发送一个 Land 攻击报

文（连接建立请求报文）进行攻击，但 Land 攻击报文的源 IP
地址和目的 IP 地址都被设置成目标服务器的 IP 地址或源地
址，并作为环回地址；目标服务器收到 Land 攻击报文后，会
向该报文的源地址发送一个 ACK 报文，并建立一个 TCP 连
接控制结构（TCB），但该报文的源地址就是本身，相当于将
ACK 报文发给了自己。基于以上原理，若攻击者向目标服务
器发送足够多的欺骗性 Land 攻击报文，则目标服务器的 TCB
会快速耗尽，最终无法为其他连接提供正常服务。Land 攻击
示意图如图 4-20 所示。

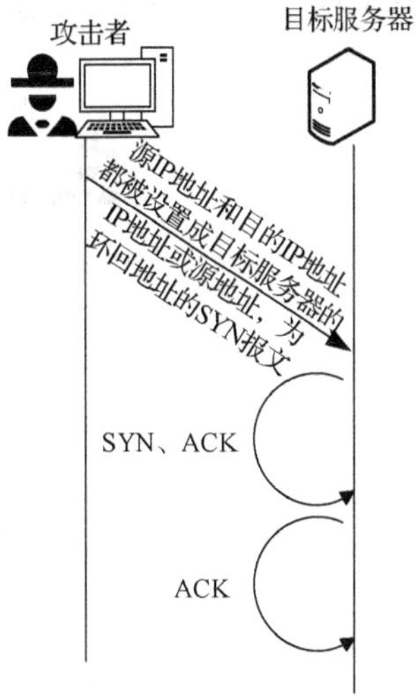

4.3.7　CC 攻击

挑战黑洞（Challenge Collapsar，CC）攻击是一种利用众

图 4-20　Land 攻击示意图

多广泛、可用的免费代理服务器向受害者发起大量 HTTP Get
请求的 DDoS 攻击。攻击者会主动请求动态页面，该过程涉及数据库的访问操作，会造成
数据库负载增大及数据库连接池负载过高，无法响应正常请求；且由于该攻击的免费代理
服务器支持匿名模式，对其进行追踪非常困难。CC 攻击主要是用来攻击网站页面的，攻击
者通过多线程模拟多个用户，向目标服务器不停发送需要连接的数据库，以访问页面的
HTTP Get 请求，造成数据库与目标服务器之间的数据库连接池被占满，其他正常访问由于
没有数据库连接可用，将一直停在页面刷新状态。CC 攻击示意图如图 4-21 所示。

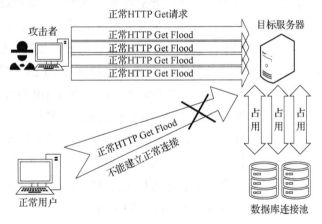

图 4-21　CC 攻击示意图

4.3.8　UDP 泛洪攻击

UDP 泛洪攻击是基于用户数据报协议（UDP）传输特性的一种容量 DoS 攻击，攻击者
将大量不需要进行握手验证的 UDP 数据包发送至目标服务器，目标服务器会检查并响应每
个收到的 UDP 数据包，若目标服务器在短时间内收到大量的 UDP 数据包，则会因忙于处

理 UDP 报文，导致无法正常响应其他报文。UDP 泛洪攻击示意图如图 4-22 所示。

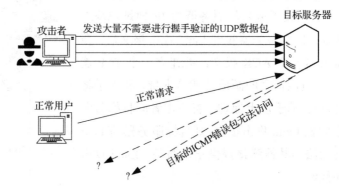

图 4-22　UDP 泛洪攻击示意图

当进行 UDP 泛洪攻击时，攻击者会将 UDP 数据包发送至目标服务器的随机端口或指定端口，目标服务器会确定是否有程序或服务占用该端口运行，若没有程序或服务占用，则目标服务器会接收 UDP 数据包，向源地址回应 ICMP 数据包，表明"目标端口不可达"。攻击者通常以 IP 欺骗方式伪造 UDP 数据包的源 IP 地址，一是避免攻击者的真实位置被暴露，二是避免自身陷入处理目标服务器返回数据包的饱和状态。

4.3.9　ICMP 泛洪攻击

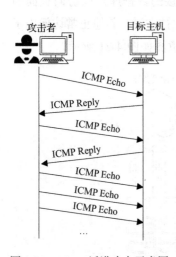

ICMP 泛洪（ICMP flood）攻击是利用 ICMP 报文进行攻击的一种 DoS 攻击。ICMP（Internet Control Message Protocol）中文是互联网控制报文协议，属于 TCP/IP 协议族，用于在 IP 主机和路由器之间传递控制信息。ICMP 泛洪攻击的前提条件是：目标主机收到 ICMP 请求报文后，会先经 CPU 处理向 ICMP 源地址回应一个 ICMP 应答回复（Echo Reply）报文，此过程需要消耗大量的计算资源。若攻击者不断向目标主机发送大量的 ICMP 应答报文，则会造成 ICMP 泛洪。目标主机忙于回应 ICMP 应答报文，占用了大量的计算资源，导致其无法处理其他正常的 ICMP 请求或响应。ICMP 泛洪攻击示意图如图 4-23 所示。

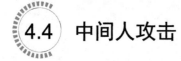

图 4-23　ICMP 泛洪攻击示意图

4.4　中间人攻击

4.4.1　中间人攻击概述

中间人攻击（Man-In-The-Middle Attack，简称"MITM 攻击"）是一种间接入侵攻击，指攻击者未经授权拦截并连接到两个主机之间的通信过程。中间人攻击能通过技术手段或物理接入的方式介入到双方通信过程中，并拦截通信信息，以获取双方的访问凭证和通信端口等敏感数据，从而冒充身份与通信双方分别建立通信连接，为双方交换通信数据。通信双方未感知到通信过程被第三者介入，仍认为双方是一对一直接通信的，在该过程中介入他人正常通信过程的主机称为"中间人"。中间人攻击示意图如图 4-24 所示。

中间人攻击是一种可以回溯到计算机网络起源时代的攻击入侵方式，依赖于控制人、计算机或服务器之间的通信路线，存在多种攻击途径。例如，DNS 欺骗和会话劫持等，都是典型的中间人攻击手段。中间人攻击的隐蔽性较强，难以被发现，原因在于：

（1）若攻击者仅用于窃听，在网络通信链接不发生改变的情况下，攻击者几乎不能主动被探测到。

（2）中间人攻击是在通信过程中窃听和篡改通信信息的，并不直接入侵攻击目标主机，未在攻击目标主机上安装木马或恶意软件，安全软件一般难以发现。

（3）攻击者在篡改通信信息时留下的日志痕迹微乎其微，这些线索很难被追踪。

（4）大多数网络通信协议都确信通信双方的通信链路是安全的，易于攻击者通过 DNS 欺骗和 ARP 欺骗等技术手段欺骗网络设备，并伪装成中介。

常见的中间人攻击有 DNS 欺骗、ARP 欺骗、会话劫持及 SSL 攻击，如图 4-25 所示。

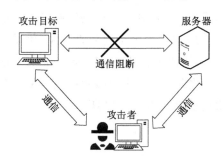

图 4-24　中间人攻击示意图

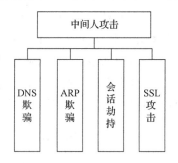

图 4-25　中间人攻击

4.4.2　DNS 欺骗

DNS 欺骗（DNS Spoofing）是中间人攻击的一种惯用手段，其本质是攻击者冒充域名服务器（Domain Name Server，DNS）的欺骗行为。DNS 欺骗并不是通过入侵目标主机植入木马和监听软件等收集或篡改通信内容的，而是采取冒名顶替和招摇撞骗等方式替换目标主机域名解析 IP 地址。攻击者通过篡改 DNS 和控制路由等方式将目标主机访问的通信对象的主机域名经过解析并更改成受攻击者控制的主机域名 IP 地址，攻击者就可以监听甚至修改通信数据，从而收集大量的通信信息。DNS 攻击示意图如图 4-26 所示。

当攻击者成功将目标主机要访问的域名解析 IP 地址篡改为受攻击者控制的主机域名 IP 地址后，后续的攻击目的基本可以采取两种措施：①若仅监听通信内容，不篡改，则攻击者只需要充当信息传递角色，将通信双方的信息互换并转发，让通信双方的主机处理会话信息；②若攻击者要篡改通信信息，只需要令受攻击者控制的主机冒充目标主机访问的通信对象主机，并以通信对象主机身份将篡改的通信内容发送给目标主机，目标主机收到的通信信息就是攻击者篡改后的通信信息，如让 DNS 解析银行网站的 IP 地址并成为自己主机的 IP 地址，同时在自己主机上伪造银行登录页面，受害者在登录该主机时需要输入个人信息，此时真实账号和密码就暴露给攻击者。

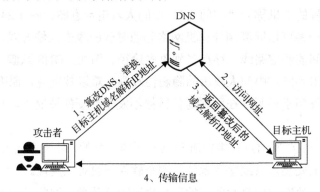

图 4-26　DNS 攻击示意图

4.4.3　ARP 欺骗

ARP 欺骗（ARP Spoofing）又称 ARP 毒化或 ARP 攻击，通过欺骗局域网内某主机网关的 MAC 地址，使访问者主机错以为攻击者更改后的 MAC 地址是网关的 MAC 地址，导致访问者无法访问网络。ARP 欺骗是针对以太网地址解析协议（Address Resolution Protocol，ARP）的一种攻击手段，可让攻击者获取局域网上的数据包，并可篡改数据包，使局域网内的某特定主机或所有主机无法正常通信。ARP 欺骗示意图如图 4-27 所示。

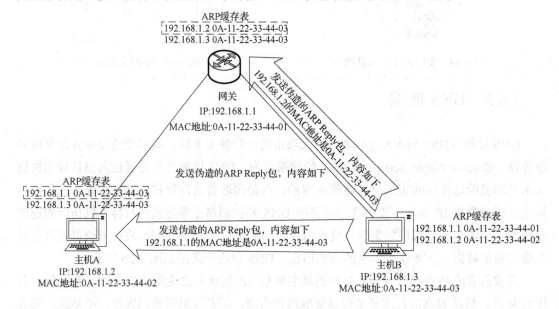

图 4-27　APR 欺骗示意图

在 ARP 欺骗示意图中，令局域网中的网关 IP 地址为 192.168.1.1，MAC 地址为 0A-11-

22-33-44-01；主机 A 的 IP 地址为 192.168.1.2，MAC 地址为 0A-11-22-33-44-02；主机 B 的
IP 地址为 192.168.1.3，MAC 地址为 0A-11-22-33-44-03，其中，主机 B 感染了 ARP 病毒，
向网关和主机 A 发送伪造的 ARP Reply 包，由于 ARP 不会验证回复者的身份，导致网关
的 ARP 缓存表中主机 A 对应的 MAC 地址，以及主机 A 的 ARP 缓存表中网关对应的 MAC
地址都被修改为主机 B 的 MAC 地址。由于 IP 地址与 MAC 地址之间的映射关系被修改，
在后续通信中，主机 A 及网关之间的通信数据包都会被转移到主机 B 中处理，导致主机 B
有机会篡改主机 A 的数据包。

4.4.4　会话劫持

会话劫持（Session Hijack）是指在一次正常通信过程中，攻击者作为第三方参与到其
中，或者在数据中加入其他信息，甚至将双方的通信模式暗中改变，即从两者直接通信转
变为有第三者参与的通信过程。典型的会话劫持是利用 TCP/IP 通信过程中序列号成对出现
且可预测的原理实施会话劫持的，序列号分为序号（SEQ）字段和确认序号（ACKSEQ）字
段，且遵循"本次发送的 SEQ=上次收到的 ACK；本次发送的 ACK=上次收到的 SEQ+本次
发送的 TCP 数据长度"原则。TCP 会话劫持示意图如图 4-28 所示。

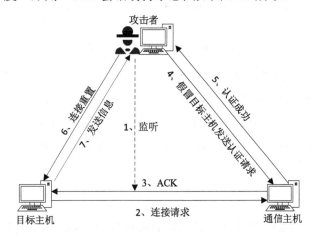

图 4-28　TCP 会话劫持示意图

攻击者首先通过嗅探和窃听目标主机和通信主机之间的 TCP 通信等获取通信主机
ACK 响应报文中的源 IP 地址、源 TCP 端口号、目的 IP 地址和目的 TCP 端号等信息；基
于 TCP/IP 通信原理，攻击者可以计算出下一个 TCP 报文段中的 SEQ 和 ACK 值，根据截
获的 ACK 报文和计算信息可以伪造 TCP 报文并发送给通信主机，若通信主机先一步收到
伪造报文，且 SEQ 和 ACK 值都正确，则通信主机会将 TCP 会话连接至攻击者主机；攻击
者凭借从通信主机获取的 TCP 连接信息将目标主机的 TCP 会话连接到攻击者主机，从而
完成目标主机与通信主机之间的会话劫持。会话劫持可以让攻击者避开被攻击主机对访问
者的身份验证和安全认证，使攻击者能直接访问被攻击主机的状态，因此对系统安全构成
的威胁比较严重。

4.4.5　SSL 攻击

HTTP 和 HTTPS 是浏览器和网站服务器之间传递信息的协议。HTTP 以明文形式传递信息，安全度较低；HTTPS 能加密所有信息，通信过程较为安全。HTTPS 通过使用 SSL/TLS 数字证书对信息进行加密，可以验证用户身份和加密数据。当攻击者通过 HTTP 和 HTTPS 干预用户和网站之间的连接时，会发生 SSL 中间人攻击。通过攻击者对 SSL 的干预方式，SSL 中间人攻击可分为 SSL 劫持攻击和 SSL 剥离攻击两种。

1. SSL 劫持攻击

SSL 劫持攻击指攻击者通过 ARP 欺骗和 DNS 欺骗等方式，令目标主机的访问连接重定向到攻击者控制的主机，并使用伪造 SSL/TLS 数字证书让目标主机与攻击者控制的主机建立 HTTPS 连接，攻击者控制的主机跟服务器也建立 HTTPS 连接。SSL 劫持攻击示意图如图 4-29 所示。

图 4-29　SSL 劫持攻击示意图

由于 SSL 劫持攻击的数字证书是伪造的，所以数字证书认证会失败，浏览器会提示，但如果不单击"继续"提示框是不会被劫持的。由于一般用户安全意识比较淡薄会误操作单击"继续"提示框，并且 SSL 劫持的用户显示的是 HTTPS 连接，用户会认为 HTTPS 连接是安全的、无法被窥视的，便会在 HTTPS 网页中提交口令、个人信息和交易信息等，从而被攻击者窃取隐私数据。

2. SSL 剥离攻击

SSL 剥离攻击也称 SSL 降级攻击或 HTTP 降级攻击，攻击者将 Web 连接从比较安全的 HTTPS 降级到不太安全的 HTTP，导致所有通信都不再加密。当用户访问一个网站时，SSL 剥离攻击首先会连接 HTTP 版本网站，然后重新路由到 HTTPS 版本网站，中间存在一次不安全的 HTTP 请求，导致整个过程存在安全漏洞。在 SSL 剥离攻击中，攻击者会介入 HTTP 路由的 HTTPS 过程，充当中间人并阻止用户与该网站的 HTTPS 版本网站连接；攻击者冒充用户与网站建立 HTTPS 连接及通信，并冒充网站与用户保持 HTTP 连接，从而完成 SSL 剥离。SSL 剥离攻击示意图如图 4-30 所示。

图 4-30　SSL 剥离攻击示意图

4.5　APT 攻击

4.5.1　APT 攻击概述

高级持续性威胁（Advanced Persistent Threat，APT）攻击是一种复杂的、持续的网络攻击，又称高级长期威胁攻击。APT 攻击涉及 3 个要素：高级、持续和威胁。

1．高级

APT 攻击者通常是具备充足资金的高度组织化网络犯罪团体，在执行 APT 攻击时，犯罪团体分工明确，会花费大量时间和资源来研究并确定系统内部的漏洞，并将常见且成熟的攻击手段组合或改进为执行 APT 攻击所需要的高级工具和先进手段。在攻击过程中，犯罪团体会针对网络中的弱点随时调整攻击方案来发动和保持攻击，具有比传统攻击更高的针对性，且难以抵御。

2．持续

APT 攻击者的目标往往具有明显的针对性，为达到特定目的，APT 攻击者会寻求低调而缓慢的攻击方式来提高攻击成功率，并策划和使用一些规避技术来规避攻击目标中的入侵检测系统的检测，只为了尽可能长时间地待在目标系统中，以持续监控目标，整个 APT 攻击的渗透过程和数据外泄过程往往会持续数月乃至数年的时间。

3．威胁

APT 攻击者往往具有明确的攻击目标和目的，组织结构严密，成员技术精湛，团队资金充足，攻击一旦得手，往往会给攻击目标造成巨大的经济损失或政治影响，乃至毁灭性打击。大多数的 APT 攻击都是针对其他国家的敌对行为的，被视为一种间谍活动，会对国家主权及机密造成严重威胁。

严格意义上来说，APT 攻击并不是一种新的攻击手段，而是注入攻击、DoS 攻击和中间人攻击等既有攻击手段的战术性综合应用。APT 攻击的攻击目的分为潜伏、泄露和破坏三类，①潜伏：为将来的计划潜伏在目标网络中；②泄露：窃取组织机构的数据；③破坏：逐渐侵蚀网络中的关键节点或系统任务。

2021 年 360 公司披露的攻击活动中涉及 90 个 APT 攻击组织，首次被披露的 APT 攻击组织达 17 个，攻击事件的数量和组织数量都大大超过了以往阶段。这些 APT 攻击组织遍及全球，从全球攻击活动目标来看，APT 攻击活动重点关注政治和经济等时事热点，攻击目标主要针对政府、国防军工和科研等领域。360 公司发布的 2021 年《全球高级持续性威胁（APT）研究报告》，统计了 2021 年我国受到 APT 攻击影响的行业，如图 4-31 所示。可以看出，APT 攻击对象趋向政府、教育、科研和国防军工等领域。APT 攻击的主要目的是信息窃取、资金窃取及重大任务破坏，对网络安全甚至国家安全造成了严重威胁。

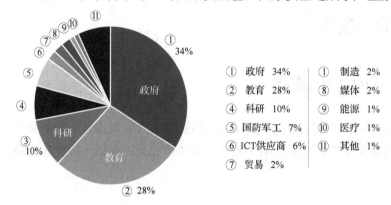

①	政府 34%	⑦	制造 2%
②	教育 28%	⑧	媒体 2%
④	科研 10%	⑨	能源 1%
⑤	国防军工 7%	⑩	医疗 1%
⑥	ICT供应商 6%	⑪	其他 1%
⑦	贸易 2%		

图 4-31　2021 年我国受到 APT 攻击影响的行业

4.5.2　APT 攻击步骤

APT 攻击通常是一个组织为了提高攻击成功率而精心策划和组织的攻击活动。APT 攻击为了达到指定目的，攻击者必须在不被发现的情况下，以不同的形式发起多个阶段性的攻击。APT 攻击步骤如图 4-32 所示。

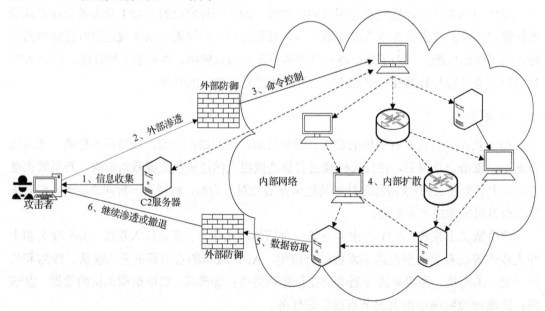

图 4-32　APT 攻击步骤

1. 信息收集

攻击者选定攻击目标后，首先通过技术和社会工程学等手段获取关于目标的业务流程和使用情况等大量关键信息，包括目标的组织架构、办公地点、产品及服务、员工通信录、管理层邮箱地址、内部网络架构、已部署的网络安全设备、对外开放端口和企业员工使用的办公操作系统和邮件系统等。

2．外部渗透

攻击者通过对收集的目标信息进行分析，根据分析缺陷制作特定的恶意软件。通常，攻击者所在组织会有专门人员从事零日漏洞的挖掘和利用，并通过密切关注一些漏洞报告平台上的最新公告，利用这种公开或半公开披露的漏洞原理进一步制作自己的攻击武器，如带有恶意代码的 PDF 文件或 DOC 文件。最后，根据分析信息选择合适的途径将恶意软件渗透进目标网络，常用的手段有邮件附件、网站（携带木马）和 U 盘等。攻击者一旦将恶意软件在目标系统中运行并控制目标系统，就会保持低姿态，尽量不被发现以进入下一阶段。

3．命令控制

当目标用户使用含有漏洞的客户端程序或浏览器打开带有恶意代码的文件时，会被恶意代码击中漏洞，下载并安装恶意软件，恶意软件通常是一个体积很小的远程访问工具（Remote Administration Tool，RAT），用于与命令和控制服务器（Command & Control server，C&C 服务器）建立命令控制通信信道，以进行后续攻击。通过 C&C 服务器信道，恶意软件能够提升权限或通过添加管理员，将自己设置为开机启动项，甚至在后台悄悄关闭或修改主机的防火墙设置，以隐匿行踪。

4．内部扩散

同一个组织机构内部的办公主机往往都是相同的系统、类似的应用软件环境，因此很大程度上具备相同的漏洞。攻击者攻陷一台内网主机后，恶意程序会横向扩散到内网的其他主机或纵向扩散到企业的内部服务器。攻击者在此阶段通过在多个系统上安装新的后门、使用合法的 VPN 凭据和登录 Web 门户等方式将恶意软件和其他工具安装到不同的主机上，并且保证这些软件和工具不被发现。一旦攻击者实现了这个高级阶段的攻击，就很难将其完全驱逐。

5．数据窃取

APT 攻击者在每一步攻击过程中都会通过匿名网络、加密通信和清除痕迹等手段来自我保护，在机密信息外发过程中，也会采用各种技术手段来避免被网络安全设备发现。由于大多数入侵检测和防御系统都是对进端口的数据过滤而不是对出端口的数据过滤，所以数据外泄可能不会被检测到。攻击者根据攻击目标的防御方法，会通过两种方式逃避安全检查：①数据化整为零，将机密信息打散、加密或混淆，避免数据泄密防护（DLP）设备通过扫描关键字发现泄密，并发送到不同 IP 地址的服务器；②限制发送的速率，尽量不超过各类安全设备的检测阈值。

6．继续渗透或撤退

APT 攻击目的达成后，攻击者可以清除入侵痕迹撤退或在目标网络中进行渗透，若 APT 攻击的目的只是为了实施一次性的窃取或破坏，攻击者只需要对其在目标网络中存留的痕迹进行销毁，如还原滞留过的主机的状态并恢复网络配置参数、清除系统日志数据等操作，在删除入侵线索后彻底退出目标网络。然而，APT 攻击的目的也可能不仅是执行一次有害活动，而是持续潜伏在目标网络中窃取数据或破坏更重要的数据。

4.5.3　APT 攻击投递技术

APT 攻击具有极强的目的性和针对性，可以称得上是"制造"精准的网络打击。APT 攻击最终实施攻击的武器通常是攻击文件、攻击程序或攻击代码，但要将这些攻击武器最终投放到攻击目标的系统中去，还需要具体的攻击手段。在很多专业分析资料中，投放攻击武器的方式也称"载荷投递"。其中，"载荷"是指被承载的木马工具，而"投递"是指投放木马的方式。APT 攻击"投递"手段多种多样，具体包括鱼叉攻击、水坑攻击、中间人攻击、PC 跳板和第三方平台跳板、即时通信工具及手机短信等，其中，鱼叉攻击和水坑攻击是 APT 攻击中最常见的两种方式。

1. 鱼叉攻击

鱼叉攻击（Spear Phishing）是针对特定组织的网络欺诈行为，目的是不通过授权而访问机密数据，其中最常见的方法是将木马程序作为电子邮件附件发送给特定的攻击目标，并诱使攻击目标打开电子邮件附件，这种邮件称为鱼叉邮件。鱼叉攻击示意图如图 4-33 所示。

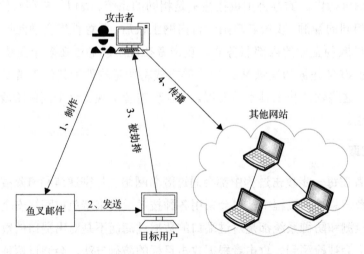

图 4-33　鱼叉攻击示意图

与鱼叉邮件相近的一个概念是钓鱼邮件，前者多用于对政企机构的攻击，而后者多用于对普通个人的攻击。这两个概念的主要区别在于攻击的针对性不同。鱼叉邮件是先瞄准再攻击，针对性很强；钓鱼邮件是愿者上钩，攻击者并不是特别在意谁会上钩，针对性比较弱。鱼叉邮件的实施过程一般可以分为前期准备、邮件制作、邮件投放和情报回收 4 个主要阶段，如图 4-34 所示。

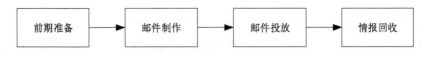

图 4-34　鱼叉邮件的实施过程

1）前期准备

该阶段的主要工作是：完成对邮件投放目标人群的电子邮箱信息的收集工作，同时要深入展开对目标人群行为习惯和关注热点等信息的收集。

2）邮件制作

该阶段的主要工作是：编写带有强烈迷惑性和诱骗性的电子邮件，并将恶意程序夹带其中。从技术层面看，鱼叉邮件作为一个攻击载体，标题、正文和附件都可能携带恶意程序。例如，在附件中夹带二进制可执行程序、夹带漏洞利用文档，以及在邮件正文中插入包含恶意网站的超链接，是 APT 攻击者最常使用的鱼叉邮件手段。

3）邮件投放

该阶段的主要工作是：选择合适的邮箱系统，将制作好的鱼叉邮件发送给要攻击的目标人群。

4）情报回收

该阶段的主要工作是：等待目标人群中招，一旦有目标人群的终端或系统感染了专用木马，就可以通过 C&C 服务器回收窃取的情报信息。

鱼叉邮件的主要优点是：可以对目标人群进行精准投放，技术含量相对较低，只要掌握一些基本的、非专业的安全技能就可以进行有效防范。在实践应用中，鱼叉邮件虽然简单，但对目标人群的行为研究使鱼叉邮件仍是当前最有效的 APT 攻击手段之一。

2. 水坑攻击

水坑（Water Holing）攻击是指攻击者通过分析攻击目标的网络活动规律，寻找攻击目标经常访问的网站漏洞，先攻击该网站并植入攻击程序等待目标访问。由于目标使用的系统环境多样、漏洞较多（Flash、JRE 和 IE 等），使水坑攻击较易得手，且水坑攻击的隐蔽性好，所以经常被使用在攻击目标访问网站时。水坑攻击示意图如图 4-35 所示。

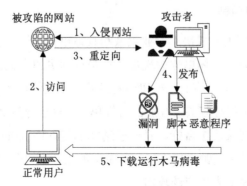

图 4-35　水坑攻击示意图

相比鱼叉攻击，水坑攻击的技术含量相对要高一些，防御难度非常大。水坑攻击通常是在目标人群访问自己常用的或"可信"的网站时，暗中发动伏击战，所以在绝大多数情况下，目标人群对于水坑攻击的攻击过程毫无感知。水坑攻击杀伤力大，但由于目标网站的选择往往不够精确，被设置为水坑攻击网站的访问者，未必都是 APT 攻击的目标人群，这就使访问网站的普通用户也可能中招，而误伤的代价，就是其攻击行为很有可能暴露在大规模普及的民用安全软件的监控之中。

4.5.4　APT 攻击发展趋势

从 APT 攻击组织的发展及近年来的 APT 攻击事件来看，APT 攻击技术呈五大发展趋势。

1．攻击技术越发高超

自 APT 攻击被发现后，安全厂商对 PE 文件的检测和防御能力不断增强，但 APT 攻击者开始使用非 PE 文件落地的攻击方式进行攻击，将核心的有效载荷数据存放在网络或注册表中，启动后通过系统进程执行加载，该方式大大增加了主机安全软件基于文件扫描的防御难度。而随着 PowerShell 实现的自动化攻击框架和攻击利用代码越来越成熟，APT 攻击组织频繁使用 PowerShell 作为初始植入和攻击载荷，并利用混淆技术对抗分析和监测。如今，开源攻击代码和工具的盛行，降低了 APT 攻击的成本，促进了攻击技术的发展。

2．攻击面不断扩大

万物互联下的智慧城市成为我国城市发展的新理念和新模式。据统计，我国已经有大约 500 座城市明确提出或正在建设新型智慧城市。然而，以地理空间技术、物联网、互联网+、移动技术和大数据等做支撑的智慧城市建设，同样面临着不可估量的安全威胁。小到街道照明，大到能源、水务、电网和交通等都与互联网连接，每个传感器都可能存在安全漏洞，对于专业的 APT 攻击组织，可形成的攻击途径增多，攻击面不断扩大。

3．供应链攻击威胁加剧

APT 攻击活动的范围主要取决于行业领域和具体单位目标,而针对某行业领域的攻击,实质上是针对所属该行业的具体单位的攻击，只是目标更加广泛。而这些被针对的某一行业的信息与通信技术（ICT）供应商，却间接充当了中心化管理角色，也就是攻击者仅需要攻击该供应商，其攻击收益对应整个行业的目标单位，这也导致 APT 攻击组织青睐通过攻击目标供应链中的企业间接攻击目标，且一般选择的目标供应链中的企业网络安全防护能力较低，相比直接攻击目标花销大幅降低，所带来的收益却是倍增的，越来越多的 APT 攻击组织将常用的攻击手段变为供应链攻击。

4. 针对关键信息基础设施的破坏攻击日益活跃

网络空间已成为继海、陆、空、天之后的第五大主权空间，而关键信息基础设施是网络空间在现实世界的核心载体，关键信息基础设施系统的可用性、完整性和保密性对维护国家网络空间安全至关重要。

5. 针对个人移动设备的攻击显著增加

客观而言，移动设备上存储敏感或机密文件的可能性要比 PC 设备小得多。因此，针对 PC 设备的 APT 攻击要比针对移动设备的 APT 攻击多，但移动设备作为人们日常使用较频繁的设备有其特殊的攻击价值，包含对移动设备持有者生活中绝大部分私密数据的存储、日常活动的贴身监测，获取目标人群的关系网信息。在安全防护级别上，PC 设备用户可以选择安装安全套件保护设备信息的安全，但这些安全套件在移动设备上不是被削弱就是不存在，导致病毒感染难以预防或检测。这为 APT 攻击组织创造了一个任何攻击者都不想错过的攻击机会。从一定意义上讲，针对移动设备发动的 APT 攻击，真正的攻击目标往往不是移动设备本身，也不是单纯的几条敏感信息，而是移动设备背后的使用者。

4.6　供应链攻击

4.6.1　供应链攻击概述

供应链是指创建和交付最终解决方案或产品时所牵涉的流程、人员、组织机构和发行人。在网络安全领域，供应链涉及大量资源（硬件和软件）、存储（云或本地）、发行机制（Web 应用程序、在线商店）和管理软件。供应链攻击是针对软件开发人员和供应商的攻击，并通过供应链将攻击延伸至相关的合作伙伴和下游企业客户。供应链攻击至少分为两个部分：一是针对供应链的攻击；二是针对企业客户的攻击。一次完整的供应链攻击是以供应链为跳板，最终将供应链存在的问题放大并传递至下游企业，产生攻击涟漪效应和巨大的破坏性。供应链攻击与传统直接对目标攻击的方式相比具有鲜明的隐蔽性强、影响范围广、低成本和高效率的特点。供应链攻击示意图如图 4-36 所示。

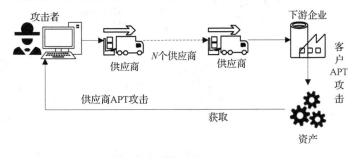

图 4-36　供应链攻击示意图

2021 年以来,针对软件供应链攻击的事件呈快速增长态势,奇安信集团发布的《2021 中国软件供应链安全分析报告》显示,我国的企业软件 100%使用开源软件,超 8 成软件存在已知高危开源软件漏洞,供应链攻击已成为网络攻击的重灾区。供应链攻击有 4 种典型的攻击方法:

（1）面向上游服务器的攻击,通过攻击上游供应商间接攻击上游供应商的下游企业或使用用户。

（2）中游妥协以传播恶意更新,通过修改软件更新程序或植入恶意程序进行攻击。

（3）依赖项混淆攻击,利用开放源代码库中的漏洞植入恶意代码。

（4）社会工程攻击,攻击者不需要太高的网络攻击手段,而是通过对人的心理弱点和习惯弱点的分析,利用伪装、引诱、说服和恐吓等方式达到攻击目的。

在以上 4 种攻击方法中,中游妥协以传播恶意更新可以利用安全公司提供的补丁缓解,依赖项混淆攻击可以通过正确配置制品库阻止,社会工程攻击可以通过加强人员安全意识遏制,但是面向上游服务器的攻击并没有比较有效的通用方案。

4.6.2　面向上游服务器的攻击

对于大多数软件供应链攻击,攻击者会先破坏上游服务器或代码存储库并注入恶意附件（恶意代码或木马程序）,然后将该恶意附件分发给下游的更多用户,导致下游用户的网络遭遇非法访问。SolarWinds 攻击事件就是该类型的典型攻击,也是供应链攻击大规模威胁严重性的真实体现,SolarWinds 攻击事件的披露让供应链攻击成为近年来网络安全热议的话题。

2020 年 12 月 13 日,FireEye 发布了安全通告,称其在跟踪一起被命名为 UNC2452 的攻击活动中,发现 SolarWinds Orion 软件在 2020 年 3—6 月期间发布的版本均受到了供应链攻击的影响。攻击者在这段时间发布的 2019.4～2020.2.1 版本中植入了恶意的后门应用程序,这些应用程序利用 SolarWinds 数字证书绕过验证,与攻击者的通信伪装成 OIP（Orion Improvement Program）协议并将结果隐藏在众多合法的插件配置文件中,从而达成隐藏自身的目的。SolarWinds 攻击示意图如图 4-37 所示。

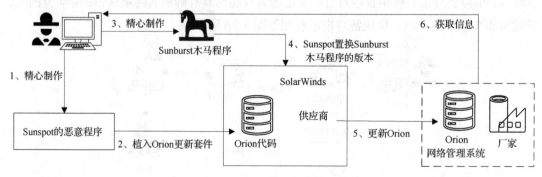

图 4-37　SolarWinds 攻击示意图

4.6.3　中游妥协以传播恶意更新

"中游妥协"是指攻击者破坏了中间软件升级功能、持续集成或持续交付（CI/CD）工具，而非原始上游源代码库的实例，在破坏软件升级功能后用嵌有恶意程序的更新包替换正常的更新包，导致用户在更新后被植入恶意程序。2021 年的 Passwordstate 攻击正是此类攻击，Passwordstate 是澳大利亚软件公司 Click Studios 开发的一款企业密码管理器。攻击者破坏了 Passwordstate 的升级机制，并利用它在用户的计算机上安装了一个恶意文件，从而实现了在 Passwordstate 软件程序中提取用户数据并将用户数据发送到攻击者指定的服务器中。Passwordstate 攻击示意图如图 4-38 所示。

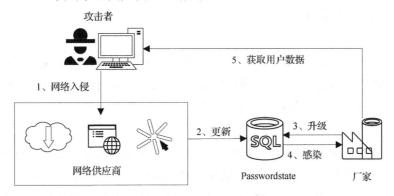

图 4-38　Passwordstate 攻击示意图

4.6.4　依赖项混淆攻击

依赖项混淆攻击是指在软件构建过程中，将恶意软件与某一个软件构建的依赖项命名一致，以恶意软件的版本号高于依赖项版本号的方式令恶意软件被拉进软件构建中。依赖项混淆攻击的根源在于，软件构建中使用的私有的、内部创建的依赖项在公共开源存储库中不存在，使攻击者可在公共开源存储库中创建与私有库同名但不同版本号的依赖项。在软件构建过程中，很大可能是攻击者创建的具有更高版本号的（公共）依赖项被添加进软件构建中，而非私有库中的内部依赖项，即将混有恶意代码的依赖项添加进软件中。依赖项混淆攻击是 2021 年 2 月发现的新型供应链攻击方式，发现者 Alex Birsan 与 Justin Gardner 通过成功闯入包括 Microsoft、苹果、网飞和特斯拉等 35 家大公司的内部系统，并通过漏洞悬赏计划和预先批准的渗透测试协议领到超过 13 万美元的赏金，得益于在多个开源生态系统中发现的固有设计缺陷，这种攻击的简单化和自动化特质，使依赖项混淆攻击能够在攻击者端通过最小的努力，甚至以自动化的方式发挥作用，日渐受到攻击者的青睐。依赖项混淆攻击示意图如图 4-39 所示。

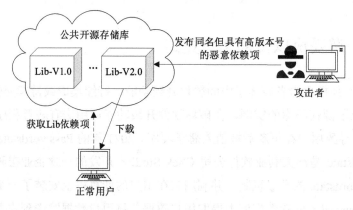

图 4-39　依赖项混淆攻击示意图

4.6.5　社会工程攻击

社会工程攻击是指在网络攻击中针对人性弱点、性格特质和社会属性等展开的网络攻击，通常以欺诈和骗局等诈骗方式达到收集信息、欺诈和访问计算机系统的目的，大部分情况下攻击者与攻击目标不会有面对面的接触。

在软件供应链中，任何安全专业人员都知道，整体安全性取决于最薄弱的环节，网络安全防护技术及安全防护产品的应用越来越成熟，常规攻击入侵手段越来越难。人作为任何系统中必不可少的存在，是安全防范措施里最为薄弱的一个环节，也是整个安全基础设施中最脆弱的层面。因此，更多的攻击者将攻击重心放在如何运用社会工程学搜集和掌握攻击目标的详细资料信息上，导致社会工程学攻击手段日趋丰富，技术含量越来越高，形成了心理学、人际关系和行为学等知识和技能的整套体系。社会工程攻击示意图如图 4-40 所示。

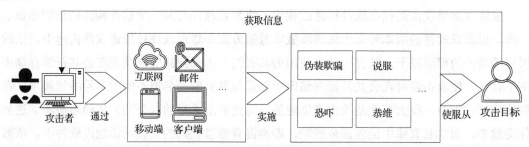

图 4-40　社会工程攻击示意图

结合目前网络环境中常见的攻击者社会工程攻击手段，可以将其概述为以下 6 种。

1. 结合实际环境渗透

对特定的环境实施渗透，是攻击者在社会工程攻击中为了获取所需要的敏感信息经常采用的手段之一。攻击者通过观察攻击目标对电子邮件的响应速度、重视程度及与攻击目标相关的资料，如个人姓名、生日、电话号码和电子邮箱等，并综合利用搜集的这些信息，进而判断被攻击的账号、密码等大致内容，从而获取敏感信息。

2. 伪装欺骗

伪装欺骗是社会工程攻击的主要手段之一，攻击者通过伪造电子邮箱信件和通过网络钓鱼等方式伪装成客服、销售甚至多年未曾联系的同学和朋友等，可以欺骗攻击目标单击钓鱼链接，进入指定页面下载并运行恶意程序、输入账号及密码等敏感信息，通过身份验证等方式获取所需要的信息。

3. 说服

说服是一种具有极高危害性的社会工程攻击方法，它需要攻击者与攻击目标具有一定的利益、政治和爱好等相关共性，使攻击者与攻击目标达成一定的协议，使攻击目标可以在攻击过程中为攻击者提供各种信息和便利条件。当攻击目标与攻击者的利益不冲突，甚至利益一致的情况下，该种攻击手段非常有效。

4. 恐吓

恐吓是指攻击者利用攻击目标迷信权威和担心损失等心理强迫攻击目标按照攻击者制定的方案进行操作。在实施社会工程攻击的过程中，攻击者利用攻击目标管理人员对安全、漏洞和病毒等内容的敏感度，假冒权威机构发送安全告警，以危言耸听的方式对攻击目标进行欺骗和恐吓，并声称不以他们提供的方式处理将会造成非常严重的伤害和损失。攻击目标若不进行仔细核查，会轻易被攻击者操控，造成真正的损失。

5. 恭维

恭维是攻击者利用人的本能反应、好奇心和贪婪等人性弱点设置攻击陷阱，通过对攻击目标投其所好，借机恭维对方，使对方认为攻击者十分友善，降低了对方的心理警戒线，从而在不经意间获取其相关信息。攻击者在实施该社会工程攻击时，需要精通心理学、人际关系学和行为学等知识和技能，具备极高的社会工程学造诣。

6. 反向社会工程攻击

反向社会工程攻击是指攻击者通过技术或非技术手段在攻击目标主机所在的网络或系统中制造故障，并以特聘、受邀等形式为攻击目标解决故障，在解决故障过程中，诱导攻击目标透露或泄露攻击者需要的信息。反向社会工程攻击利用的是攻击目标对攻击者的盲目信任，因此该手段具有极高的隐蔽性和极大的危害性，不容易防范。

第 5 章   数据中心的安全防护方法

数据中心是以数据为核心的，安全对于数据中心的重要性不言而喻。当前，国家和企业对数据安全愈加重视，安全事件无小事，一旦数据中心出现了严重的安全问题，对国家和企业造成的损失是无法估量的。数据中心的安全防护涉及风险规避、硬件安全、系统防护、数据安全备份、灾难恢复、数据迁移和人员培训等多方面，因此也衍生出众多新兴技术与管理方法，为数据中心的网络和数据安全提供保障。

5.1   数据中心的安全挑战

数据中心以计算机及网络技术为基础，可提供数据存储、处理分析和产品服务等，硬件设施主要由规模庞大的存储服务器和通信设备组成。面临的安全风险包括数据中心选址风险、数据业务中断风险、数据中心高耗能风险和机房安全运维风险等。

5.1.1   数据中心选址风险

数据中心是个复杂的系统，涉及高效计算、海量存储、大规模网络、功率能源供应和高科技人才支持等，其选址涉及六大风险挑战，包括适宜的自然地理环境条件、配套设施条件、成本因素、周边环境污染、政策环境和环保因素等，如图 5-1 所示。因此，数据中心选址对后续运行有着不言而喻的重要性。

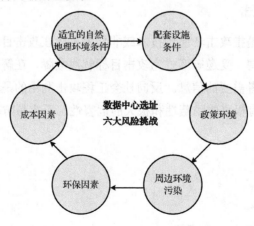

图 5-1   数据中心选址六大风险挑战

1. 适宜的自然地理条件

数据中心建设的首要问题是选址，即选择合适的地理位置。由于各地区自然地理环境的差异，导致各地气候状况不相同，因此数据中心地址选择不易受到诸如龙卷风、洪水或飓风之类的严重天气事件或其他自然灾害（地震或野火）影响的地点至关重要，地理环境问题在数据中心选址之前要充分考虑。数据中心选址需要兼顾的风险因素包括备选址地点是否频繁发生自然灾害（洪水、飓风、龙卷风等），以及数据中心备选址是否有得天独厚的气候条件，如外部冷空气、水资源等，这些都是天然的资源优势。综上所述，选择适宜的自然地理条件是数据中心选址的首要因素。

数据中心兴建初期，忽略了数据中心选址过程中的地理环境等风险，导致后续运行过程中不断遭受不良环境影响的例子层出不穷。例如，2009 年 9 月 9 日，土耳其伊斯坦布尔市遭遇暴雨并引发了洪水，原因是伊斯坦布尔市 Ikitelli 地势较为低洼，使大量的洪水淹没了伊吉特里的大部分地段，也淹没了所在地的 Vodafone 数据中心，导致大量手机用户都因该数据中心破坏而无法使用通信服务。2010 年澳大利亚发生洪灾，使服务器、存储和网络设备都遭到损坏，造成了较大的负面影响。2012 年 10 月 29 日，飓风"桑迪"登陆美国，受飓风影响造成大面积停电及洪灾，位于美国纽约的 Datagram 公司的服务器机房被洪水淹没，导致赫芬顿邮报和高客传媒等多家媒体的数据中心无法访问。

2019 年 8 月，第 9 号台风"利奇马"在山东省青岛市黄岛区沿海以热带风暴登陆，登陆时中心附近最大风力达 9 级，导致浙江、上海、江苏、安徽和山东五省相当多的数据中心服务被中止，台风等自然灾害对数据中心机房、用户和运营商来说面临着不可估量的代价。为了防止停机和业务中断，企业数据中心建设之前要尽可能地选择合适的地理位置，远离自然灾害高发区，免受灾害威胁的影响。

2. 配套设施条件

数据中心的配套设施主要考虑电力因素、水资源因素和交通运输因素。

1）电力因素

数据中心的各类电子设备都需要电力资源支撑运行，所以数据中心时刻要消耗大量的电能，除此之外，辅助的空调系统、消防系统、监控系统和照明系统等，几乎每个环节都需要电力，因此没有充足的电能，数据中心根本无法维持正常工作。数据中心另一大电力功耗在于服务器的散热，需要充足的电力用于系统降温，因此可考虑数据中心建设在靠近水和自然风充足的区域，利用水力和风力发电，减少电力供应成本。随着数字经济的不断扩展，数据中心的需求不断涌现，首要考虑的是所在地的电力供应是否充足，因此，数据中心应该选择电网比较发达的地区。

2）水资源因素

水资源在数据中心中的应用广泛程度，远远超出了人们的想象，无处不在的充裕水资源在数据中心运行时是必不可少的。数据中心内的环境要求温度常年在 22～24℃，因此可以利用水资源良好的流动性，应用于水冷系统，通过水冷系统可以对数据中心降温。除了冷却，水自然也有清洗作用，数据中心的电子设备虽然不能直接用水清洗，但是建筑和场地都需要用水来清洗，如地板、窗户、机柜、各种管道和通风通道等。数据中心还需要大量的生活用水，以维持数据中心人员的生活之需，包括日常饮水、水池装饰、供暖和消防用水等。综上，数据中心运行的方方面面都离不开水，因此，水资源是数据中心建设的必备配套设施。

3）交通运输因素

到达数据中心的交通是否便利，也是选址时必须要重点考虑的。在数据中心的前期建设和后期运行过程中，施工工人、设备供应商和运维人员都需要使用便捷的交通工具到达数据中心所在地，良好的交通条件使出行方便、时间节省、输送便利，并促进数据中心建设，便于工作人员调度和物资运输，能够有效降低数据中心的建设和运维成本。良好的交通环境是数据中心发展的重要前提之一，是数据中心选址时不可回避的重要影响因素。

3. 成本因素

数据中心运营消耗的电费用在运营成本中占较大比例，通常占比为40%，大型或超大型数据中心的电力费用所占比例更高，一般会达到长期运营成本的60%左右。因此，数据中心建设需要考察所在地的商业和工业电力价格，并最好与所在地电力公司直接合作以获得低价电力供应。较低的电价可以帮助数据中心节约成本、提高竞争力。此外，数据中心的土地成本摊销，自建或改建建筑物的成本摊销及装修费，或者数据中心的场地租赁费（含物业费）等，都需要计入数据中心的长期运营成本。数据中心需要兼顾的成本包括网络通信费、日常运维管理费、保险费、维修费和相关税费等，因此合理的运维成本也是数据中心建设的必要条件之一。

目前，我国最适宜建设数据中心的是内蒙古自治区和贵州省，两地政府在基建、成本和人才等方面相比于其他地区具有独特的优势，内蒙古自治区能成为我国大数据中心的产业重镇，核心优势是其有丰裕的电力资源和适宜的气候条件，使数据中心的用电成本较低。贵州省的煤炭资源和水力资源丰富，电力生产"水火"相济，除供应省内外，还大量输出至广东省和广西壮族自治区。内蒙古自治区的煤炭资源储量极为突出，火力发电量排全国第三，同时是我国最大的风力发电省份和第三大太阳能发电省份。除了丰裕的电力供应会带来低廉的电费，内蒙古自治区和贵州省还具有适宜的气候。内蒙古乌兰察布市全年平均气温为4.3℃，盛夏的平均气温为18.8℃；贵州省年均气温为14~16℃，夏季平均气温为22.5℃，冬季平均气温为6~8℃。因此，内蒙古自治区和贵州省利用煤炭资源带来的廉价电力成本和得天独厚的气候优势，很大程度上降低了数据中心的运维成本，不断吸引众多知名企业慕名而来。继2017年7月苹果公司宣布在贵州省建立我国南方数据中心后，华为、阿里巴巴、腾讯、英特尔、Google和Microsoft等企业也先后在内蒙古自治区和贵州省建设了大数据中心，规划部署的服务器规模高达数百万台，奠定了目前"南贵北乌"大数据中心的发展格局。

4．周边环境污染

数据中心选址一般会选择自然、清洁的周边环境，避开粉尘、油烟和有害气体及有腐蚀性、易燃、易爆物品的工厂，远离强振源、强噪声源和强电磁场的干扰。对于数据中心的关键设备，各种各样的污染源可能会对设备造成损坏。潜在危险不仅会导致设备受损，还可能带来一些灾难性的后果，因此，数据中心一般不建议靠近高速公路、交通干道、铁路、飞机场和码头等，上述区域都会产生环境污染问题，且同时要考虑在意外情况下的安全防护问题，如一些可吸入颗粒可能导致设备的硬件故障及短路。常见的外部污染源包括盐、人工纤维、植物花粉及各种尘埃；内部污染源包括碳粉尘、锌晶须、人的头发及衣服纤维。

5．政策环境

挑选有利的政策环境是数据中心选址的基础保障，政策环境的优越性有利于促进数据中心客户的选择和落户。数据中心作为信息技术的集中体现，对各种社会资源的要求都非常高，在数据中心选址过程中尽量挑选政府给予财政激励的区域。例如，2021 年中华人民共和国工业和信息化部印发了《新型数据中心发展三年行动计划（2021—2023 年）》，提出"用 3 年时间，基本形成布局合理、技术先进、绿色低碳、算力规模与数字经济增长相适应的新型数据中心发展格局"。其中，新型数据中心建设布局是优化行动的重点任务，提出"加快建设国家枢纽节点"。"贵州、内蒙古、甘肃、宁夏等国家枢纽节点重点提升算力服务品质和利用效率，打造面向全国的非实时性算力保障基地"。

6．环保因素

数据中心的运行一方面给人们的生活和工作提供了极大便利，另一方面对周围环境也产生了很多负面影响，如噪声污染、废气废水污染和电子垃圾等。国际环保组织一直在阻止那些高污染、高能耗的数据中心继续运行，唤醒人们保护环境的意识。不少国家从政府层面颁发了相关法令，对数据中心的建设和运行进行管控，避免人为造成环境的二次污染，建设绿色、环保的数据中心渐渐成为人们的共识。2021 年 12 月中华人民共和国国家发展和改革委员会、中共中央网络安全和信息化委员会办公室、中华人民共和国工业和信息化部、国家能源局联合印发了《贯彻落实碳达峰碳中和目标要求推动数据中心和 5G 等新型基础设施绿色高质量发展实施方案》，提出"利用绿色能源。鼓励使用风能、太阳能等可再生能源，通过自建拉专线或双边交易，提升数据中心绿色电能使用水平，促进可再生能源就近消纳"。

5.1.2　数据业务中断风险

目前，云计算和虚拟化技术的广泛运用，为数据中心的业务进行和维护带来了诸多便利，但数据中心在运行过程中也面临各种业务的中断威胁和风险，主要诱因包括以下几个方面。

1．硬件故障

数据中心是由无数个计算机硬件组成的，包括计算、存储、网络和供电等部件。硬件故障包括服务器/存储宕机、磁盘系统停止工作、内存虚拟驱动器受损等。硬件出现问题极易导致系统故障，无论是设备、线路或端口，哪一点出现故障，都会导致部分功能无法正常发挥或运作，造成网络数据业务中断。

数据中心常见的硬件故障如下。

1）线路老化

数据中心机房存在很多的电线、电缆，随着时间的推移，电线、电缆长时间受外界环境的腐蚀，外包材料的绝缘性能逐渐降低，慢慢老化变硬、发脆或脱落，称为线路老化。线路老化后，其绝缘性能下降，容易造成短路，尤其遇到潮湿天气，电线外表虽完整，但绝缘性能已降低，当水分浸入到金属导体时，极易发生短路造成火灾。导致数据中心机房线路老化的因素包括：①外力损伤；②绝缘受潮；③化学腐蚀；④长期过负荷运行；⑤电缆接头故障。

2）网络通信故障

网络通信故障也是最常见的硬件故障之一，主要包括线路故障、设备端口故障和硬件模块故障。

（1）线路故障通常由于外部环境的湿度和温度条件，对线路绝缘体造成影响，导致线路发生短路；此外，机械损伤和操作失误也会对线路造成破坏，尤其是供电过程中出现的瞬间高、低压会使线路的稳定性遭受破坏，形成故障隐患。

（2）设备端口故障是指光纤端口或双绞线端口，在插拔接头时需要保持警惕，如果不慎把光纤插头弄脏，就可能导致光纤端口污染而不能正常通信。

（3）硬件模块故障是指在设备搬运时易造成端口的物理损坏。此外，如果接在设备上的双绞线暴露在室外，若被雷电击中，则会导致所连交换机端口被击坏，或者对设备造成损害。

3）计算部件故障

计算部件故障是数据中心经常遇到的硬件故障之一，处理器和内存是系统可靠性、可用性和可维护性的前提，这些故障可能是由超出正常使用范围的多种因素造成的，包括制造缺陷及极端的环境或操作条件。

（1）处理器故障：常见的处理器故障包括 CPU 供电故障、频率降低故障、测温装置失灵造成的 CPU 烧毁、散热不良导致的 CPU 运行不稳定和 CPU 物理损坏导致的故障等，因此需要定期检查处理器是否处于正常运转状态，以保证数据中心服务器正常运转。

（2）内存故障：内存故障也是服务器硬件故障的重要原因之一，如内存损坏导致开机内存告警、内存损坏导致系统经常报错注册表、内存短路导致主机无法加电、内存损坏导致系统运行不稳定等。

2. 服务器系统逻辑故障

服务器系统逻辑故障主要包括软件运行故障、数据库系统故障和网络攻击等。服务器系统逻辑故障一方面会给服务器的运行造成干扰，增加服务器发生故障的概率；另一方面会降低服务器的使用寿命，给服务器的安全使用留下隐患。

常见的服务器系统逻辑故障如下。

1）软件运行故障

服务器软件运行故障在服务器故障中占比约为 70%，产生的原因通常包括：

（1）内存资源冲突，当应用程序在内存中运行时，若正常运行，则可退出应用并释放内存。若存在某些进程不能完全结束，还在占用内存资源，则其他应用程序占用该地址时，会导致冲突发生。

（2）病毒，系统软件的脆弱性会在病毒入侵时造成宕机等问题。

（3）运行软件宕机，一是软件本身的问题，二是与服务器系统的兼容性问题。运维人员可卸载该软件、整理注册表、重新安装或放弃应用该软件。

（4）卸载或删除软件不彻底，是指不使用卸载程序卸载该软件，而只是卸载了相关文件，此时需要进一步深度清洁垃圾和注册表等。

2）数据库系统故障

数据库系统中常见的故障有系统故障、介质故障及计算机病毒故障。

（1）系统故障也称软故障，是指数据库在运行过程中，由于硬件故障、数据库软件及操作系统的漏洞等，导致系统异常中断，使所有正在运行的事务以非正常方式终止，需要重新启动系统。此类故障不会破坏数据库，但是中断了正在运行的所有事务。

（2）介质故障也称硬故障，主要指数据库在运行过程中，由于磁头碰撞、磁盘损坏、强磁干扰和天灾人祸等因素，导致数据库中的数据部分或全部丢失的一类故障。

（3）计算机病毒故障，是指一种恶意的计算机程序，能像病毒一样繁殖和传播，不仅会对计算机系统造成破坏，而且会对数据库系统造成破坏（破坏方式以数据库文件为主）。

3）网络攻击

各种网络攻击技术不断演进，使数据中心服务器遭受攻击的概率急剧增加。由于网络攻击难以预测，造成服务器被攻击的主要原因包括：

（1）恶性竞争，由于无处不在的利益竞争关系，导致互联网环境采用的手段越来越恶劣，竞争对手之间采用的攻击手段也层出不穷。来自同行业其他竞争对手的攻击，使网站遭到恶意攻击的频率也更高，导致服务器宕机和用户信息丢失，从而胁迫用户去攻击者处办理业务。

（2）网络黑客，网络黑客专门恶意攻击别人的服务器，利用用户的服务器程序存在的漏洞，发起 DDoS 攻击。

（3）利益驱使，处于特殊行业的服务器用户，如金融、电子商务和银行等，黑客攻击服务器能获取数据并牟取利益。

3．突发事件影响

除硬件故障和服务器系统逻辑故障外，数据中心受外部环境影响所导致的业务风险中断也不容小觑，如发生火灾、地震和暴雨等情况，上述情况虽然发生的概率小，但具有无法预测性，且一旦发生则无法挽救，通常给数据中心造成不可估量的代价。此外，还有一些政策因素的变化，也会导致数据中心被迫迁移或停止运维，从而导致数据中心的业务被中断。例如，受国家节能减排政策的影响，我国将关闭一批功能落后的数据中心、整合一批规模分散的数据中心、改造一批高耗低效的数据中心、新建一批新型计算中心、人工智能算力中心及边缘计算中心。

5.1.3　数据中心高能耗风险

目前，我国数据中心的耗电量已连续 8 年以超过 12% 的速度增长。2021 年我国数据中心的耗电量占全国用电量的 2.6%，碳排放量占全国总碳排放量的 1.14% 左右。预计 2025 年，我国数据中心机架规模将达到 759 万架，较 2021 年增长 40%；能源消耗总量达 3500 亿千瓦时，较 2021 年增加 62%，约占全国用电量的 4%，碳排放量占全国总碳排放量接近 2%，因此，数据中心数量与规模的不断扩大，已经为资源与环境带来了巨大挑战。2021 年与 2025 年数据中心的耗电量和碳排放量占据全国百分比示意图如图 5-2 所示。

图 5-2　2021 年与 2025 年数据中心的耗电量和碳排放量占据全国百分比示意图

数据中心机房能耗主要由以下几个部分组成：①数据中心机房设备用电，具体包括 IT 设备和网络通信设备用电等；②空调制冷系统用电，数据显示，机房制冷用电占数据中心机房总能耗的百分比很大，可达 40%，而空调是制冷的主要设备；③其他辅助设备用电，如照明设备用电、加湿系统用电及空调通风系统用电等。

数据中心建设和运行应以经济效益和节能效益为双重目的，可采取的节能措施如下。

1．采用能耗低的机房设备

对数据中心机房进行改造和新建时，在经济条件允许的情况下，结合数据中心等级标准及实际需要，可适当购置一些新型设备，选择性能好、扩展性高、集成度高，但能耗低的设备替换旧设备，但需要遵循按需扩容原则，不能盲目更换容量大的设备，避免设备的利用率偏低而造成浪费等。

2．选用合理的空调系统

在数据中心机房设计和建设中，空调系统的设计和安装是重中之重，因为空调系统的总能耗占机房总能耗的百分比较大，约在 40%，若能采取措施降低空调系统的能耗，将有效降低整个数据中心机房的能耗值。空调系统的选择十分关键，从冷源种类来分，可分为风冷空调系统和水冷（冷冻水或者乙二醇）空调系统，传统的数据中心机房多采用风冷空调系统，风冷空调系统的制冷效率普遍偏低，能效比通常在 3 左右，所以传统的风冷空调系统已经无法满足发展迅速的数据中心机房的需要，采用水冷空调系统会更加高效和节能，水冷空调系统的效率远高于风冷空调系统。

3．合理布局机房和优化机柜的散热方式

在数据中心机房中，发热设备和散热设备通常不是一一对应的，产生的热量通常是通过气流由散热设备集中进行散热处理的，所以，如果机房布局不合理，机柜散热方案制定不合适，会对机房的整体散热产生严重影响，甚至会造成机房局部温度过高而引发危害。在对机房进行布局时，应把握以下原则。

（1）应注意将大型、发热量高的设备尽可能地分散摆放，同时应注意将其尽量摆放在空调系统的出风口附近，以减少其发热量的流通时间。

（2）数据中心机房中的机柜应统一选择与进排风结构相同的机柜，遵循前进后出，水平通风的原则。

（3）采用有效的措施将冷热气流隔离，避免空调系统产生的冷气和设备产生的热气混合，从而保证对设备进行冷却，并恒定进风温度。

（4）采取可行措施尽量保证气流的流通路径畅通。如果机房气流流通路径上放置有障碍物，会导致气流流通不畅通，冷却效果也会大打折扣。

5.1.4　机房安全运维风险

数据中心的正常运转离不开运维，使运维在数据中心中扮演的角色越来越重要。数据中心机房与传统机房粗放低效式的管理不同，需要采用更加科学、更精细的管理手段，对各种影响安全运维的风险因素要尽早排查。数据中心机房在运维过程中，经常会遇到一些可能影响数据中心机房安全运维的风险因素，若不及时发现，会造成数据中心业务的中断，企业和用户会面临通信中断和数据丢失的风险，因此，潜在危害不容小觑。机房涉及的安全运维风险可概括为以下 6 个方面。

1．机房管理风险因素

机房管理涉及机房现场管理、机房出入管理、机房施工管理、机房值班管理、机房交接班管理和备品备件管理等多方面，此类风险因素是指在机房管理制度执行过程中，机房进出管理存在的不规范现象，如机房进出登记不完整造成的机房机密泄露、物品丢失、机房设施受损和难以追责等。

2. 机房进出管理系统风险因素

机房进出管理系统是为提升机房的进出效率，缩短处理时间而投入使用的管理软件。机房进出管理系统的风险因素主要指该软件可能存在的系统漏洞。例如，若机房进出管理系统允许从公用网络直接访问，则系统存在未授权访问或 SQL 注入等漏洞。

3. 企业员工风险因素

企业员工风险因素一般是指个别企业数据中心员工安全思想意识薄弱，可能存在用内网邮箱不慎单击钓鱼邮件被植入监控木马，或以其他通信工具泄露机房系统的 IP 地址和账号密码等不当行为。

4. 外来人员管理风险因素

外来人员即外部需要进入数据中心机房处理问题的访客。外来人员的构成复杂且流动性大，可能包括集成商、施工方、IT 硬件维保方、配套设施维保方和勘察设计方的人员。若上述人员管理不到位，一旦被别有用心的人冒名顶替混入并实施攻击，后果不堪设想。同时，外来人员进入数据中心机房，若随身携带不易察觉的小型存储介质，也会对数据信息的安全造成较大威胁。

5. 配套设施风险因素

配套设施是指数据中心机房为确保通信设备正常运行所配套的门禁、消防和电力等系统。若门禁失灵，则机房门敞开，外来人员可以不受限制地随意进出；若消防设施损坏，一旦发生火灾未及时扑灭，则可能会造成无法预估的经济损失。数据中心机房的电力系统故障或供电出现异常，会使 IT 硬件宕机造成业务中断，同样也是数据中心无法承受的。

6. 外部环境风险因素

外部环境主要是指满足数据中心机房平稳运行的温、湿度环境，温、湿度值过大会将机房设备损坏。数据中心机房温度过高，可能会导致 IT 硬件过热宕机或损坏；数据中心机房湿度过大，会潜移默化地影响 IT 硬件的使用寿命，是 IT 硬件的隐形杀手。

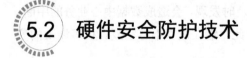

5.2　硬件安全防护技术

5.2.1　规范数据中心机房布线管理

数据中心能为信息流提供传送、存储、计算和交换等服务，是各种信息的服务中心与应用环境，自身是一个需要安全运行和智能管理的 IT 基础设施。在国际标准对数据中心综合布线系统的分类中，数据中心综合布线系统是一个相对独立的布线系统，是数据中心的基础设施，既要满足机房网络设施的正常运行，又要支持诸如办公区、网管中心、呼叫中心和机电设备机房等场所对信息传送的需要。数据中心可以占用一栋建筑物或一个建筑群，其综合布线系统在整体规划和设计时，应该考虑到楼宇布线和机房布线的独立性和融合性。

在数据中心综合布线系统的建设中，需要充分考虑以下要点。

（1）电源线插头与服务器电源接头两端要用标签扎带区分。

（2）如果一个机柜包含内、外网交换机，则尽量用两种不同颜色的网线区分开来。

（3）柜子与柜子间的走线需要从机柜顶端方向布线。

（4）连接服务器与交换机两端的网线头需要标记同编号的扎带标签，且与交换机端口的编号一致。

（5）电源线与网线分机柜要两边走线，每一段都要用扎带扎好。

（6）机柜服务器不能太多台叠加在一起，要用挡板分离开来，有助于维护机柜服务器的散热及稳定性。

（7）交换机要用配套的"耳朵"固定在机柜顶端，有助于网线的走位。

（8）要贴好每台服务器的 IP 地址或者根据应用划分的标签。

（9）要贴好每台服务器的资产号，通过标签打印机把资产号+条形码一并打印，以便到数据中心机房核实资产，可以通过条形码扫描仪扫描识别。每台设备要打印两张一致的条形码，分别贴在设备前面和侧面，编号具有唯一性，以预防资产丢失。

（10）将核心交换机接到二层交换机的网线两端或者将光纤用扎带标签贴好，写上此端口连接到几号机柜，或者是几号交换机的几号端口。

（11）尽量不要在服务器上贴 IP 地址，可贴上应用标签，相对比较安全，但一些托管商的设备零散只能贴 IP 地址，交换机和防火墙不要贴 IP 地址，写上内、外网即可。

（12）查看机柜下面空调挡风口闸门是否打开，以免设备过热而宕机。

（13）当重装某台设备时，显示器电源与服务器电源不能共用同一插座，每个机柜都要提供一个专门接显示器或者外接插排的插座，以免显示器电源接口因接触不好或者使用不当导致整个插座都断电，从而影响服务器运行。

（14）在日常重整设备时，偶尔会碰到网线或电源线导致设备宕机的情况，所以在处理过程区间或临走时要关好机柜，多观察交换机的端口是不是常亮。

机柜内部的线缆布局整齐、有序不仅会给后期维护带来便利，同时有助于让设备发挥最高性能。机柜内部的线缆布局不合理、走线不规范等，不仅会导致线缆损坏，缩短线缆的使用寿命，更为严重的是不合理布线可能会阻碍气流流通、影响散热，导致设备过热，从而造成设备停机等现象，进而影响数据中心的正常运转。

5.2.2　机房基础设施防护管理

数据中心需要防护等级较高的机房环境，内部服务器等 IT 设备对机房环境有较高的要求，并且机房内放置的计算服务器等都是部门或企业的重要资产，需要专人维护。机房内的基础设施日常需要进行维护的工作包括防火、防尘、防静电、防水、防雷及防鼠虫等。

1．防火

数据中心机房在建设时应采用非燃或难燃材料，材料燃烧性能应符合 GB50222—2017《建筑内部装修设计防火规范》的有关规定。机房内包括消防主机、早期预警主机、早期报警探测器、感烟探测器、感温探测器、报警器、排烟器、灭火器材、应急广播和消防电话等。机房要设火灾报警和气体灭火系统；要有畅通的疏散通道、宽敞的疏散出口和醒目的疏散标志；机房与其他建筑物合建时，要有独立的防火区，新风设备进场时要设防火阀，必需的木质部分要做防火处理等。

2．防尘

机房门、窗和所有管线穿墙等的接缝及所有孔洞，均应采取密封措施；机房应配备专用的工作服和拖鞋，并经常清洗，进入机房都必须更换专用拖鞋或使用鞋套，进入机房人员尽量不要穿纤维类衣服，或其他容易产生静电附着灰尘的服装；建议有条件的机房采用正压防尘，即通过机房新风设备向机房内部持续输入新鲜且过滤过的空气，加大机房内部的气压，由于机房内外压差，使机房内的空气通过密闭不严的窗户、门等的缝隙向外泄气，从而达到防尘效果。

3．防静电

墙面、吊顶的轻钢龙骨及金属面层、地板支架、金属线槽和玻璃隔断的金属支撑等，均要做等电位接地处理。按机房环境要求控制机房的温度和湿度，选用导电性能好的材料，如抗静电地板。墙面和顶面装修材料多用金属材料；采取相关设备消除雷电引起的电位差；机房内的图纸、文件、资料和书籍必须存放在防静电屏蔽袋内，使用时，需要远离静电敏感器件；外来人员（外来参观人员和管理人员）进入机房必须穿防静电服和防静电鞋，在未经允许和不采取进一步防静电措施（戴防静电腕带等）的情况下，不得触摸和插拔印制电路板组件，也不得触摸其他元器件、备板备件等。

4．防水

数据中心的给排水管道材料及保温材料等级要采用不低于 B1 级的材料，且不应有与主机房内设备无关的给排水管道穿过主机房，相关给排水管道不应布置在电子信息设备的上方；进入主机房的给水管应加装阀门；数据中心内的给排水管道要采取防渗漏和防结露措施；穿过主机房的给排水管道要暗敷或采用防漏保护的套管；管道穿过主机房墙壁和楼板处要设置套管，管道与套管之间要采取密封措施；空调四周要设挡水堤，在可能产生水的地方（精密空调四周和水管下方）设置漏水报警系统；当主机房和辅助区设有地漏时，要采用洁净室专用地漏或自闭式地漏，地漏下要加设水封装置，并应采取防止水封损坏和反溢的措施。

5. 防雷

若数据中心机房在非空旷区域，且无直击雷防护时，需要在机房顶层加装避雷带或避雷网；若机房在空旷地带，视情况还需要安装避雷针，避雷针和避雷带必须做好引下线，以保证能接入地网。由总配电房至各大楼的配电箱及机房楼层配电箱的电力线路，均应采用金属铠装电缆敷设，有效减少电源线感应过电压的可能性。网络传输线主要使用的是光纤和双绞线，其中光纤不需要特别的防雷措施，但若室外的光纤是架空的，则需要将光纤的金属部分接地；双绞线屏蔽效果较差，因此感应雷击的可能性较大，应将此类信号线敷设在屏蔽线槽中，屏蔽线槽要良好接地。

6. 防鼠虫

在数据中心施工和运维过程中，新开的孔洞要及时封堵；所有进出机房的管、槽之间的空隙均要采取密封措施；装修过程中原则上不使用木质材料，局部地方的零星材料要进行防虫害处理；机房内所有电缆和电线均要在金属线槽和线管内敷设，与设备连接的引上线要采用金属软管保护；尽量在机房内实现无裸线铺设；机房范围内的新（排）风系统与大楼的新（排）风管道连接处要设防鼠钢网；要加强机房环境的管理，禁止可能引起鼠害的物品（食品等）带入机房。

5.2.3　机房基础设施冗余设计

在实际运行过程中，数据中心机房会用到大量设备，每个设备均面临软件异常、硬件故障，甚至外界影响（供电线路故障、自然灾害等）导致的损坏问题。设备冗余的含义就是增加多余的设备，以保证系统更加可靠、安全地工作。设备的可靠性可以通过要害部件冗余来实现，以灵活、快速的故障侦测，将意外发生的影响局限于发生故障的设备之内。冗余设计在大大提高系统可靠性的同时，增加了系统的复杂度和设计难度，配置应用冗余的系统还增加了用户投资。综上，机房在设计时需要合理而有效地进行系统冗余设计，兼容稳定性和经济性。

冗余的方法多种多样，通常按照冗余设备在系统中所处的位置将设备冗余技术分为元件级冗余技术、部件级冗余技术和系统级冗余技术；按照冗余的程度可分为 1∶1 冗余、1∶2冗余和 1∶n 冗余。在当前元器件可靠性不断提高的情况下，和其他形式的冗余技术相比，1∶1 部件级冗余是一种有效而又相对简单、配置灵活的冗余技术。1∶1 部件级冗余常见的形式有 I/O 接口模块冗余、电源模块冗余和主控制单元模块冗余等。

在数据中心网络平台规划中，按照层次划分，汇聚层和核心层的设备应该采用 1∶1 部件级冗余设计，至少要配备电源模块冗余和主控制单元模块冗余，并且设备要求成对配备组网，以形成双机系统。接入层设备也可以考虑采用类似的硬件冗余技术，由于硬件冗余技术会使系统投资增加，建议选择高密度千兆接入和高密度万兆接入设备成对配备，以形成双机系统。

5.2.4 数据中心突发险情应急演练

数据中心日常的应急演练十分重要，可以检验安防、消防、动力、空调和综合监控等系统在突发情况下的运行状态，遇到突发情况时可以及时排查故障，保障基础设施安全和机房设备稳定运行。首先要制定与应急演练相关的各项操作规程和应急预案，提升维护人员的现场操作能力和应急能力。

1. 应急演练的目的和意义

各类数据中心应当本着"安全第一，预防为主"的方针，组织数据中心基础设施应急演练。通过数据中心意外事件的实战演练，为日后数据中心基础设施故障处理积累经验。通过应急演练，查找目前存在的薄弱环节，采取措施进行补救和提高，以保证在意外状态下正确、快速地处理异常状况，保证数据中心基础设施的安全运行。

2. 应急演练的组织原则

数据中心要制定详细的应急演练方案，凡事预则立，不预则废。数据中心基础设施运维之应急演练亦是如此，基础设施运维各专业要密切结合本专业实际，制定详细的应急演练计划，对可预见的紧急场景要提前做好应急演练部署。应急演练方案应包括以下内容。

（1）应急演练时间安排。

（2）确定应急演练地点。

（3）准备应急演练涉及的系统及设备。

（4）参演人员架构及职责分工。

（5）应急演练场景描述。

（6）应急演练的工作要求。

（7）应急演练实施步骤。

（8）应急演练严格落实。

（9）应急演练经验总结和提升。

应急演练执行完毕后，要善于总结，将成功的经验及方法及时总结归纳，及时输出应急演练报告，并将重要文献纳入数据中心文档库、资料库和案例库。在演练过程中发现的问题要及时给出解决方案并落实，对应急演练过程中的优秀参演维护单位和部门要予以表彰。

5.3　数据中心系统防护技术

5.3.1　设备系统安全技术

基于系统的漏洞攻击是当前对设备实施的重要攻击手段之一，当某操作系统或硬件漏洞被攻击者利用时，攻击者可绕过安全机制对系统数据进行攻击，进而对设备造成严重影响。设备系统安全通常从两个层面考虑，一是如何保证系统自身的完整性；二是如何支撑业务和数据的安全。

目前，常用的设备系统安全技术有可信启动、可信执行环境、强制访问控制机制、操作系统内核完整性保护和芯片安全等技术。

1．可信启动

系统完整性保护是基于硬件可信根的，通过构建信任链，对系统进行完整性度量，保证系统不被篡改。系统启动过程采用链式关系，逐级签名校验，任何一级签名校验不过就视为启动出错。启动链的完整性可以延伸到系统启动后的一些关键高权限应用，确保系统运行时具备基础的安全环境。

2．可信执行环境

可信执行环境（Trusted Execution Environment）能为关键业务提供一个可信赖的安全执行环境，并且可保护关键数据的机密性和完整性。可信执行环境的核心是隔离，具体方法包括处理器级隔离、特权模式隔离和软隔离等。处理器级隔离和特权模式隔离要依赖芯片提供特定支持；软隔离较容易在轻量级设备上部署，上述三种隔离方法可根据不同场景的需要酌情选择。

3．强制访问控制机制

在操作系统安全运行时，需要提防黑客基于漏洞获取非法权限，从而对应用造成破坏。为了防范黑客非法获取权限问题，操作系统通常要具备强制访问控制（Mandatory Access Control）机制，由操作系统约束访问控制，目标是限制主体或发起者访问，或对对象及目标执行某种操作的能力限制。在实际运行时，主体通常是一个进程或线程，对象可能是文件、目录、TCP/UDP 端口、共享内存段和 I/O 设备等。典型的强制访问控制机制是安全增强式 Linux（Security Enhanced Linux，SE Linux），可以实现对系统资源的精细化访问控制。

4．操作系统内核完整性保护

操作系统是设备资源管理的核心，负责绝大多数系统资源的管理和调度，也为应用程序提供安全保障，在运行过程中需要防范黑客篡改内存中的内核代码。由于操作系统本身代码规模庞大，在无法彻底消除漏洞的前提下，操作系统应具备抵抗漏洞攻击的自恢复能力，降低操作系统漏洞被利用带来的危害。

5．芯片安全

芯片安全包括芯片的自身安全和基于芯片的应用安全两个方面。①芯片的自身安全主要解决针对芯片和硬件的多种安全威胁，如新型侧信道攻击、以骑士漏洞为代表的新型故障注入攻击、芯片级的后门与硬件木马。②基于芯片的应用安全技术是指以芯片及其硬件电路为安全基础，应用外延后所涉及的多种安全技术，自下而上分别是对固件、操作系统、软件及其他部分的安全技术等，典型安全技术有可信计算技术、机密计算技术和密码学算法加速技术等。

5.3.2   数据加密保护技术

数据作为重要的生产要素，蕴含的价值日益凸显，而安全问题愈发突出。加密技术是实现数据安全的一种经济、有效且可靠的手段之一，通过对数据进行加密，并结合有效的密钥保护手段，可在开放环境中实现对数据的强访问控制，从而让数据共享更安全、更有价值。

常用的数据加密技术有应用内加密技术、数据库外挂加密技术和透明文件加密技术。

1．应用内加密技术

应用内加密（AOE 插件面向切面加密）技术是指对应用系统中的结构化数据和非结构化数据的存储加密，并提供细粒度访问控制、丰富脱敏策略及数据访问审计等功能，为应用提供全面、有效且易于实施的数据安全保护手段。应用内加密技术的实现原理：将数据安全插件部署在应用服务中间件，结合旁路部署的数据安全管理平台和密钥管理系统，将数据加密后存入数据库。应用内加密流程如图 5-3 所示。

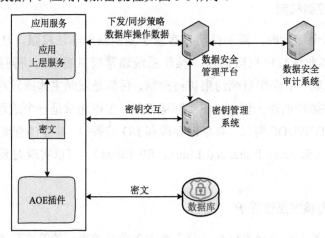

图 5-3   应用内加密流程

应用内加密技术适用于企业应用层的高性能数据安全防护。该加密技术支持结构化/非结构化数据的加密，可与应用开发解耦，灵活性高，支持分布式部署和集中式管控，既可对单个应用提供防护，又可对上百个应用提供保护。

应用内加密技术的优势包括：

（1）数据加密与业务逻辑解耦。该加密技术可以将安全与业务在技术上解耦，应用扩展性强，灵活性高。

（2）不影响业务运营。应用内加密技术适用于"应用免改造"的实战需求，能够实现以配置的方式敏捷部署，对应用的连续运行无影响，且相对其他加密技术，该加密技术对数据加、解密的影响偏低。

（3）基于细粒度权限控制，能够根据不同属性的用户群体，实施细粒度权限控制，实现对企业或组织内部人员的敏感数据访问最小化授权。

2．数据库外挂加密技术

数据库外挂加密技术是指对数据库定制开发外挂进程，使进入数据库的明文先进入外挂程序中加密，形成密文后再插入数据库表中。该加密技术使用"触发器"＋"视图"＋"扩展索引接口"＋"外部接口调用"的方式实现数据加密，可保证应用完全透明。通过扩展的接口和机制，数据库系统用户能通过外部接口调用的方式实现对数据的加、解密处理；视图可实现对表内数据的过滤、投影、聚集、关联和函数运算，在视图内实现对敏感列解密函数的调用，实现数据解密。数据库外挂加密流程如图 5-4 所示。

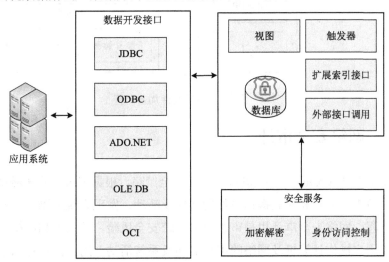

图 5-4　数据库外挂加密流程

数据库外挂加密技术的优势：通过外置方式提供安全服务，可以独立于数据库自有权控体系，适用于要求独立控制权限的系统安全需求，可防止特权用户（数据库管理员等）对敏感数据的越权访问。

3．透明文件加密技术

透明文件加密（Transparent File Encryption，TFE）技术是在操作系统的文件管理子系统上部署加密插件来实现数据加密的，基于用户态与内核态交付，可实现"逐文件逐密钥"加密。在正常使用时，计算机内存中的文件以明文形式存在，而硬盘上保存的数据是密文，如果没有合法的使用身份、访问权限及正确的安全通道，加密文件都将以密文状态被保护。透明文件加密流程如图 5-5 所示。

透明文件加密技术适用于任何基于文件系统的数据存储加密需求，尤其是原生不支持透明数据加密的数据库系统。其优势在于，透明文件加密技术的防护颗粒度较细，当获取授权的"白名单"应用访问文件时，才能获得明文，而未获取授权的应用只能获取密文。然而，透明文件加密技术在应用时，只能加密文件，不能加密数据库及数据库信息应用系统，应用场景有一定的限制。

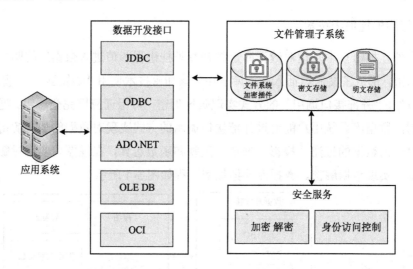

图 5-5　透明文件加密流程

5.3.3　网络安全审计

网络安全审计（Audit）是指按照一定的安全策略，根据记录、系统活动和用户活动等信息，通过检查、审查和检验操作事件的环境及活动，发现系统漏洞、入侵行为或改善系统性能的过程。网络安全审计也是审查评估系统安全风险，并采取相应措施的一个过程，记录与审查用户操作计算机及网络的用户活动及系统活动。用户活动包括用户在操作系统和应用程序中的活动，如用户使用的资源、使用的时间和执行的操作等；系统活动包括操作系统活动和应用程序进程活动。

1．网络安全审计的意义和分类

网络安全审计能对系统记录和行为进行独立的审查和估计，主要作用包括 5 个方面。
（1）对可能存在的潜在攻击者起到威慑和警示作用，核心是风险评估。

（2）测试系统的控制情况，以便及时调整，保证与安全策略和操作规程协调一致。

（3）对已出现的破坏事件做出评估，并提供有效的灾难恢复和追究责任的依据。

（4）评价和反馈系统控制、安全策略与规程中的变更，以便修订决策和部署。

（5）协助系统管理员及时发现网络系统入侵、潜在的系统漏洞及隐患。

网络安全审计从审计级别上可分为 3 类：系统级审计、应用级审计和用户级审计。

（1）系统级审计：主要针对系统的登录情况、用户识别号、登录尝试的日期和具体时间、退出的日期和时间、所使用的设备及登录后的运行程序等事件信息进行审查。

（2）应用级审计：主要针对应用程序的活动信息，如打开和关闭数据文件，读取、编辑、删除记录或字段的特定操作，以及打印报告等。

（3）用户级审计：主要针对审计用户的操作活动信息，如用户直接启动的所有命令、用户所有的鉴别和认证操作、用户所访问的文件和资源等信息。

2. 日志审计

日志审计的主要目的是：在大量记录日志的信息中找到与系统安全相关的数据，并分析系统的运行情况，主要任务包括 4 个方面。

（1）潜在威胁分析：日志分析系统可以根据安全策略规则监控审计事件，检测并发现潜在的入侵行为，依据的规则可以是已定义的敏感事件子集的组合。

（2）异常行为检测：在确定用户正常操作行为的基础上，当日志中的异常行为事件违反或超出正常访问行为的限定时，通过访问日志可指出将要发生的威胁。

（3）简单攻击探测：日志分析系统可对重大威胁事件的特征进行明确描述，当这些攻击现象再次出现时，可以及时提出告警。

（4）复杂攻击探测：采用更高级的日志分析系统，可检测多步入侵序列，当攻击序列出现时，可及时预测发生的步骤及行为，以便做好预防。

3. 审计跟踪

审计跟踪（Audit Trail）指按事件顺序检查、审查和检验运行环境及相关事件活动的过程，是提高系统安全性的重要工具。审计跟踪主要用于实现事件重现、评估损失、检测系统产生的问题区域、提供有效的应急灾难恢复、防止系统故障或使用不当等。网络安全审计跟踪的意义在于，利用系统的保护机制和策略，及时发现并解决系统问题，并对客户行为进行审计。

在电子商务中，利用审计跟踪可以记录客户的活动，包括登录、购物、付款、送货和售后服务等，上述信息后续可用于商业纠纷、公司财务审计、贷款和税务监察等。审计信息可以确定事件和攻击源，用于追溯网络犯罪痕迹，即黑客在实施攻击时会在互联网服务提供者（ISP）的活动日志或聊天室日志中留下蛛丝马迹，通过审计追踪可对黑客产生强大的威慑作用；通过对安全事件的不断收集、积累和分析，有选择性地对其中某些站点或用户进行审计跟踪，有助于发现可能产生破坏性行为的有力证据，并找到能识别访问系统的来源等。

5.3.4　认证和访问控制技术

认证和访问控制技术是一种通用的安全技术，任何对数据的相关操作或者对访问数据的软、硬件操作请求都必须经过认证，以确定其身份的合法性，进而通过访问控制来确定数据访问者是否有足够的权限使用或更改某一项资源，即在认证和访问控制过程中要先进行身份认证，确认后再进行资源的访问控制。对于不同的访问控制系统，对数据访问者身份的关注点可能也不同，如根据不同的访问控制策略，访问控制系统可能需要判别对数据的请求是否来自合法用户，是否来自合法设备，或者是否来自合法应用。认证和访问控制流程如图 5-6 所示。

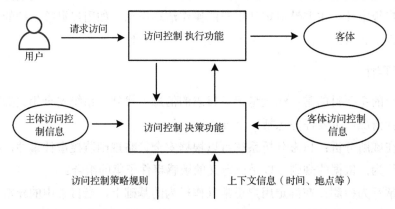

图 5-6　认证和访问控制流程

相应的，一个认证体系可能需要对自然人、设备或者应用进行认证。当前对用户的认证过程除传统的密码认证外，往往还需要考虑基于生物特征或者硬件的方案来增加认证结果的可信性，以应对目前越来越猖獗的攻击手段，包括基于社会工程学的攻击和盗取凭据等手段。

访问控制的内容包括认证策略、控制策略和安全审计 3 个方面。

（1）认证策略的具体实现包括主体对客体的识别认证及客体对主体的检验认证。

（2）控制策略的具体实现是通过设定规则集合实现的，用于确保合法用户对信息资源的合法使用，既要防止非法用户入侵，又要考虑敏感信息资源的泄露。对于合法用户而言，不能越权行使控制策略所赋予权利以外的功能。

（3）安全审计是通过系统自动记录网络中的"正常"操作、"非正常"操作及使用时间、敏感信息的。

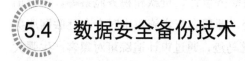

5.4　数据安全备份技术

数据备份的目的是恢复数据，主要是指数据存在丢失、毁坏或受到威胁等情况时，使用相应的数据备份技术来恢复数据。例如，若数据中心面临突发情况，CPU、内存、磁盘、网卡、交换机和路由器等出现硬件故障，软件代码 Bug、版本更新错误等出现软件问题，或是地震、水灾、火灾和战争等不可抗力带来诸如断电，机房、机柜坍塌，线缆损坏和数据丢失等问题。设备损坏等有形损失，可以通过替换设备弥补；然而数据丢失造成的损失，是不可估量的，因此数据安全备份技术是数据中心安全防护的必备技术。在数据中心运行时，无法预计后续是否会发生事故，因而需要提前将数据进行安全备份，若出现异常可及时采取灾难恢复措施，将企业或组织的损失降至最低。

数据安全备份是一项艰难的系统性工程，难度在于要保证数据安全备份的完整性和数据业务恢复的及时性，同时要兼顾数据安全备份实现的成本。由于在数据安全备份过程中涉及诸多可预知或不可预知的内外因素，针对不同业务的重要性或者业务服务质量，可采取不同的数据安全备份技术。目前，常用的数据安全备份技术有主从副本、同城灾备、同城双活、两地三中心、异地双活和异地多活等技术。上述 6 种数据安全备份技术的简要说明如表 5-1 所示。

表 5-1 6 种数据安全备份技术的简要说明

技术	应用场景	优势	劣势
主从副本	同一机房的小型数据中心容灾备份	简单、成本低，抗故障能力提升	极易遭受外部环境影响
同城灾备	同一城市的小型数据中心容灾备份	有效避免了在同一环境下搭建容灾备份方案，容易遭受外部环境的影响	故障业务无法自动切换到灾备数据中心，业务恢复过程缓慢
同城双活	同一城市的中小型数据中心容灾备份	故障时业务可自动切换到另一个数据中心，存储对自动切换应用无感知	无法避免同城灾难（洪涝和地震等）
两地三中心	不同城市的大型数据中心容灾备份	建立在同城双活基础上，兼具同城双活容灾和异地容灾	异地容灾中心启动过程慢，导致业务恢复时延较长
异地双活	不同城市的大型数据中心容灾备份	提高了资源的利用率和系统的工作效率、性能，解决了异地容灾中心启动缓慢的问题	易出现数据冲突，无法横向扩展
异地多活	不同城市的大型数据中心容灾备份	各个地域同时承担部分业务流量，提供商业可持续性运转的同时进行流量动态分配，解决了异地双活技术的横向扩展问题	成本较高，技术实现困难

5.4.1 主从副本技术

主从副本技术是指在原有机房再部署一套相同的数据实例，让新实例成为原实例的副本，尽量使两者保持同步，一般将原实例称为主库，新实例称为从库。主从副本技术是数据中心容灾备份中一种较简单、成本较低的备份技术，优点：①数据完整性高，主从副本实时同步，数据差异很小；②抗故障能力提升，若主库有任何异常，则随时可将从库切换为主库，继续提供服务；③切换应用速度快，业务应用可直接访问从库，分担主库的压力。主从副本技术架构如图 5-7 所示。

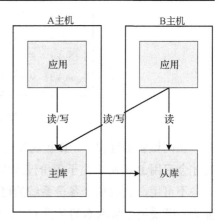

图 5-7 主从副本技术架构

在主从副本技术中，数据可以采用主备方式，业务应用也可以采用主备方式，或业务应用可以在其他机器上部署，通过网络连接直接读取主库数据，避免单点应用程序失效导致业务中断。主从副本技术为数据中心容灾备份提供了初步解决方案，但是存在一定的故障风险。例如，数据中心机房遭受意外事故，造成部署在同一机柜或同一机房的主库和从库都受到破坏，使主库和从库都无法访位，因此在同一环境下搭建的容灾备份方案极易遭受外部环境的影响。

5.4.2　同城灾备技术

同城灾备技术指一种同城环境下的灾备技术，即在同一城市搭建不同的机房。例如，原机房称为 A 机房，新机房称为 B 机房，两机房中间采用一条专线连通，同城灾备技术架构如图 5-8 所示。为了避免 A 机房故障导致数据丢失，需要把数据在 B 机房备份。A 机房的数据，定时在 B 机房做备份（拷贝数据文件），当整个 A 机房遭到严重损坏时，B 机房的数据还存，此时 A 机房可以通过远程备份把数据恢复回来，重启业务服务。相比主从副本技术，同城灾备技术主要解决部署在同一机柜或同一机房的主库和从库同时受损导致数据无法恢复的问题，有效避免了在同一环境下搭建容灾备份方案容易遭受外部环境影响的问题，提升了机房的防御等级。

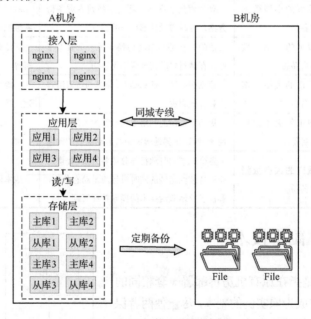

图 5-8　同城灾备技术架构

在同城备份过程中，B 机房平时只做备份，不对外提供实时服务，只有在 A 机房故障时才会启用 B 机房。由于备份过程中易存在数据备份不完整的情况，导致在恢复数据期间业务不可用，造成整个备份系统的可用性无法得到保证。为提升备份主机在切换后的服务能力，可采用主从副本的备份方式，即在 B 机房部署 A 机房的数据副本，改进后的同城灾备技术架构 1 如图 5-9 所示。此过程中，若 A 机房出现故障，则 B 机房可以提供比较完整的数据。为恢复 A 机房的业务，可将 B 机房从从库提升为主库，在 B 机房部署应用，启动服务功能，部署接入层，配置转发规则，使 DNS 指向 B 机房接入层，接入流量，使对外服务的业务恢复。

上述备份过程需要人为介入，且在恢复之前整个服务是不可用的，导致该方案的应急措施不够及时，且需花费的时间较长。为缩短业务恢复的时间，必须把备份工作提前在 B 机房做好，并在 B 机房提前部署好接入层和业务应用，等待随时切换。改进后的同城灾备技术架构 2 如图 5-10 所示。

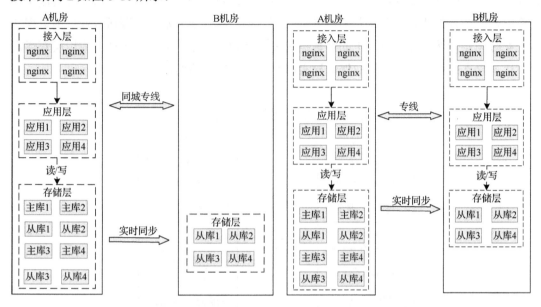

图 5-9　改进后的同城灾备技术架构 1　　　　图 5-10　改进后的同城灾备技术架构 2

若 A 机房发生故障，则 B 机房只需要将机房中的所有从库提升为主库，使 DNS 指向 B 机房接入层，接入业务流量，快速恢复业务，大大加快了业务恢复速度（见图 5-9）。该方案相当于镜像了一份 A 机房的所有硬件和软件，从最上层的接入层，到中间的应用层，再到最下层的存储层。两个机房的唯一区别是：A 机房的存储是主库，B 机房的存储是从库。当正常运行时，B 机房处于待命状态，只有在 A 机房发生故障后，B 机房才能快速、随时接管原来通往 A 机房的业务流量，继续提供服务。

同城灾备技术在一定程度上避免了机房级别的故障，但 B 机房始终都处于备用状态，且在真实故障发生后，业务流量转换过程中可能存在不同主机之间的软件应用版本不一致、系统资源不足和操作系统参数不一致等问题，导致灾备恢复过程较慢，实时切换故障数据业务不顺利等。

5.4.3　同城双活技术

同城双活技术是指通过存储双活的方式保障关键业务的连续性，双活备份即把两个数据中心机房部署在同一个城市或相近区域内，两个数据中心机房互为备份，且都处于运行状态，当两个数据中心机房中任意一台存储设备出现故障时，另一台存储设备能实时接管全局的读取和写入业务，甚至当数据中心机房整体发生故障时，业务能自动切换到另一个数据中心机房，存储与应用过程的切换自动完成，对上层应用业务是无感的。同城双活技术解决了同城灾备业务无法自动切换的问题，保证了用户重要数据的可靠性和业务的连续性，提高了存储系统的利用率。

同城双活技术架构如图 5-11 所示，根据容灾机制，A 机房会将数据定期复制传输至 B 机房，实现备份数据集中容灾，当 A 机房出现故障或者流量压力过大时，可随时将流量切换至 B 机房，此过程涉及存储层双活和应用层双活。存储层双活能实现所有业务的数据在两地实时同步，保证异常情况下的零数据丢失，并为应用层双活提供条件；应用层双活需要应用本身支持双活机制，从而保证异常情况下应用的自动切换。

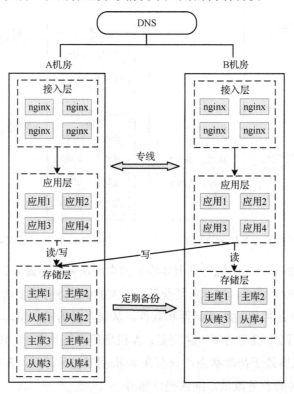

图 5-11　同城双活技术架构

同城双活技术大大提升了容灾效率，但仍存在改进空间，因为两个机房在物理层面上处于一个城市，若整个城市发生大面积自然灾害，如地震、水灾等，将导致两个机房同时受到破坏，则无法提供服务。

5.4.4　两地三中心技术

两地三中心技术是在同城双活技术的基础上，兼具同城双活容灾和异地容灾，通过建立生产中心、同城容灾中心和异地容灾中心，并将三者结合起来称为两地三中心。两地三中心的建设方案是在同城双活的基础上，在另外一个城市增加一个异地容灾中心，解决同城双活技术在面临同城灾难时的险情，异地容灾中心通常选择与同城双活中心距离较远的区域，采用异步复制方式定期把同城双活机房的数据，在异地机房备份，防止数据丢失。两地三中心技术架构如图 5-12 所示。

　　在两地三中心技术中，同城的 A 机房和 B 机房的设计方案与同城双活设计方案相似，不同之处在于新增了异地的 C 机房作为灾备中心，主要做数据备份。根据灾备机制，C 机房灾备中心要定期对数据进行备份，当 A 机房和 B 机房发生重大灾害引起同一区域的两个数据中心机房全部发生故障时，C 机房灾备中心存储的备份数据能恢复业务。

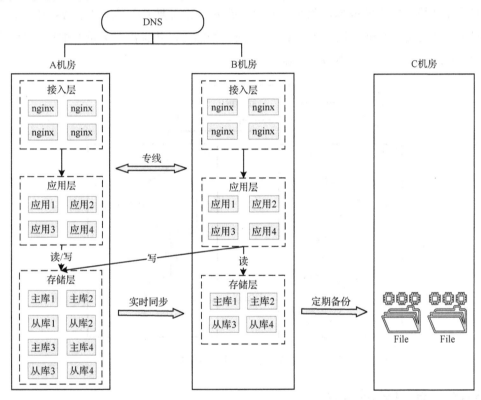

图 5-12　两地三中心技术架构

　　两地三中心技术在应对大面积自然灾害方面具有一定优势，但该架构仍然存在一定的弊端，当面临较大的同城灾害导致两个数据中心机房同时故障时，需要启用 C 机房灾备中心，但是由于 C 机房灾备中心通常采用异步传输方式进行业务恢复，在启用过程中会花费较长时间，并且恢复后的数据仍不能完全确保可以正常运行原有业务。

5.4.5　异地双活技术

　　异地双活技术是指在两个城市的机房分别部署整套应用，与同城双活技术类似，是双数据中心同时对外提供业务服务的双活模式。两个数据中心角色是对等的，不分主从，并可同时部署业务，能极大提高资源的利用率和系统的工作效率及性能，使客户从容灾系统中受到的损失最小。异地双活技术解决了两地三中心技术在面临同城灾害时启用第三节点的过程，避免了第三节点启动过程慢导致的业务恢复时延问题。异地双活技术能真正抵御同城级别的故障，大多数互联网公司实施的是异地双活技术的方案。异地双活技术架构如图 5-13 所示。

在异地双活技术架构中，服务器集群只能连接本地的数据库集群，只有当本地的所有数据库集群均不能访问时，服务器集群才会将故障转移到异地的数据库集群中。当访问异地数据库时，由于异地网络问题，双向同步需要花费更多时间，较长的同步时间会导致更加严重的吞吐量下降，或者出现数据冲突的问题。异地双活技术虽然能够解决数据冲突问题，但是需要投入巨大的成本，除数据冲突问题外，还需要考虑异地双活数据中心的横向扩展问题，以及实际运维过程中企业 IT 人员的运维能力，并且需要大量的维护经费，导致该架构没有足够的人力和物力很难实施。

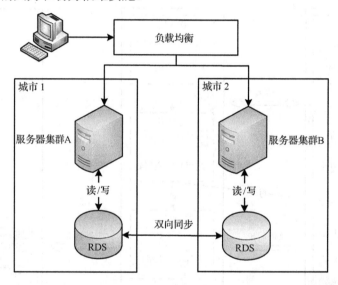

图 5-13　异地双活技术架构

5.4.6　异地多活技术

异地多活技术是指在多个不同物理地域之间同时提供业务流量和商业服务，各个地域之间不是主备关系，各个地域都有自己独立的基础设施及数据中心，业务流量可以非均匀的在几个地域之间流动。异地多活技术本质上是让各个地域同时承担部分业务流量，缓解单一地区的业务压力，具有快速的业务恢复能力，业务流量可随时在不同地域相互切换，既满足了商业服务的可持续性，又进行了流量的动态分配。异地多活技术通过扩展建设多个互联互通的异地数据中心，解决了异地双活技术的横向扩展问题。异地多活技术架构如图 5-14 所示。

在异地多活方案中需要设立一个中心机房，其他机房写入数据后，都首先同步到中心机房，再由中心机房同步至其他机房。该方案的优势在于，当一个机房写入数据后，只需要同步数据到中心机房即可，无须关心数据到其他机房的分发问题，实现复杂度大大简化，但对中心机房的稳定性要求较高。该方案允许在数据中心机房发生故障的情况下，把任意一个机房提升为中心机房，继续按照之前的架构提供服务，不仅提高了可用性，而且能应对更大规模流量的压力，扩展性强。该方案的不足之处在于，备份数据中心数量的增长，导致建设成本也随之增加，且运维成本和难度加大，造成系统复杂度急剧增长。

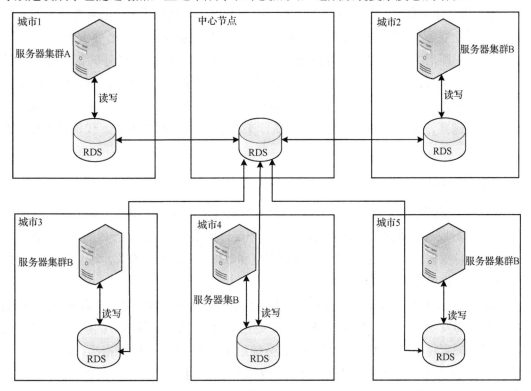

图 5-14　异地多活技术架构

5.5　数据灾难恢复技术

随着政府部门与企业的信息化程度不断提高，数据中心的规模越来越大，数据容量和价值也越来越大。数据中心受业务中断和临时性停机的损害越来越频繁，数据信息丢失造成的损失不可估量，因此，有效的数据中心数据恢复技术必不可少，可以减少数据损失，使企业的损失降到最低。

5.5.1　数据灾难恢复参考指标

目前，数据中心对业务连续性的要求较为苛刻，考虑到故障发生的不可预期性，应针对故障建立启动备份机制。为确保业务的连续性，数据中心建立了较为完善的容灾评估机制，衡量指标包括复原时间目标（Recovery Time Objective，RTO）指标和复原点目标

（Recovery Point Objective，RPO）指标。RTO 指标和 RPO 指标是基于数据中心现有的各种综合运行情况评估得出的真实结果，反映了当前数据中心在灾难恢复方面的修复能力。

1．RTO 指标

RTO 指标是数据中心可容许服务中断的时间长度，是反映数据中心业务恢复的及时性指标，表示业务从中断到恢复正常所需的时间，作用是衡量数据中心容灾恢复的能力。例如，服务中断后需要 12 小时才能恢复业务，此时的 RTO 数值为 12 小时。RTO 指标的具体时间是指故障发生后，从数据中心系统宕机导致应用停顿之刻开始，到数据中心系统恢复至可以支持各部门业务运作之时，此两点之间的时差值。数值越小代表容灾系统的数据恢复能力越强，可通过部署多个容灾系统，来获取最小的 RTO 数值，代价是需要投入大量资金。

2．RPO 指标

RPO 指标是反映数据中心恢复数据完整性的指标，是数据中心能容忍的最大数据丢失量。RPO 指标取决于数据中心数据恢复的更新程度，可以只恢复到上一周的备份数据、几小时前的备份数据或当前的实时数据。恢复程度和数据备份的频率有关，为了改进 RPO 指标，要增加数据备份的频率。

RTO 指标和 RPO 指标并不是孤立的，而是从不同角度反映数据中心的容灾能力。RPO 指标来自故障发生前，而 RTO 指标来自故障发生后，两者的数值越小，业务正常到业务过渡期的时间间隔越小。数据中心建设不能过分地追求 RTO 指标和 RPO 指标，因为 RTO 指标和 RPO 指标越小，意味着建设投资越大。数据中心的总体投入成本越高，投资回报时间越长。从经济角度考虑，合适的容灾解决方案不一定是性能最好的容灾解决方案，容灾解决方案的总体投入和投资回报是必须要考虑的设计指标，最佳方案是在 RTO 指标、RPO 指标、运维及收益等多方面进行平衡后得到的。

5.5.2　数据灾难恢复方案分类

数据灾难恢复方案不一定要求无数据丢失，只要能确保在业务的可承受范围内即可，可以分为离线式灾难恢复（冷容灾）方案和在线式灾难恢复（热容灾）方案两种。

1．离线式灾难恢复方案

该方案主要依靠备份技术来实现，重要步骤是将数据通过备份系统备份到磁盘上，而后将磁盘运送到异地保存、管理。该方案主要由备份软件来实现备份和磁盘的管理，除磁盘的运送和存放外，其他步骤可实现自动化管理。整个方案的部署和管理比较简单，相应的投资也较少。缺点是：由于采用磁盘存放数据，所以数据恢复较慢，而且备份间隙窗口内的数据会丢失，实时性比较差。对于资金受限、对数据恢复的 RTO 指标和 RPO 指标要求较低的用户可以选择这种方案。

2. 在线式灾难恢复方案

该方案要求生产中心和灾备中心同时工作，生产中心和灾备中心由传输链路连接。数据从生产中心实时复制传送到灾备中心，在此基础上，可在应用层对数据进行集群管理。当生产中心遭受灾难或出现故障时，可由灾备中心自动接管业务并继续提供服务。应用层的管理一般由专门的软件来实现，可以代替管理员实现自动管理。由于在线式灾难恢复方案可以实现数据的实时复制，满足 RTO 指标和 RPO 指标要求的较高的应用场景，但在线灾难恢复方案需要的投入较高，一般中小型企业用户很难接受，因此在方案选择时一定要综合考虑。一般重点企业的关键应用系统都会选择该方案，如金融行业的用户和重点部门的用户等。

5.5.3　数据灾难恢复方案等级结构

容灾国际标准 SHARE78 将灾难恢复解决方案从低到高分为 7 个不同层次，依次是本地数据备份与恢复、批量存取访问方式、批量存取访问方式+热备份地点、电子链接、工作状态的备份地点、双重在线存储和零数据丢失。各单位可根据自身数据的重要性及需要恢复的速度和程度，来设计选择并实现灾难恢复计划。根据国际标准 SHARE 78 的定义，灾难恢复解决方案可根据主要方面所达到的程度将灾难恢复等级分为 7 级，如图 5-15 所示。

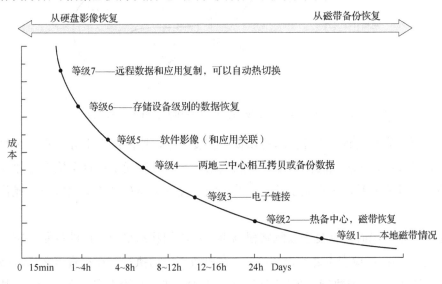

图 5-15　国际标准 SHARE 78 中的灾难恢复等级

根据灾难恢复等级可制定相应的恢复解决方案，用户可根据企业数据的重要性及需要恢复的速度和程度，来设计选择并实现灾难恢复计划。

（1）等级 1~4 主要通过数据的备份和恢复实现，针对 24h 或以上指标要求的应用恢复。

（2）等级 5 可以直接通过软件镜像实现，可以提供完善的数据库数据远程镜像功能。

（3）等级 6 通过存储设备层的数据复制，可大大降低数据的丢失率。

（4）在等级 7 的容灾解决方案中，可以实现零数据丢失率，同时保证数据可以立即、自动地被传输到备份中心。

5.5.4　基于检查点的数据恢复技术

基于检查点的数据恢复技术作为计算机安全管理中常用的一种数据恢复技术，能通过对计算机网络日志进行检查，充分利用日志记录计算机存储器中的各项数据，快速恢复数据库。基于检查点的数据恢复技术可先通过查找日志找到已经丢失的数据，再通过系数恢复技术，恢复数据库中丢失或者被破坏的数据。采用此种数据恢复技术时，需要先重启计算机，按照计算机程序的指示对计算机数据库进行恢复操作。图 5-16 所示为建立检查点 Ci 时对应的日志文件和重新开始文件的建立流程。重新开始文件用来记录各个检查点在日志文件中的地址。检查点记录的内容包括建立检查点时所有正在执行的事务清单，以及离这些事务最近一个日志记录的地址。

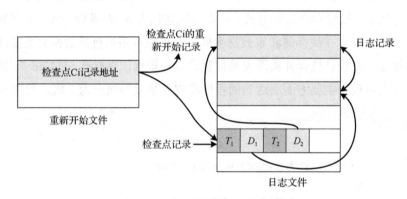

图 5-16　建立检查点 Ci 时对应的日志文件和重新开始文件的建立流程

使用基于检查点的数据恢复技术可以提高恢复效率，原因：当事务 T 在一个检查点之前提交时，T 对数据库所做的修改都已写入数据库，写入时间是在这个检查点建立之前或在这个检查点建立之时，进行恢复处理时的时间，没有必要对事务 T 执行重做操作，节省了时间。

当系统出现故障时，恢复子系统将根据事务的不同状态采取不同的恢复策略，原理如图 5-17 所示。T_1：在检查点之前提交；T_2：在检查点之前执行，在检查点之后故障点之前提交；T_3：在检查点之前执行，在故障点时还未完成；T_4：在检查点之后执行，在故障点之前提交；T_5：在检查点之后执行，在故障点时还未完成。T_3 和 T_5 在故障发生时还未完成，所以需要撤销；T_2 和 T_4 在检查点之后才提交，二者对数据库所做的修改在故障发生时可能还在缓冲区，尚未实际写入数据库，所以要重做；T_1 在检查点之前已提交，所以不必执行重做操作，可以极大地减少数据恢复时间。

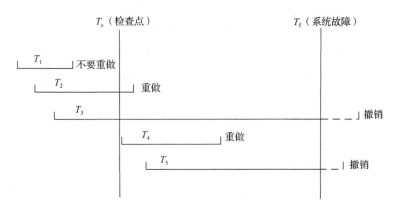

图 5-17　基于检查点的恢复子系统原理

5.5.5　基于主机的容灾恢复技术

基于主机的灾难恢复技术是指通过在主机服务器上部署相应的容灾软件，使主机和备用主机通过网络建立传输通道，利用主机数据管理软件实现数据的远程复制的技术。基于主机的灾难恢复技术具体实施过程：当主数据中心的数据遭到破坏时，可以随时从备用数据中心恢复应用或从备用数据中心恢复数据，为用户提供应用系统容灾能力。基于主机的灾难恢复流程如图 5-18 所示。目前，实现远程数据复制的数据管理软件有很多，主机厂商和一些第三方软件公司（Veritas 等）能提供基于主机的数据复制方案，如 Sun Microsystems公司的 Availability Suite 软件和 VeritasVolume Replicator(VVR）软件等。

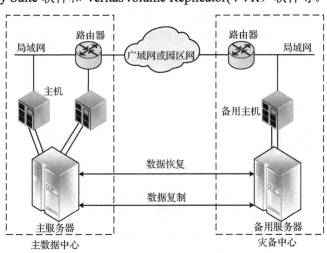

图 5-18　基于主机的灾难恢复流程

采用基于主机的容灾恢复技术建设灾难恢复方案，具有以下优点。

（1）只对服务器平台和主机软件有要求，既能提供针对数据库的容灾保护方案，又能提供针对文件系统的容灾保护方案。

（2）多种基于主机的容灾恢复技术建设灾难恢复方案可选，满足用户的不同数据保护要求，提供多种不同数据保护模式。

（3）通过广域网互联，没有物理空间的距离限制。

采用基于主机的容灾恢复技术建设灾难恢复方案有以下缺点。

（1）基于主机的容灾恢复技术建设灾难恢复方案通常需要同品牌的主机或软件系统平台。

（2）主机既要处理生产请求，又要处理远程数据复制，对主机的计算资源消耗较大，因而对主机的性能要求较高。

（3）基于主机的容灾恢复技术建设灾难恢复方案比较复杂，尤其是和数据库应用结合时需要复杂的协调机制，还需要多种软件配合，给生产系统的稳定性、可靠性和性能带来了一定影响。

（4）当遇到多个系统或多种应用需要灾难保护时，采用基于主机的容灾恢复技术建设灾难恢复方案无法提供统一化的解决方案。

（5）管理复杂，需要大量的人工干预过程，容易发生人为错误。

5.5.6　基于存储的远程数据恢复技术

基于存储的远程数据恢复技术利用存储阵列对数据块进行复制，从而实现对生产数据的远程复制，以及对生产数据的灾难保护。在主数据中心发生灾难时，可以利用灾备中心的数据在灾备中心建立运营支撑环境，为业务继续运营提供 IT 支持；同时可以利用灾备中心的存储数据恢复主数据中心的业务系统，使用户的业务运营快速恢复到灾难发生前的运营状态。基于存储的复制可以是"一对一""一对多或多对一"的复制方式，即一个存储数据复制到多个远程存储空间，或多个存储数据复制到同一个远程存储空间，复制可以是双向的。基于存储的灾难恢复流程如图 5-19 所示。

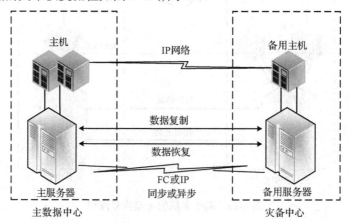

图 5-19　基于存储的灾难恢复流程

基于存储的远程数据恢复技术具有如下优点。

（1）采用基于存储的远程数据恢复的数据复制独立于主机平台和应用，对各种应用都适用，而且完全不消耗主机的处理资源。

（2）采用同步方式可以完全不丢失数据，在同城容灾或园区灾难恢复方案中，只要通信链路带宽允许，完全可以采用同步方案，不会对主数据中心的服务性能产生显著影响。

（3）采用异步方式虽然存在一定的数据丢失风险，但没有距离限制，可以实现远距离保护。

（4）灾备中心的数据可以得到有效利用。

采用基于存储的远程数据恢复技术的缺点如下。

（1）通常采用同一厂家的存储平台，且必须是同一系列的存储产品，限制了用户对存储平台的选择。

（2）采用同步方式可能对生产系统的性能产生影响，而且对通信链路要求较高，有距离限制，通常只能在近距离范围内实现（同城容灾或园区灾难恢复方案）。

（3）采用异步方式与其他种类的异步灾难恢复方案一样，存在数据丢失的风险，通常在远距离通信链路带宽有限的情况下采用。

5.6　数据安全迁移技术

随着业务的不断发展，企业和政府部门的信息系统数据变得越来越庞大，尤其在目前大数据应用高速发展的背景下，数据中心经常进行服务器例行维护、应用程序迁移、迁移到新的数据中心、灾难恢复操作、服务器或存储设备的更换、升级及合并，数据迁移已成为信息运维的重要内容。例如，随着企业的业务发展，企业信息系统的硬件和软件需要升级，此时数据库的可靠迁移是保障企业平稳运行的关键因素，既要保证历史数据不丢失，又要保证能对历史数据进行清洗和转换，以适应企业信息系统的变更和升级。

5.6.1　数据迁移的概念

数据迁移又称分级存储管理（Hierarchical Storage Management，HSM），是一种将离线存储与在线存储融合的技术，通常将高速、高容量的非在线存储设备作为磁盘设备的下一级设备。一是将磁盘中常用的数据按指定策略自动迁移到大容量存储设备上；二是将很少使用或不用的文件迁移到辅助存储系统中。数据迁移方案主要包括合理重新规划系统资源、应用、主机及存储等配置，保证数据迁移实施后的信息系统能满足各项应用需求，规避可能因为数据迁移带来的业务断裂，保证数据迁移完成后应用系统的安全可靠，且具有高可管理性。

典型的数据迁移工作量主要集中在数据的抽取（Extract）、转换（Transform）和加载（Load）过程，简称 ETL（Extract-Transform-Load），其流程如图 5-20 所示。ETL 用来描述将数据从来源端经过抽取、转换和加载至目的端的过程，涉及 3 个任务：①抽取是 ETL 的基础和前提，即从源系统中抽取所需要的数据；②转换是 ETL 的中间处理过程，因为源系统和目标系统往往存在数据格式等的差异，需要将源系统根据预设的原则进行转换，从而保证数据格式的一致性和可存储性；③加载是 ETL 的目标，指把转换后的数据存储到目标数据库中。加载过程可以一次性完成，也可以定期（周期性）进行，最终完成。ETL 现在更多地使用在数据集成或数据仓库中，在多维度的数据分析中使用频繁。

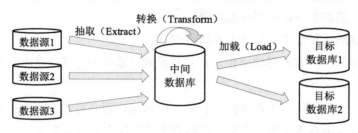

图 5-20 ETL 流程

ETL 本质上是一种数据的流动过程，即数据源按照需求输出至不同的数据库。在实际应用中 ETL 有以下特点：①数据量巨大，需要把数据流动的全过程细分为抽取、转换和加载这 3 个步骤；②面对异常数据要进行大量的分析和模型重算工作，以规则化清洗；③频繁性，应根据预设的周期从源系统抽取数据，先通过数据处理，再流向目标系统。

随着业务的发展，数据迁移已成为信息运维的重要内容。根据业务类别、数据量大小及系统构架的不同，数据迁移的难易程度和所采用的迁移技术不同，数据迁移技术可分为基于存储的数据迁移技术、基于主机逻辑卷的数据迁移技术和服务器虚拟化数据迁移技术。

5.6.2 基于存储的数据迁移技术

基于存储的数据迁移技术，主要分为基于同构存储的数据迁移技术和基于异构存储的数据迁移技术。基于同构存储的数据迁移技术是利用自身复制技术，实现磁盘或逻辑单元号（Logical Unit Number，LUN）的复制的；基于异构存储的数据迁移技术是通过存储自身的虚拟化管理技术，实现对不同品牌存储的统一管理及内部复制的，从而实现数据迁移。基于存储的数据迁移技术主要应用于机房相距较远、数据量较大和关键业务不能长时间中断等情况，如机房搬迁、存储更换和数据灾备中心建设等，目前电信、金融等企业容灾中心大都采用该技术。基于存储的数据迁移技术，优点是：能够在非常短的时间内实现数据的迁移与业务的恢复，缩短了对业务的影响时间，尤其适用于数据仓储等大数据的数据迁移；缺点是：对服务器自身存储的效率造成了一定影响，尤其基于存储的同步复制技术会占用较高的存储缓存，导致写入速度降低。

1. 基于同构存储的数据迁移技术

在机房搬迁中可采用基于同构存储的数据迁移技术，实现不同机房之间的数据迁移工作，现以磁盘管理为例，迁移流程如图 5-21 所示。

（1）在新机房环境中为目标主机配置系统参数，在源存储 A 与目标存储 B 上实现 LUN 的对应关系，数据同步复制。

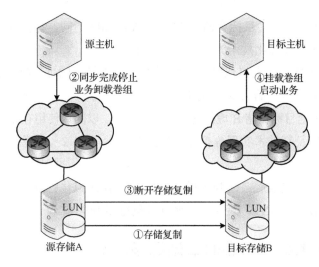

图 5-21　基于同构存储的数据迁移流程

（2）数据同步复制完成后，停止源主机的数据库及业务应用，以确保数据完全一致。

（3）断开两机房存储之间的数据同步复制。

（4）在新机房目标主机上完成识别新磁盘、导入并复制磁盘组、挂载文件系统、检查卷的状态和修改主机及数据库 IP 等，启动数据库并检查。

2．基于异构存储的数据迁移技术

基于异构存储的数据迁移的原理是：使用存储的虚拟化技术先将目标存储作为一台主机，接管既有的原存储，再通过存储的内部复制技术实现数据的接管，通过主机访问新存储实现数据迁移。此数据迁移技术一般用于海量数据异构存储的更换，存储虚拟化技术可在较短的时间内完成数据迁移。基于异构存储的数据迁移流程如图 5-22 所示。

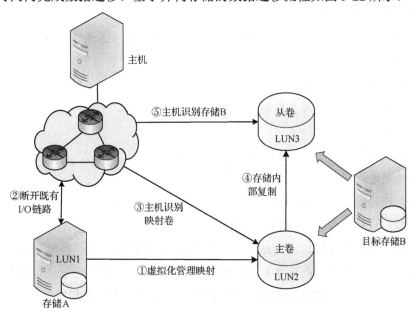

图 5-22　基于异构存储的数据迁移流程

既有主机连接于存储 A，目标存储 B 与存储 A 的品牌不同，要实现数据从存储 A 迁移至目标存储 B，以存储虚拟化技术为例，介绍如下。

（1）使用目标存储 B 的虚拟化管理软件识别存储 A 的 LUN1，建立映射关系。

（2）断开既有主机与存储 A 之间的 I/O 链路。

（3）在主机上识别目标存储 B 虚拟化管理的 LUN2，以间接使用存储 A，启动业务检测。

（4）用存储内部复制技术实现虚拟化管理的映射卷 LUN2（主卷）至目标存储 B（从卷）LUN3 的复制。

（5）存储内部复制完成后，断开主机与目标存储 B 虚拟化管理 LUN2 的 I/O 链路，连接主机至目标存储 B 的 LUN3，改变主卷属性并删除复制关系。

5.6.3　基于主机逻辑卷的数据迁移技术

UNIX 和 Linux 操作系统具有稳定性好和安全性强的特点，通常作为数据库服务器操作系统使用。在 UNIX 和 Linux 系统中一般都使用逻辑卷管理磁盘，通过替换逻辑卷实现数据库服务器的数据迁移，适用于存储和主机更换等情景。基于主机逻辑卷的数据迁移技术的优点：使用逻辑卷迁移时，影响较小；不需要任何费用；步骤简单、容易操作且速度较快；支持不同品牌存储之间的数据迁移。缺点：逻辑卷镜像同步时会消耗主机资源，建议在系统业务不繁忙时操作；在远距离数据迁移和特大数据量迁移过程中会长时间占用主机资源，因此，一般不用于远距离数据迁移及特大数据量迁移。

基于主机逻辑卷的数据迁移主要包括使用逻辑卷更换主机和使用原主机逻辑卷镜像更换存储两种方法。

1. 使用逻辑卷更换主机

数据迁移过程仅需要主机识别存储和导入卷组即可，以 Linux 操作系统的主机为例，主要实施步骤如下：

（1）原主机卸载文件系统。

（2）原主机设置卷组为非激活状态。

（3）原主机导出卷组。

（4）光纤交换机 ZONE 设置好后新主机识别存储。

（5）新主机卷组导入。

（6）新主机设置卷组为激活状态。

（7）新主机挂载文件系统，启动数据库。

建议数据库服务器系统尽可能地使用逻辑卷管理，这样不仅方便存储空间的动态调整，也方便更换主机。若不使用逻辑卷管理，则数据迁移时需要重新划分空间、调整系统参数、安装数据库及导出、导入数据库数据，不仅耗时，还会影响系统的稳定性。

2．使用原主机逻辑卷镜像更换存储

使用原主机逻辑卷镜像更换存储仅需要将新存储添加至当前系统卷组，同时逻辑卷镜像会写入两份数据，对旧存储剔除即可。使用原主机逻辑卷镜像更换存储的流程如图 5-23 所示。

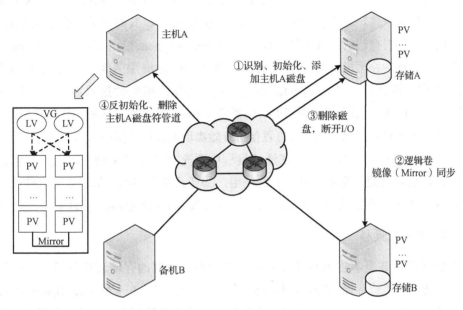

图 5-23　使用原主机逻辑卷镜像更换存储的流程

逻辑卷镜像更换存储主要实施步骤如下：

（1）识别、初始化、添加主机 A 磁盘，并添加主机 A 磁盘到磁盘组。

（2）为主机 A 的卷做镜像，并将镜像做到指定硬盘，同步复制到备机 B 以便维护。

（3）拆除主机 A 指定的卷镜像，从主机 A 磁盘组中删除磁盘。

（4）主机 A 磁盘反初始化，删除主机 A 磁盘符管道。

5.6.4　服务器虚拟化数据迁移技术

数据中心的服务器在长期运行过程中，难免会出现故障和异常导致服务器中断服务，为保障数据的安全备份和为服务器提供持续稳定的服务，可采用服务器虚拟化数据迁移技术进行数据迁移，实现业务服务的无缝衔接。该技术可以提高设备资源的利用率，尤其使 CPU 和存储空间得到充分使用，也可以实现对服务器的资源整合，符合目前云计算的需求。

其中，服务器虚拟化数据迁移技术中的在线迁移技术是较为常用的迁移技术，是指在保证虚拟机上的服务正常运行的同时，使虚拟机在不同的物理主机之间进行迁移的技术。虚拟机在线迁移是各厂商的必备功能，目前较成熟、应用较广泛的软件产品有 VMware vSphere、Microsoft Hyper-V 和 RedHat KVM 等。后续以 VMware vSphere 为例，介绍服务器虚拟化的数据迁移过程，具体实现过程分为物理机向虚拟机迁移和平台虚拟机迁移。物理机向虚拟机

迁移用于将当前物理机的数据转换为虚拟机文件，实现物理机向虚拟机数据的复制；平台虚拟机迁移指将虚拟机数据从当前运行的物理机迁移至其他物理机的过程。

1．物理机向虚拟机迁移

物理机向虚拟机迁移是指将包含应用配置的物理服务器迁移到虚拟机，而不需要重新安装操作系统和应用软件，通常称为 P2V（Physical to Virtual），其简化了数据迁移的复杂性。每个虚拟化厂商均有自己的迁移组件工具，如 VMware vSphere 使用 vSphere Convertor 工具，迁移时在需要迁移的物理机上安装一个 Agent，通过 Convertor 服务器操作，最后把这个物理机变成一个虚拟机文件，导入 vCenter 即可，从而实现虚拟机数据的复制。基于 vSphere Convertor 工具的迁移过程实现较为简单，仅需要在 Convertor 图形界面上设置源主机和目标主机的地址、选择目标虚拟机和存放位置便可开始实现虚拟机数据的复制。

迁移时需要注意以下几点：①在迁移过程中要充分考虑每个物理机上应用所需要的 CPU、内存及空间资源，避免迁移后无法使用；②迁移前要将物理机的临时文件或者无用文件删除；③建议在业务量较小的时间迁移，以降低对平台的影响，并能够快速迁移。

2．平台虚拟机迁移

虚拟机迁移主要是将虚拟机从运行的主机或存放数据的存储迁移至另一个主机或存储，适用于处理主机或存储故障，同时方便更换主机或存储。在 VMware vSphere 中较为常用的存储迁移（Storage Vmotion）方法：在虚拟机不停机的情况下，在线将虚拟机存储位置迁往不同的存储设备。在迁移过程中，系统会检测存储是否支持 VAAI（Vstorage APIs Array Integrate，虚拟化存储阵列集成接口），若支持，则复制 VM 目录，并在存储之间直接拷贝；若不支持，则使用迁移端口（VM Kernel）拷贝。

平台虚拟机的迁移流程如图 5-24 所示。

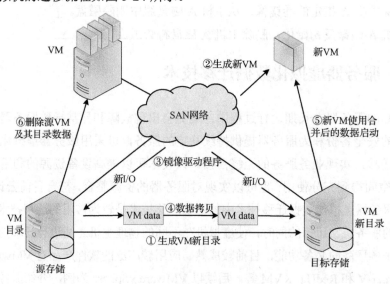

图 5-24　平台虚拟机的迁移流程

（1）在迁移开始时，首先将源存储的 VM 目录拷贝至目标存储。

（2）在目标存储上使用拷贝的 VM 新目录生成一个新 VM。

（3）通过镜像驱动程序（Mirror Driver）将源存储和目标存储同时写入数据 I/O。

（4）通过系统 VM Kernel 或 VAAI 将源 VM 数据拷贝到目标存储上。

（5）源 VM 数据拷贝完成后，将镜像驱动程度新写入的数据与目标存储上的 VM 数据合并，并暂停源 VM。

（6）新 VM 使用合并后的数据启动，并删除源 VM 及其目录数据。

基于平台虚拟机迁移能实现数据的安全迁移，本质上是将虚拟机作为文件存储的位置，在迁移过程中无须中断系统运行，不影响业务。需要注意的是，迁移尽可能在业务不繁忙的时间进行，以降低对项目运行的影响，并加快迁移速度。

5.7　增强安全运维防护意识

5.7.1　加强个人隐私保护

近年来，我国对于个人信息保护的重视程度不断提升，国家在《工业和信息化领域数据安全管理办法（试行）》、《信息安全技术　个人信息安全规范》和《中华人民共和国民法典》等陆续颁布的政策和标准中均对个人信息保护做出了相关规定，《中华人民共和国个人信息保护法》的出台是对个人隐私保护的关键里程碑。随着 2021 年《中华人民共和国个人信息保护法》的正式发布，使监管部门对于用户数据合规性的审查和监管力度显著加强，个人隐私保护市场需求旺盛。2022 年，中共中央办公厅、国务院办公厅印发的《关于加强科技伦理治理的意见》中也明确提出"科技活动应最大限度避免对人的生命安全、身体健康、精神和心理健康造成伤害或潜在威胁，尊重人格尊严和个人隐私，保障科技活动参与者的知情权和选择权"。

5.7.2　规范加密与文档管理

文档加密主要针对 Word 和 Excel 等办公文档，采用多种加密技术对设计图纸和代码等计算机文件进行加密，并配以用户访问权限设置，防止敏感数据的非法外泄。文档加密的传统技术主要有磁盘加密、应用层加密和驱动加密等，上述技术都是基于应用层加密的，对应用程序的依赖性较强，兼容性和二次开发的效果较差。针对上述缺点，文档加密技术进一步演进为透明加解密技术，基于数据自身，由系统对未加密的文档进行自动加解密，减少对环境的依赖，使数据在脱离操作系统或者非法脱离安全环境的情况下，仍能够保证用户数据的安全性。文档加密软件不仅可以作为独立软件使用，也可以与其他安全系统集成使用，成为内网安全系统的一部分。我国的文档加密软件，以我国安全厂商自主研发的软件为主，具备完全的自主知识产权。

5.7.3　定期开展员工培训

参与数据中心安全管理工作的人员素质在一定程度上会对数据中心的安全性产生直接影响，因此，要想切实维护数据中心的安全，还应该从提升管理人员的安全意识和安全管理水平入手。当前阶段，部分数据中心安全管理人员在工作过程中由于对数据中心的安全问题不够关注和重视，整体的安全意识比较薄弱。相关单位应该针对该问题对广大安全管理人员进行培训，充分发挥安全管理人员在维护数据中心安全问题方面的积极作用。例如，为了避免数据中心出现安全隐患，对数据中心进行安全管理和安全防护，需要加强对数据中心安全管理人员的综合培训。培训方式可以采用现场培训和远程培训，培训内容包括系统操作流程、功能分析和故障应急处理等，对操作人员培训软件操作和简单硬件故障分析等，对值班人员培训软件操作、故障判断、应急处理和日常巡检等。

5.7.4　建立日常巡检制度

科学合理的日常巡检制度不仅能为数据中心安全管理工作提供积极引导，同时对相关的安全管理人员起到一定的规范与约束作用，有助于提升数据中心安全管理工作的工作质量和工作效率。日常巡检包括日常运维管理、网络安全管理、硬件设备安全管理、软件安全使用管理、机房安保管理和用电安全管理等 6 个方面。

（1）日常运维管理：值班人员需要负责主机房设备的巡检，备份数据中心也应安排必要的巡检，并进行记录。

（2）网络安全管理：新购置的设备在安装、使用前应当认真经过安检，使用前采取防止病毒感染措施，试运行正常后，再投入正式运行。

（3）硬件设备安全管理：运维人员必须熟知机房内各设备的基本安全操作和规则，特别是对服务器和交换机要能熟练操作和及时维护，并定期检查、整理设备连接线路及定期检查硬件运作状态。

（4）软件安全使用管理：设立数据中心软件管理台账，对每套计算机的运行软件进行登记，并纳入资产管理。

（5）机房安保管理：外来人员进入时，必须有专人全面负责其行为安全，未经主管领导批准，禁止将与机房相关的钥匙和密码等物品和信息外借或透漏给其他人员。

（6）用电安全管理：机房动力管理人员应学习常规的用电安全操作和知识，了解机房内部供电和用电设施的操作规程，掌握机房用电应急处理步骤、措施和要领。

5.7.5　完善职工管理制度

职工管理制度是数据中心安全运维的基础，通常包括岗位设置、人员配备、授权和审批、沟通和合作、审核与检查等 5 个方面。

（1）岗位设置：设立信息安全管理工作的职能部门，设立安全主管或各个方面安全管理的负责人岗位，并落实各负责人的职责，制定文件明确安全管理机构各个部门和岗位的职责、分工和技能要求。

（2）人员配备：配备的运维工作人员的技术能力和素养对运维服务的质量优劣起着至关重要的作用，因此，我们不仅要关注设备维护，更要注重对运维团队整体素质及技术的提升。

（3）授权和审批：根据各个部门和岗位的职责明确授权审批事项、审批部门和批准人等，针对系统变更、重要操作、物理访问和系统接入等事项建立审批程序，按照审批程序执行审批过程，对重要活动建立逐级审批制度。

（4）沟通和合作：加强各类管理人员之间、组织内部机构之间，以及信息安全职能部门内部的合作与沟通，定期或不定期地召开协调会议，共同协作处理信息安全问题。

（5）审核与检查：安全管理员负责定期进行安全检查，检查内容包括系统日常运行、系统漏洞和数据备份等，由内部人员或审计公司定期进行全面的安全检查，至少每年开展一次针对数据中心的全面安全检查。

第6章 数据安全治理体系及方法

6.1 数据安全治理的概念

　　"数字经济"最早由 20 世纪 90 年代的美国作者唐·泰普斯科特（Don Tapscott）出版的《数字经济：网络智能时代的前景与风险》提出，并受到广泛关注。近年来，数字经济辐射范围之广、影响程度之深、发展速度之快，前所未有。数字经济目前正在成为重组全球要素资源、重塑全球经济结构和改变全球竞争格局的关键力量。从唐·泰普斯科特提出数字经济至今，数字经济已成为各国经济的重要产业，在 2022 年 7 月 29 日举办的全球数字经济大会开幕式暨主论坛上，中国信息通信研究院发布的《全球数字经济白皮书（2022年）》指出"数字经济为世界经济发展增加新动能"。从 2021 年全球的数字经济来看，约 47 个国家的数字经济增加值已达到 38.1 万亿美元，约占其国家 GDP 的 45.0%。其中，发达国家数字经济规模大、占比高，2021 年发达国家数字经济规模为 27.6 万亿美元，占 GDP 的 55.7%，发展中国家数字经济增长更快，2021 年增速达 22.3%。截至 2021 年底，对比各主要国家的数字经济规模，美国数字经济位居世界第一，其数字经济规模达 15.3 万亿美元，我国位居第二，数字经济规模达 7.1 万亿美元。

　　随着数字经济时代的到来，顺应数字经济发展已经成为全球共识。美国在 1999 年成立了网络与信息技术研发计划（Networking and Information Technology Research and Development，NITRD），布局了计算机、网络和软件的科研计划，奥巴马政府成立后，数字经济被重新审视，政府颁布了《网络空间国际战略》等重要策略文件，确保在技术标准制定等方面的领头地位，以维持自由网络贸易环境、鼓励创新和保护知识产权为手段，确保数字经济的重要地位。2016 年在数字经济类上市公司中，排名前十的公司中美国占据了 5 家。2019 年 12 月，美国白宫行政管理和预算办公室发布了《联邦数据战略与 2020 年行动计划》。2020 年 10 月，美国国防部发布了《国防部数据战略》。2018 年 5 月 25 日欧盟施行的《通用数据保护条例》（GDPR）适用于向欧盟民众提供商品、服务或收集并分析欧盟居民的相关数据。2021 年 3 月欧盟发布了欧盟到 2030 年实现数字化转型的愿景、目标和途径的纲要文件——《2030 数字化指南：数字十年的欧洲之路》。

　　我国当前被广泛认可的数字经济定义的标志是 2016 年 9 月二十国集团领导人杭州峰

会通过的《二十国集团数字经济发展与合作倡议》文件，指出："数字经济是指以使用数字化的知识和信息作为关键生产要素、以现代信息网络作为重要载体、以信息通信技术的有效使用作为效率提升和经济结构优化的重要推动力的一系列经济活动"。2019 年 10 月，国家数字经济创新发展试验区启动会在浙江乌镇举行，会议发布的《国家数字经济创新发展试验区实施方案》，是为了国家数字经济创新发展试验区建设而制定的方案。2020 年 7 月，中华人民共和国国家发展和改革委员会等 13 个部门联合发布了《关于支持新业态新模式健康发展 激活消费市场带动扩大就业的意见》，旨在支持新业态新模式的健康发展，激活消费市场带动扩大就业，打造数字经济新优势。2022 年 1 月，中华人民共和国国务院发布的《"十四五"数字经济发展规划》，明确了"十四五"时期推动数字经济健康发展的指导思想、基本原则、发展目标、重点任务和保障措施。

6.1.1　数据治理面临的挑战

数字经济作为引领全球未来的新经济形式，正在逐步渗透和扩散到各行各业，改变传统的生产方式和管理模式，对产业结构升级产生了深远影响。从数字经济面临的风险挑战和实际问题出发，为数字经济长远发展谋划，需要意识到数字经济与数据治理相伴而行，数据治理是为数字经济发展保驾护航的，适应数字时代的现代化治理体系和治理能力是数据治理的根本所在。数据治理的任务是：建立一套适合和有利于数字经济和社会治理发展的新规则和新范式。如今，数字经济具有创新性强、渗透性强和覆盖面广等特点，不仅是新的经济增长点，也是改造和完善传统产业的支点。因此，数据治理在很多方面都面临着多重复杂的挑战和关系。

当今数据治理所面临的挑战如下。

（1）治理范围日益扩大。现如今信息基础设施已经逐渐成为公共基础设施，国家与民众经济的各个角落都离不开数字经济，当全球数十亿人享受信息技术带来的服务时，个人信息保护和数据治理等问题成为各国关注的重点，因为它们几乎已经渗透到国民经济的各个角落，这些问题涉及人民的自身利益，覆盖面广、影响力强，客观上要求政府及时回应公众需求，随时接受社会监督。

（2）现行国际治理体系面临着数字化转型带来的巨大挑战。数据治理在数字化转型背景下，以数字化世界为对象，以构建融合信息技术与多元主体参与的开放多元的新型治理模式、机制和规则为目的，涵盖了国家、社会、机构、个体及数字技术、数据治理的复杂系统工程。数据治理包含两方面含义：一是数字化的治理，以数字化转型为背景，采取有效战略和措施保证数字化转型的实施效果和价值最大化；二是治理的数字化，利用信息技术平台、工具等对现行治理体系实施数字化转型。

（3）信息技术发展带来的诸多挑战。用于数据处理的处理器技术发展迅速，但数据处理的基础理论和冯·诺依曼体系结构并未发生本质性改变。目前，高端芯片、操作系统及工业设计软件等均有技术上的发展瓶颈，其中计算系统的渐进式发展模式所带来的数据处理能力的线性提升，已远远落后于数据的指数级增长，可以预判，随着时间推移，数据处理需求与能力之间存在的差距还会不断扩大。

（4）治理难度不断增加。新兴产业层出不穷，使数据种类急剧增多，复杂程度大大增加，现有的监管平台、数据治理技术、信息技术和数字税收等系统，在面对极其复杂的数据时往往也是难以入手的。在具体数据治理的实施方面，对于数据产权定义困难、应用场景多变、参与者多方、动态流向监管困难和生命周期复杂等新问题，很难遵循工业时代的治理思维和治理方法。

（5）完善数字安全法律底线。完善数据治理体系，各国需要建立法律法规底线和完善的制度，实现数字经济治理体系和治理能力的现代化，虽然数字经济带来的安全问题是动态变化的，但是法律法规底线是不变的。

6.1.2　我国数据治理现状及规划

中共中央政治局就推动我国数字经济健康发展进行了第三十四次集体学习：习近平指出："要完善数字经济治理体系，健全法律法规和政策制度，完善体制机制，提高我国数字经济治理体系和治理能力现代化水平"。由于经济社会与信息技术耦合程度越来越高，特别是在数字产业化和产业数字化的蓬勃发展过程中，数字与经济加速融合，相应的数据治理问题越来越多，并且数据治理的复杂程度也远超以往，所以传统的治理体系、机制与规则难以适应数字化发展所带来的变革，无法有效解决数字平台崛起所带来的市场垄断、税收侵蚀、安全隐私和伦理道德等问题，需要尽快构建数据治理体系，数字经济治理无疑是数据治理体系的核心内容之一。

"十三五"期间，我国深入实施数字经济发展战略，不断完善数字基础设施，加快培育新业态新模式，在推进数字产业化和产业数字化方面取得了积极成效。2020 年，我国数字经济核心产业的增加值占我国生产总值（GDP）的 7.8%，数字经济为经济社会持续、健康发展提供了强大动力。在中央网络安全和信息化委员会印发的《"十四五"国家信息化规划》中指出："'十四五'时期，信息化进入加快数字化发展、建设数字中国的新阶段"。明确了"十四五"时期数字经济发展的主要指标，其中包括，到 2025 年末，数字经济核心产业增加值占 GDP比重增至 10.0%，IPv6 活跃用户数达 8.0 亿户，千兆宽带用户数逾 6000 万户，工业互联网平台应用普及率大幅增至 45.0%。"十四五"时期数字经济发展的主要指标如表 6-1 所示。

表 6-1　"十四五"时期数字经济发展的主要指标

"十四五"时期数字经济发展的主要指标		
指标	2020 年	2025 年
数字经济核心产业增加值占 GDP 比重/%	7.8	10.0
IPv6 活跃用户数/亿户	4.6	8.0
千兆宽带用户数/万户	640	6000
软件和信息技术服务业规模/万亿元	8.14	14.0
工业互联网平台应用普及率/%	14.7	45.0

续表

"十四五"时期数字经济发展的主要指标		
指标	2020 年	2025 年
全国网上零售额/万亿元	11.76	17.0
电子商务交易规模/万亿元	37.21	46.0
在线政务服务实名用户规模/亿户	4	8

数据治理体系的构建是一个长期迭代过程，其中，推进数据管理系统建设是重中之重。数据管理系统涉及国家、行业和组织 3 个层次，包含共享与开放、安全和隐私保护、数据资产状态建立、管理制度和机制等内容，需要从系统标准、法规、规范和应用实践，以及配套技术等多方面提供支持。当前，我国仍面临大数据核心技术受制于人的困境，高端芯片、操作系统和工业设计软件等均是我国的短板，需要坚定不移地走自主创新之路，加大力度解决自主可控的问题，采取多措施提高我国的数据治理能力。

（1）加强顶层设计，加强政策制定的部署和实施。

构建规范有序的数据治理体系，要做好顶层设计，把握发展与治理的平衡，建立立体化、全方位和多层次的监管治理体系，实现政企与政企、政企与个人的有效结合与良性互动，促进市场与政府的有效结合。数字化经济发展涉及大量领域，需要各部门协调合作，实现各行业研发、生产、销售和应用全过程的开发与治理一体化。

（2）完善法治体系，打造健康有序的发展环境。

在数字化发展进程中，要不断完善法制，尤其完善新技术应用监督法制，针对发展中出现的问题，及时制定配套的法律法规，促进行业健康发展；加快标准体系制定，及时出台产业技术发展标准，加快产业联合，构建完整的产业链；建立数字技术应用审核机制，健全安全评估和审核流程，有效规避可能存在的风险；完善伦理规范，开展人工智能和无人驾驶等新技术伦理基础的研究，加快建立科学有序的技术伦理治理体系。

（3）增强技术保障，构建安全高效的治理体系。

新技术的不断升级演进，对数字化发展治理提出了更高要求，具体表现为：①进一步加强技术在监管治理中的探索和应用，正确处理开放与自主、管理与服务、安全与发展的关系，强化技术治理水平；②加强网络安全体系建设和保障能力，发展网络安全领域相关技术，在互联网、人工智能和 5G 安全等领域重点投入；③完善网络安全监测、预警和应急处置机制，构建安全开发和技术管理体系。

6.1.3　数据安全治理

1. 数据安全治理概念

数据作为重要的生产要素，安全地位不断提升。2021 年全国人民代表大会常务委员会正式颁布了《中华人民共和国数据安全法》，标志着数据安全在国家安全体系中的重要地位得到了广泛认同。发展数字经济、加快数据要素市场的培育和发展，必须高度重视数据安全和数据安全治理。数据安全治理的概念可以理解为：在组织制定的数据安全策略的指导下，为保证数据的有效保护和合法使用，由多个部门协作实施的一系列活动，具体包括构建数据安全人才梯队；制定数据安全相关法规和规范；建立组织数据安全治理团队；构建数据安全技术体系等。数据治理的目的是：以促进数据开发利用和保障数据安全为原则，围绕数据全生命周期构建相应的安全体系，治理过程中需要组织多个利益相关方，平衡数据安全与发展、齐心协力、统一共识。

2. 数据安全治理要点

数据安全治理要点包括以下 3 个方面。

1）以数据为中心

数据的高效开发和利用，涵盖了数据采集、传输、存储、使用、共享和销毁等全生命周期的各个环节。由于各个环节中数据的性质差异，使数据安全威胁和风险差异增大，因此必须构建以数据为中心的安全治理体系，根据具体业务场景和每个生命周期阶段，有针对性地识别和解决以数据安全为防范风险的安全问题。

2）多元化主体共同参与

安全治理必然涉及多个主体共同参与，只靠一方面力量难以胜任该项工作。从国家和社会角度看，面对数据安全领域的诸多挑战，政府、企业、行业组织乃至个人都需要发挥各自优势，密切合作，承担数据安全治理的主体责任，携手共进，打造符合数字经济时代要求的协同治理模式。

3）兼顾应用与安全

数据安全治理不只强调数据的绝对安全，不能因为安全而影响到数据应用，需要兼顾应用与安全，使两者平衡。随着我国数字化建设的快速发展，无论是政府部门还是企业，都积累了大量的数据，在数字经济时代的应用场景中，数据只有在流动中才能充分体现和发挥其价值，要在保障数据安全的前提下促进数据流动，因此需要辩证地看待数据安全治理。《中华人民共和国数据安全法》中提出"坚持以数据开发利用和产业发展促进数据安全，以数据安全保障数据开发利用和产业发展"。

3. 数据安全治理核心内容

数据安全治理的目的是：为了数据在流动过程中更安全，平衡数据发展与数据安全，结合数据安全治理要点，建立适用于我国国情的数据安全建设的体系化方法论。数据安全治理的核心内容如图 6-1 所示。

（1）需求覆盖包括数据保护、安全合规和敏感数据管理。

（2）核心技术包括数据加密、访问控制、风险评估、差分隐私和数据脱敏。

（3）治理步骤包括安全采集、识别与梳理、分类分级、安全授权、安全使用及安全销毁。

（4）安全框架包括人员组织、治理体系和技术支撑。

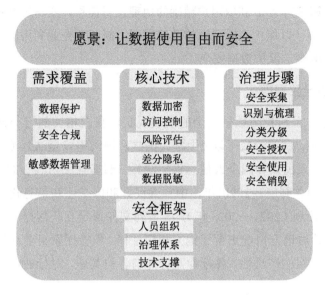

图 6-1　数据安全治理的核心内容

6.1.4　数据安全治理现状

1. 国外数据安全治理现状

目前，各国不断优化数据安全的相关政策，重点是加强数据安全顶层设计。欧洲数据保护监管局发布了《欧洲数据保护监管局战略计划（2020—2024）》，旨在从行动和协调两个方面继续加强数据安全保护，以保护个人隐私。美国发布的《联邦数据战略与 2020 年行动计划》，确立了保护数据完整性、确保流通数据真实性、数据存储安全性等基本原则，并强化数据及个人信息保护方面的相关立法。2020 年欧盟发布的《为保持欧盟个人数据保护级别而采用的数据跨境转移工具补充措施》，为数据跨境流动中的数据保护问题提供了进一步指导。加拿大出台的《数字宪章实施法案 2020》，提出了保护私营部门个人信息的总体框架。日本和新加坡分别完成了对本国《个人信息（数据）保护法》的修订，明确了个人数据权利及第三方使用限制。

各国正在建立和完善数据安全监督执法机构，通过完善数据安全监督执法机构，提高执法效率，加强数据安全保护治理，其中，美国商务部成立了提供联邦数据服务的咨询委员会，用于加强对联邦数据隐私的保护。德国成立了国家网络安全机构，通过开展网络安全创新项目，应对网络威胁，以加强德国的"数据主权"。俄罗斯的个人数据保护由俄罗斯联邦数字发展、通信与大众传媒部负责，致力于加强俄罗斯个人数据的安全。

为进一步保障数据安全，各国企业都在加快研究数据安全保护技术手段，积极响应当地政策。从数据运营管理、数据通道和数据来源等方面入手，运用访问控制和差异化隐私等技术手段加强数据安全保护，构建具有鲜明数据安全保护特色的技术框架。例如，Facebook 基于开源差分隐私库，加强对人工智能训练样本隐私性的保护；苹果公司通过模糊定位技术，限制第三方 App 获取用户精确的地理位置信息；亚马逊推出阻止用户敏感信息泄露的 Macie 服务，以保护企业云端的敏感数据；新西兰企业利用区块链技术，实现数据加密传输和追踪溯源，保护数据安全。

2. 我国数据安全治理现状

结合国外治理体系和我国数据安全的发展现状，我国相关部门一直积极推进数据安全政策的制定和实施，目前形成了以《中华人民共和国网络安全法》、《中华人民共和国数据安全法》和《中华人民共和国个人信息保护法》三部基础法为核心的法律架构，并且基于上述基本法制定相关制度。2020 年，中华人民共和国工业和信息化部发布了《工业互联网创新发展行动计划（2021—2023 年）》等系列文件指导互联网行业的网络数据安全标准化工作。各省市针对地方情况出台了地方相应法律，积极探索目前数据安全和数据跨境等问题，针对数据应用的广泛性，各行业监管部门各司其职，对行业内的数据进行管理和保护。

数据安全监管机制已初步明确，从各部门分散监管向中共中央网络安全和信息化委员办公室统一监管转变，公安机关和行业主管部门各司其职。中华人民共和国公安部、国家市场监督管理总局和中华人民共和国工业和信息化部等部门也在移动应用数据安全保护和数据反垄断等领域开展了一系列监管工作。此外，为了夯实数据安全监管基础，《中华人民共和国数据安全法》进一步明确了各监管部门的监管范围和基本职责。

虽然我国数据安全监管体系不断完善，但是数据安全治理仍存在国际合作不足、科技自主创新能力薄弱和立法体系不完善等问题，上述问题显然与维护我国国家安全和数据安全的实际需求不符。为了更好地发挥数据安全在维护国家安全中的积极作用，在我国数据安全立法中，要进一步突出国家安全总体观的立法指导思想，厘清国家安全与数据发展的辩证关系，构建科学完整的数据安全法律体系。在数字经济背景下，要以尊重数据主权为前提，积极推动国际社会的数据安全，在全球数据发展和安全方面达成共识。如何建立开放共享的机制和标准、使数据能在国际范围流通，成为全人类共享的信息技术成果，是未来急需面对和解决的共同问题。

6.1.5　数据全生命周期治理

数据全生命周期是描述数据资产的管理过程。2021 年 7 月由中国信息通信研究院发布的《数据安全治理实践指南（1.0）》中指出"数据安全治理应围绕数据全生命周期展开，以采集、传输、存储、使用、共享、销毁各个环节为切入点，设置相应的管控点和管理流程，以方便在不同的业务场景中进行组合复用"。数据全生命周期流程如图 6-2 所示。

数据全生命周期安全涉及数据采集安全、数据传输安全、数据存储安全、数据使用安全、数据共享安全，以及数据销毁安全六方面的内容。

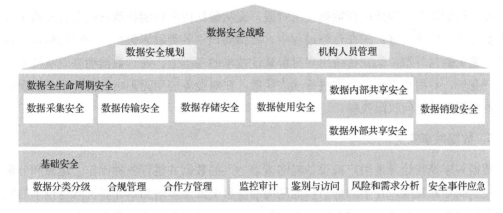

图 6-2　数据全生命周期流程

1. 数据采集安全

数据采集是数据分析的基础，没有数据分析就没有对象。数据采集安全是指为确保在系统内部生成新数据，或者从外部收集数据的过程中，为保证此过程的合法、合规及安全性，所采取的一系列保障措施。数据采集的关键环节包括明确负责数据采集安全工作的团队及职责；采集数据源的可信管理、身份鉴定和用户授权；数据采集设备的安全保证，如访问控制、安全加固等；涉及个人信息和重要数据的业务场景，要在采集前进行安全性评估；采集过程的日志记录及监控审计；设计数据采集工具；采集过程中，对敏感数据进行识别并防泄露。

2. 数据传输安全

数据传输是指按照一定规则，将数据从数据源传输到数据接收端，作用是实现点与点之间的信息传输与交换。一种好的数据传输方式可以提高数据传输的实时性和可靠性。目前，主要数据传输系统通常由传输信道和信道两端的数据发送和接收设备组成。传输信道可以是一条专用的通信信道，也可以由数据交换网、电话交换网或其他类型的交换网络来支持。数据传输系统的数据发送和接收设备是移动终端或计算机，统称为数据终端设备，数据信息一般是字母、数字和符号的组合。

3. 数据存储安全

数据存储对象包括数据流在加工过程中产生的临时文件或加工过程中需要查找的信息。数据以某种格式记录在计算机内部或外部存储介质上。通过使用数据存储空间，用户可在设备上保存数据，通过计算机指令从存储设备中抽取数据，无须手动将数据输入计算机。目前，企业和用户都需要数据存储，以满足复杂的计算需求。在数据治理过程中需要庞大的数据存储量，以防止因灾难、故障或欺诈而导致的数据丢失。因此，为避免数据丢失，通常也使用数据存储作为备份解决方案。

4. 数据使用安全

虽然数据在使用过程中能发挥价值，但数据在使用过程中的流动性特征，极易导致数据泄露事件的发生。因此，在数据使用阶段，应从数据内容识别和数据权限管控两个方面实施数据安全防护措施：①在传输过程中，要精确识别各类敏感数据，及时切断数据传输通道，避免数据外泄；②在传统用户身份认证技术的基础上，通过数据动态脱敏技术，根据用户身份，对用户查询的数据进行动态脱敏，在对业务应用无影响的条件下，实现基于"身份-数据"的访问权限控制。

5. 数据共享安全

数据共享是指让异地用户或设备能够读取他人的数据并进行各种操作、运算和分析。信息技术的不断发展，使不同部门和地区间的信息交流逐步增加，计算机网络技术的发展为信息传输提供了保障，同时在网络上出现的大量空间数据，应该合理应用、安全共享。通过数据共享可以使更多人更充分地使用已有的数据资源，减少资料收集和数据采集等重复劳动，节省人力和物力。

6. 数据销毁安全

大数据时代来临，使数据量急剧增长。从价值成本角度考虑，部分数据的有用性超出了业务时效性或由于使用价值不高，这类数据无须一直保存，数据销毁是必选环节。对于数据销毁，企业应该有严格的管理制度，建立数据销毁审批流程，并制作严格的数据销毁检查表。只有通过数据销毁检查表检查，并通过流程审批，相关数据才能被销毁。

数据全生命周期治理是一种基于管理信息系统数据在全生命周期内的策略方法，在全生命周期内的流动过程中进行数据治理，从创建和初始的数据采集，到数据最终过时被删除销毁，即某些集合数据从获取到销毁的过程。数据全生命周期治理的目标通常包括：

（1）建立高效的治理系统，用于保存最有价值的数据。

（2）在全生命周期治理过程中降低数据维护成本。

（3）通过安全手段保证应用，提供数据访问安全保障。

（4）有效降低数据的安全风险。

（5）针对数据本身提高数据质量。

6.2　数据安全治理体系

6.2.1　数据安全治理体系架构

数据安全治理体系架构以数据资产管理、数据安全标准规范和数据安全标识技术为基准，依托安全标识生成、编码、绑定和保护等技术手段，涉及数据采集、传输、存储、使用、共享和销毁等生命周期处理过程。数据安全治理体系架构包括三方面：人员组织体系架构、治理制度体系架构和技术支撑体系架构。

（1）人员组织体系架构：为确保数据安全治理的高效执行、稳定性和连续性，承担系统决策、建设、执行和监督等功能，数据安全治理需要成立专门的安全治理组织和团队。数据安全治理体系架构应与数据安全治理组织和团队的内部结构相匹配，可分为决策层、管理层、执行层和监督层四个层次。

（2）治理制度体系架构：包括操作程序、政策规范、实施指南和标准要求等，以维护公共利益和严肃内部纪律，并要求治理利益相关者严格遵守。

（3）技术支撑体系架构：基于数据安全识别技术、数据全生命周期安全管控、数据资产综合管理、数据安全审计等技术，为数据安全治理体系提供技术支持。

数据安全治理体系架构如图 6-3 所示。

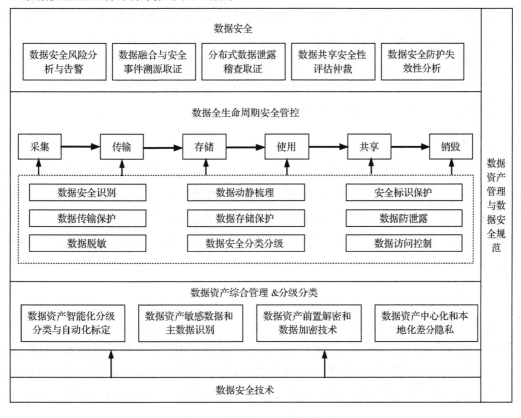

图 6-3　数据安全治理体系架构

6.2.2　人员组织体系架构

企业或组织内部需要成立数据安全治理小组，制定对数据进行分类、分级、保护、使用和管理的原则、策略和实施过程。数据安全正日益变成企业或组织生死攸关的重要问题。小组的组织架构包括决策层、管理层、执行层和监督层，以及所有与数据安全有关部门的人员代表。小组成员包括主管副总裁和董事会成员等高级管理人员。数据安全治理小组人员组织体系架构如图 6-4 所示。

图 6-4　数据安全治理小组人员
组织体系架构

1. 决策层

决策层负责对企业或组织开展和实施的数据安全治理的体系目标、范围和策略等进行决策。成员包括企业或组织内主管数据价值实现的最高负责人(首席运营官、首席战略官等)和信息安全方面的最高负责人(首席信息官、首席信息安全官等),甚至可以考虑由负责推动企业或组织数字化转型的高层领导出任决策层的组长。

2. 管理层

管理层一般由信息安全部门或专门的数据安全管理部门的人员组成,负责数据安全治理体系的建设、培训和运营维护工作。在数据安全治理启动建设早期,管理层需要牵头对企业或组织现有的数据资产进行梳理,向业务运营、数据分析等数据使用部门充分了解与数据安全有关的业务需求,分析及评估安全威胁和潜在风险,并详尽调研各政策、法律、标准和规范中的数据安全的合规要求,根据企业或组织的风险承受能力和财务预算,规划和起草适宜自身的数据安全操作规程等制度文档。

3. 执行层

执行层一般由业务部门和运维部门的人员组成,包括数据的使用者、管理者、维护者和分发者等,同时也是数据安全策略、规范和流程的重要执行者和管理对象。在数据安全治理启动建设早期,执行层负责协助管理,深入理解企业或组织在业务开展过程中的各种数据安全需求;对管理层提出的规程和方案的可行性和可操作性进行科学评估和技术分析,并将结果反馈给决策层,利于决策层做出适用于本企业或组织的合理性决策。

4. 监督层

监督层通常由企业或组织内的审计部门承担,负责定期对数据安全方面的制度、策略和规范等执行情况考查与审核,并将结果汇报给决策层。设立监督层的目的是:具有独立性,确保其审计、核查工作不会受到其他层面的干扰,特别是管理层和执行层的相关利益或动机的影响和干扰,保证企业或组织能够及时发现执行过程中遇到的问题和面临的风险。

6.2.3　治理制度体系架构

治理制度是单位和个人共同遵守、按一定程序办理的数据管理行动准则。依据数据安全治理小组组织体系架构在决策层、管理层、执行层和监督层四个层面的划分,以及对应的数据管理制度框架体系,在授权决策次序上划分为政策、规定和其他细则三个梯次,规定在数据管理和数据应用领域的职能目标、行动原则、任务范围和行动方式,并规定相应的工作步骤和具体措施等。由于不同维度的数据在价值上各不相同,且对于国家利益、社会利益和个人利益有不同程度的影响,因而数据安全治理首先需要实施数据的分类和分级保护,避免重要数据泄露和损毁所带来的影响,造成对国家安全和社会安全的严重危害。

数据安全相关制度和流程一般从数据安全风控要求、法律法规合规要求和业务数据安全要求等方面进行梳理，从而确定具体标准、管理策略、目标、规范和流程。数据安全管理体系文件一般分为四级。

（1）一级文件是决策层定义的面向组织的数据安全管理方针、目标和基本原则。

（2）二级文件是管理层根据一级文件制定的详细的管控策略，包括通用管理方法、制度和标准。

（3）三级文件一般由管理层和执行层根据二级文件，以及各业务、各环节的具体操作指引和规范确定，包括完成工作所需的操作步骤和指南。

（4）四级文件是辅助文件，指在具体制度实施过程中产生的各类表单，一般包括清单列表、日志文件、工作计划、审计记录和申请表等内容。

治理制度体系架构如图 6-5 所示。

图 6-5　治理制度体系架构

6.2.4　技术支撑体系架构

技术工具是支撑数据安全治理体系建设的能力基础，也是落实各项安全管理要求的有效手段。基于数据安全治理体系架构和具体的应用场景，构建完善的技术工具，有助于系统解决数据全生命周期各个阶段的安全风险。技术支撑体系架构如图 6-6 所示。

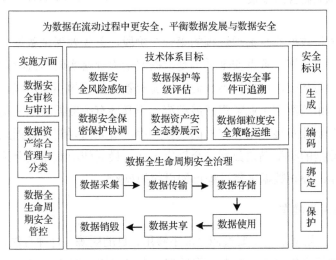

图 6-6　技术支撑体系架构

技术支撑体系架构以治理技术、数据安全标准规范和数据资产管理为基准,围绕数据采集、传输、存储、使用、共享和销毁等全生命周期处理过程,依托安全标识生成、编码、绑定和保护等技术手段,从数据安全审核与审计、数据资产综合管理与分类和数据全生命周期安全管控三个方面实施。技术支撑体系架构的目标是:实现数据安全风险感知、数据保护等级评估、数据安全事件可追溯、数据安全保密保护协调、数据资产安全态势展示和数据细粒度安全策略运维,为加快形成应用创新能力和数据资源层提供技术支撑。

6.3　数据安全治理流程

数据安全治理流程通常分为七个步骤,分别是数据安全采集、数据安全识别与梳理、数据分类分级、数据安全授权、数据安全使用、数据安全销毁及数据安全认责,其中,数据安全认责贯穿于整个数据安全治理流程,无论在数据安全治理哪个阶段出现问题,都要对该阶段的数据安全治理人员进行追责。数据安全治理总体流程图如图6-7所示。

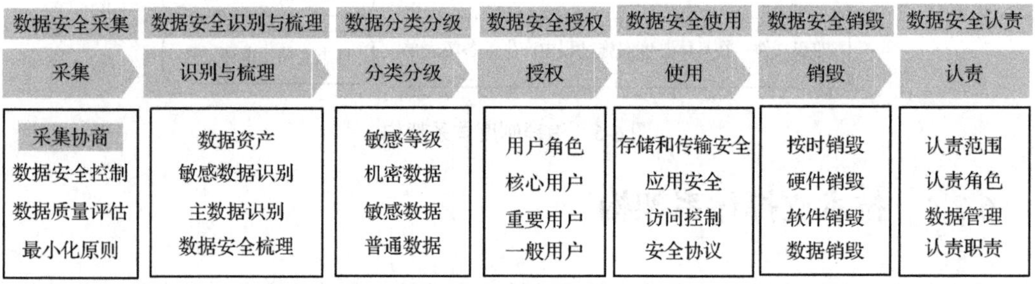

数据安全采集	数据安全识别与梳理	数据分类分级	数据安全授权	数据安全使用	数据安全销毁	数据安全认责
采集	识别与梳理	分类分级	授权	使用	销毁	认责
采集协商 数据安全控制 数据质量评估 最小化原则	数据资产 敏感数据识别 主数据识别 数据安全梳理	敏感等级 机密数据 敏感数据 普通数据	用户角色 核心用户 重要用户 一般用户	存储和传输安全 应用安全 访问控制 安全协议	按时销毁 硬件销毁 软件销毁 数据销毁	认责范围 认责角色 数据管理 认责职责

图 6-7　数据安全治理总体流程图

6.3.1　数据安全采集

数据安全采集是数据安全治理过程的第一个阶段,首先要保证数据来源的安全性,并采取必要的安全管理措施。数据安全采集是数据安全治理落实的基础阶段,也是后续数据安全治理工作的重要基础,重要性不言而喻。随着数字经济的不断发展,与数据相关的技术应用不断涌现,相关数字企业紧跟发展潮流,正开展有关数据安全采集的研究。为了加强数据安全采集在企业发展与指导方面的积极作用,首先需要制定数据采集相关操作;然后根据需要采集数据的类型确定数据安全采集方法;最后使用数据安全采集方法,并结合数据采集相关操作,控制数据采集过程可能引起的风险。

1. 数据采集相关操作

(1)采集协商:数据采集主要按照"最小够用、目的明确、合理合法、权责一致"的原则与数据所有者进行采集协商,并在征得数据所有者自愿及明确授权后进行采集操作。

(2)采集安全控制:主要对软、硬件工具涉及的设备、接口、平台、数据采集环境和技术采取必要的测试、认证和鉴定权限等措施，保证数据采集的一致性和合规性。同时，应注意采集方式的可实施性、客观准确性和安全性等，避免由于采集方式不当对平台应用服务和工业生产经营等造成影响甚至破坏。

（3）外部数据源识别：主要通过建立完善的白名单和黑名单数据库，对平台外部数据源的有效性、安全性和真实性进行识别，避免采集来源不明的数据。

（4）源数据安全检测：主要采用数据安全事件挖掘、网络流量监控和恶意代码检测等技术手段，对源数据进行深度安全检测，有效检测和降低数据采集的安全风险。

（5）数据质量评估：通过重复逻辑错误检测和对象检测等技术手段，验证采集数据的可用性、有效性、完整性、唯一性、一致性和准确性，确保采集数据的质量安全。

（6）最小化原则：只采集与业务相关的信息数据，避免过度采集。

2. 安全采集方法

（1）加密：在保护数据采集前端和采集传输路径方面，对等级为秘密级以上的数据采用加密措施，包括应用层加密、前置加密和数据库加密等，但不限于以上措施。

（2）完整性：在数据采集前后采取校验码等技术对数据的完整性进行校验，包括但不限于数字签名、文件大小比对和人工复验等方法。

（3）匿名：采集数据面临采集、传输及存储过程中涉及需要对外展示的情况时，要对数据进行匿名模糊，包括但不限于数据遮蔽、泛化和假名化等方式。

（4）审计日志：数据采集的整个过程都应提供采集操作的日志记录，日志记录的内容包括但不限于日期、时间、操作类型（动作）、主体（操作者）、客体（被操作对象）和状态等，以便对违规操作进行溯源。

（5）断网自动保护：在采集过程中，若遇到通信中断或系统异常等原因导致的采集过程中断，需要将已采集的数据临时缓存于采集前端设备，保证一段时间内继续对数据进行采集且系统不丢失数据，待通信或系统恢复后，自动续传采集数据。

3. 数据采集风险把控

在数据采集过程中，要结合数据采集相关操作及方法，对采集过程进行风险把控，把控内容至少包括：

（1）采集过程满足合规要求：是否有采集协商和外部数据审核等相关采集操作，采集的数据是否最小化等。

（2）采集过程安全要求：是否采用了加密、完整性校验、匿名、日志和断网保护等措施。

（3）保证与采集相关的其他工作的稳定实施。

上述数据安全采集过程中涉及包含个人信息及公共数据在内的数据，要根据相关法律法规对个人信息及公共数据安全提出隐私保护要求，防止个人信息及公共数据被滥用，采集过程应获得信息主体授权，并依照法律法规、行政规定和用户约定，在此基础上处理相关数据。另外，在满足相关法律法规的前提下，从数据应用和安全保护角度，在二者之间寻找适度的安全平衡。

6.3.2　数据安全识别与梳理

采集的数据可能分散在众多地方，企业应进行数据识别与梳理处理，其中，数据识别主要是识别哪些为主数据，无效的数据不采集或不处理，从而保证处理效率。数据梳理是数据安全治理的基础，通过对数据进行梳理，可以确定敏感性数据及主数据在系统内部的分布，确定当前账号和授权状况，目的是确保敏感数据的安全使用。制定合理合规的梳理方案，可预测风险和评估异常行为，避免安全事件，避免泄露或破坏核心数据。识别技术主要用于主数据识别和数据安全梳理。

1. 主数据识别

相关企业和政府部门产生的数据数量庞大、种类繁多，不可能对所有数据资源都进行梳理和分析，我们认为有价值的数据是主数据，主数据是企业具有极高价值的数据资产，不论使用何种方法识别和梳理，主数据都是重点安全治理的对象，应优先实施。

在识别主数据之前，首先要确定核量标准，以及如何从特征上判定数据是否为主数据。

（1）业务价值：主数据包含丰富的业务价值。

（2）数据共享性：主数据一般是不同业务部门之间、不同业务系统之间高度共享的数据，若数据只在一个系统内使用，并且将来不会共享给其他系统时，一般不会作为主数据管理。

（3）实体独立性：主数据通常是不可拆分的数据实体，如产品、客户等，是所有业务行为和交易的基础。

（4）识别唯一性：在组织范围内的同一主数据要求具有唯一的识别标志，如物料、客户等，都必须有唯一编码。

（5）相对稳定性：与用户交易的数据相比，主数据一般相对稳定，且变化较少。需要指出的是，变化频率低，并不代表一成不变。例如，用户的商户名称发生变更，会导致商户主数据发生变化；公司人员离职，或者岗位调动，会导致人员主数据发生变化等。

（6）长期有效性：主数据一般具有较长的生命周期，需要长期保存。

主数据识别通常分为4个步骤。

（1）制定主数据识别的相关指标。

（2）基于主数据识别，构建评分体系，确定各指标权重。

（3）根据业务调研和数据普查结果，确定主数据的参评范围。

（4）依据评分标准，识别用户主数据。

2. 数据安全梳理

在数据存储系统或其他运行系统中，将数据分为静态数据和动态数据，静态数据一般在一段时间内不会变化，且不随系统运行而变化；动态数据在系统应用中会随系统运行的变化而改变。根据数据存储系统中静态数据和动态数据的区别，数据梳理过程可分为静态梳理和动态梳理，静态梳理是基于端口扫描和秘密记录扫描方式完成敏感数据存储分布情况、数据存储管理系统的漏洞状况和安全配置状况的，从而帮助安全管理人员掌握系统的数据资产分布情况；动态梳理是基于对数据存储系统网络流量的扫描，实现对系统中敏感数据的存储分布、敏感数据的系统访问状况、敏感数据的批量访问状况及敏感数据的访问风险的梳理的。

1）数据划分

在静态梳理和动态梳理的过程中，依据数据是否使用统一结构表示，把数据分为结构化数据和非结构化数据。

（1）结构化数据又称定量数据，是可以用统一结构或数据表示的信息。结构化数据具有明确的联系，这些数据运用起来十分方便，典型的结构化数据为数据库中的表数据，有清晰的模型定义和数据属性定义。一般结构化数据会统一做遮蔽处理，所以在可挖掘价值方面相对较差。

（2）非结构化数据泛意指结构化数据之外的一切数据，不符合任何预定义模型，因此通常被存储在非关系数据库中。非结构化数据是文本属性或非文本属性，人为和机器都可以产生。非结构化数据是具有可变字段的数据，没有明确的数据格式，或者数据格式很粗糙，不便用数据库的二维逻辑表表示。非结构化数据的数据格式通常有 HTML、音视频、文本、图像和各种报表信息等。

2）静态梳理

对于非结构化数据，可以通过磁盘扫描技术，根据预定义数据特征，扫描 DOC、XLS、CSV、XML、PDF 和 HTML 格式的文件，获取这些文件所包含信息的级别和类别。

对于结构化数据梳理，可以通过静态扫描技术获得数据的基本信息。

（1）通过端口扫描和特征发现，可以获得系统网段中存在的数据库列表和分布式 IP 地址，从而获得数据库资产列表。

（2）根据所定义的企业内不同敏感数据的特征，以及预先定义的数据类别和级别，通过对表中数据进行采样匹配，可以获得不同列、表和库中数据所对应的级别和类别。

3）动态梳理

动态梳理分为结构化数据访问的网络流量和非结构化数据访问的网络流量。结构化数据访问的网络流量主要是对各种 MPP、RDBMS、NOSQL 数据库的通信协议的流量监控；非结构化数据主要用于监控和解析 Mail、HTTP、FTP 等协议。通过动态梳理技术可以获得敏感数据和主数据的基本信息。

（1）数据所来源的主机 IP 地址（或数据库主机）。

（2）访问该数据的主要 IP 地址（业务系统或运维工具）有哪些？

（3）业务系统访问，包括对语句、操作类型、流量和时间等敏感数据的访问方法。

（4）运维人员对操作日志、IP 地址和用户访问记录等敏感数据的识别记录。

6.3.3　数据分类分级

数据分类分级在数据安全治理过程中极其重要，原因是：数据分类分级是数据重要性的直观展示，是编制组织内部管理制度的依据，是实施技术支持体系的依据，也是组织内部合理分配力量和精力的基础依据。针对数据的运维流程，数据分类分级起到了承上启下的作用，承上主要是指岗位职责、运维体系和保障措施等方面的管理制度都需要根据数据分类分级有针对性地编制；启下是指在这种模式下，根据不同的数据级别实施不同的安全保护措施。例如，高级数据需要细粒度的规则控制和数据加密，低级数据只需要单向审计即可。

在企业发展过程中，面临数据量的增长和更多维度数据域的不断扩展，为适应日益多样化的数据使用场景和复杂的数据使用维度，根据业务发展要求和监管标准对数据进行分类。数据分类分级在不同行业有不同的标准，甚至同一行业中的不同企业也存在明显差异，差异化数据保护即表现于此。在数据分类分级过程中，首先要建立分类分级原则，在此原则的基础上对数据实施分类分级操作。数据分类原则及分类分级方法如图 6-8 所示。

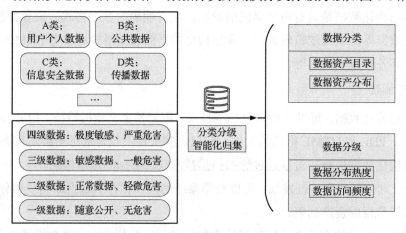

图 6-8　数据分类原则及分类分级方法

1. 数据分类分级原则

数据分类分级按照数据分类管理和分级保护的思路，通常基于以下原则进行划分。

（1）合规合法原则：数据分类分级过程应符合相关法律法规和有关部门的要求，优先对国家或行业有特殊管理要求的数据进行识别和管理，并满足相应的数据安全管理要求。

（2）多维度分类原则：数据分类具有多种视角和维度，可以从利于管理和使用的角度，或者从国家、行业和组织的多使用者角度进行分类。

（3）分级明确原则：数据分级的目的是保护数据安全，各分级的界限要明确，以便对不同级别的数据采取不同的保护措施。

（4）安全性原则：从数据安全控制的角度对数据分类分级。

（5）稳定性原则：依据分类分级目的，选择分类分级对象最稳定的本质特性作为分类的基础和依据，以确保由此产生的分类结果最稳定。

（6）时效性原则：数据级别能根据外界环境变化、动态变化和更新分类分级方法，并通过预留一定的管理和技术储备，应对数据级别变化带来的影响。

（7）就高从严原则：数据分级采用就高不就低的原则定级，若数据集包含多个级别的数据项，则按照数据项的最高级别对数据集进行定级。

2. 数据分类方法

数据分类主要是把具有一些共同属性或特征的数据合并，并通过数据所属类别属性或特征来区分数据。为实现数据共享和提高处理效率，必须遵循约定分类原则，根据信息性质、内容和管理要求，将系统中的所有信息按照一定结构体系划分为不同集合，使每个信息在对应的分类系统中都有相应位置。在此过程中，相同性质或相同内容的信息需要统一管理；不同内容的信息需要分别管理以区分信息，进而确定各集合之间的关系，形成系统分类模型。从行业领域维度，确定待分类数据的数据处理活动涉及的行业领域，在此基础上，数据处理者可采用线分类法对类别进一步细分。数据维度分类标准如表 6-2 所示。

表 6-2　数据维度分类标准

数据维度	具体分类
个人信息分类	个人基本资料：个人基本情况信息，如个人姓名、生日、年龄、性别、民族、国籍和籍贯等
	个人身份信息：个人身份标识和证明信息，如身份证、军官证、护照、驾驶证、工作证、出入证和社保卡等证件信息
	个人生物识别信息：个人生物特征识别原始信息和比对信息，如人脸、指纹、步态、声纹、基因和虹膜等生物识别信息
	网络身份标识信息：网络身份标识和账户相关资料信息，如用户账号、用户 ID、即时通信账号、头像、昵称和 IP 地址等
	个人健康生理信息：个人医疗就诊和健康状况信息，包括病症、住院等个人医疗信息，身高、体温等个人健康状况信息
公共数据分类	政务数据，优先按照国家或当地的电子政务信息目录进行分类，也可参考 GB/T21063.4—2007《政务信息资源目录体系　第 4 部分：政务信息资源分类》等相关电子政务国家标准执行
	若存在公共数据目录，则按照公共数据目录规则进行分类
	若不存在公共数据目录，则公共数据可按照主题、部门或行业进行分类，也可从数据共享、开放角度等进行分类
公共传播信息分类	公开发布信息
	可转发信息
	无明确接受人信息

3. 数据分级方法

数据分级是根据数据的敏感程度和数据遭到篡改、破坏、泄露或非法利用后对受害者的影响程度，按照一定原则和方法进行定义的，本质上是根据数据敏感维度的数据分类。

数据分级更多地要从安全合规性和数据保护的角度出发，根据数据敏感维度，并结合受影响对象和受影响程度这两个要素进行分级。

（1）受影响对象：数据被破坏、非法获取、篡改、泄露及非法使用后，遭到损害的不同对象，损害内容包括国家安全、公共利益、个人合法权益和组织合法权益等。

（2）受影响程度：数据一旦被破坏、更改、泄露、非法获取或非法使用，所造成损害的影响程度，按危害程度从低到高，可分为轻微危害、一般危害和严重危害。

2021 年 12 月全国信息安全标准化技术委员会颁布的《网络安全标准实践指南——网络数据分类分级指引》中，数据分类方法是按照数据一旦遭到篡改、破坏、泄露、非法获取或者非法利用后，对个人、组织合法权益造成的危害程度，将危害程度从低到高分为 1 级、2 级、3 级和 4 级共 4 个级别，数据危害分级规则表如表 6-3 所示。

表 6-3　数据危害分级规则表

安全级别	影响对象	
	个人合法权益	组织合法权益
4 级数据	严重危害	严重危害
3 级数据	一般危害	一般危害
2 级数据	轻微危害	轻微危害
1 级数据	无危害	无危害

6.3.4　数据安全授权

数据安全授权是向通过身份认证的主体（用户、应用等）授予或拒绝访问客体（数据、资源等）的特定权限。从安全意义上，授权原则是默认权限越小越好，满足基本的需要即可。例如，企业员工默认只能查询自己的薪酬数据，只有一定级别以上的主管人员才有权查询其管辖范围内的其他员工的薪酬数据。数据安全授权通常基于不同维度进行，分为基于属性的授权、基于角色的授权、基于任务的授权和动态授权等。

1. 基于属性的授权

基于属性的授权，在规则明确的情况下，应用系统无须建立授权表，将属性授权规则输入访问控制模块即可，个体通过对比属性（或规则），判读自身是否被授权。例如，是否为资源所有者、责任人等，不同对象通过对比，可判断是否拥有权利。常用的属性包括：

（1）用户有权查询、修改和删除个人信息，但无权查询、修改和删除其他用户的个人信息。

（2）允许授权用户操作内容，拒绝非好友访问。

（3）设备负责人有权对其拥有所有权的设备进行运维管理，其他无权限用户则无法对该设备进行运维管理。

2. 基于角色的授权

基于角色的授权是指在应用系统中先建立相应角色，再将具体用户的 ID 或账号等赋予角色身份。用户首先通过成为某种角色，进而拥有该角色所对应的权限。如果用户角色发生变化，不再属于某角色，则对应的权限也会失去。角色典型的应用场景如下。

（1）业务管理员角色。

（2）审计员角色。

（3）审批角色。

（4）非自然人的组织账号。例如，很多公司和机构拥有官方社交网络账号，可将公司官方社交网络账号的维护管理权限授权给某个员工，该员工即可以用官方社交网络账号名义发布信息。

3. 基于任务的授权

基于任务的授权是为保障某项任务能顺利完成而采取的临时授权机制，该授权需要一项正在进行的任务作为前提条件。基于任务的授权场景如下。

（1）在移动或联通公司进行客户服务时，用户拨打客户服务电话，会生成一个工单，客户服务部的员工为了验证呼入用户的身份，或协助用户解决问题，有权获取该工单所对应用户的联系方式或资料。

（2）某员工只能在流程的某一环节查看申请单信息，如在员工个人审批环节能够看到申请单信息，流程处于后续环节时，此员工不能看到该申请单信息。

4. 动态授权

动态授权是指基于专家知识或人工智能的方法，通过计算机技术来判断访问者的信誉度，从而决定是否给予授权。例如，在分析某个连接请求时，若是正常用户，则允许访问；若怀疑是入侵行为或未授权用户抓取网站内容的爬虫，则拒绝访问，或者需要额外的操作（输入验证码等）。

6.3.5　数据安全使用

数据在使用过程中的流动性特征，即数据在多个不同环节或多个用户之间传递，极易造成数据泄露事件发生。数据安全使用是指为保障在组织内部对数据进行计算、分析和可视化等操作，在此过程采取的安全性措施。涉及数据安全使用的保护措施如下。

1. 明确数据安全管理要求，提高数据管控能力

在传统信息管理部门基础上，设立企业数据管理岗位，负责数据安全管理，按照自上而下的管理架构，制定岗位职责和工作流程，认真落实数据安全保护工作计划，确保数据安全管理方针、策略和制度有效实施。根据数据安全使用要求规范，企业应完善数据中心管理机制，建立数据管理中心，制定相应的数据管理细则，建立及完善数据加密标准和数据安全防护管理系统。

2．在数据使用、留存和存储过程中，需要采取必要的安全控制措施，保障用户的数据安全

具体措施包括：

（1）访问数据需要基于身份执行授权、访问控制和审计机制等。

（2）访问控制，防止数据库直接对外开放或存在弱口令。

（3）数据展示的限制性，即部分数据是不能向第三方展示的。例如，口令、用于身份认证的生物特征等；有些数据则需要脱敏展示。例如，姓名、手机号码、地址和银行卡号等，设置数据脱敏时，规则默认敏感数据显示为******或其他符号。

（4）数据对外披露慎之又慎，即数据在披露前，应当采取严格的脱敏、去标识等措施，披露给数据处理者之前应当先进行尽职调查及签署安全协议。

3．生命周期内的安全使用

（1）采集安全：根据数据类型、级别和安全保护标准，在后台数据管理系统中引入相应的保护功能，实现数据使用与保护的无缝对接，提高数据安全水平保护，切实落实数据安全责任制，落实数据分级管理机制。

（2）存储和传输安全：通过密码技术保证数据传输的机密性，可以在不同安全域之间建立加密传输链，直接对数据进行加密，以密文形式传输，从而保证数据安全传播。

（3）应用安全：在数据安全防护方面，除根据安全风险引入拒绝服务、入侵检测、漏洞扫描、设立防火墙和防病毒等安全措施外，还应对访问账号进行统一管理，使原始数据不能离开数据安全域，有针对性地防范数据被盗。

（4）共享与销毁安全：在数据共享方面，不仅需要建立和完善数据管理体系，还需要将安全域应用到数据共享系统中，既能最大限度地满足数据业务的需求范围，又能有效地管理数据共享行为。此外，可以通过软件或物理方式进行数据销毁，以确保存储在磁盘上的数据被永久销毁，无法恢复。

6.3.6　数据安全销毁

数据安全销毁是通过建立针对数据内容的清除和净化机制，实现对数据的有效销毁的，防止因对存储介质中的数据内容进行恶意恢复而导致数据泄露。各单位要根据不同要求，采取不同的数据销毁策略和技术手段。首先确定需要销毁的内容；然后选择需要彻底销毁的数据且无法恢复的有效手段；最后对数据销毁的介质进行检查，防止因对存储介质中的数据内容进行恶意恢复而导致的数据泄露风险。常用的数据销毁手段包括硬盘删除和格式化等，数据销毁的关键流程如下。

（1）明确负责数据销毁安全工作的团队及职责。

（2）根据数据分类分级情况，结合业务场景需要，明确不同的销毁方法及销毁工具。

（3）建立数据账期清单，以确保过期数据按时销毁。

（4）对数据销毁过程进行监督。

（5）对数据销毁效果进行评估。

（6）针对外部共享数据，明确销毁记录并验证。

6.3.7　数据安全认责

数据安全认责是针对整个数据安全治理过程的，认责的原则是"谁生产、谁管理、谁负责"，根据数据责任归属权确定认责对象。数据安全治理要求从源头抓起，数据的生产部门和使用部门都有责任对数据的安全管理负责。数据安全责任要从认责范围、认责职责及认责角色三方面划分，其中以认责角色划分为主原则。数据认责角色关系如图 6-9 所示。

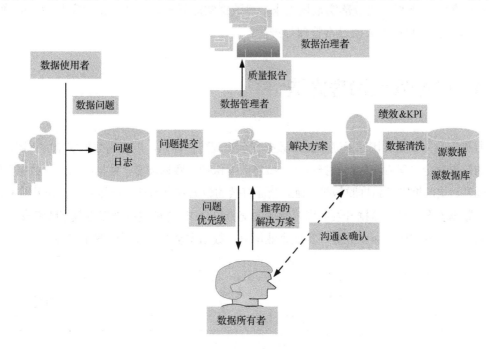

图 6-9　数据认责角色关系

1．认责范围

认责需要明确所做认责的数据范围边界及所做业务的优先级别。首先应根据企业业务战略目标确定业务范围和优先级；其次应确定业务范围，在业务范围内进一步圈定数据范围，包括对一些关键的基础数据（主数据和敏感数据）、指标数据（汇总和分析数据）认责，确定一个数据认责的初始业务范围和数据范围。

2．认责职责

认责职责以数据价值为基础，从数据全生命周期中的数据采集阶段开始逐步开展认责，全生命周期中的每个过程都需要认责，过程中要抓住业务核心重点领域，回归业务的管理部门本源，以"数据管理专员体制制度"为主，建立合理、均衡和清晰的责任制度，落实具体岗位与管理义务，职责与人员匹配。

3. 认责角色

（1）数据使用者：需要了解数据制度、数据规则和标准，遵守和执行数据治理的相关流程，按照相关数据要求使用数据，指出数据质量是否满足要求。

（2）数据所有者：拥有数据的所有法律权利和完全控制权，拥有分配数据使用、解释数据业务规则和含义、执行有关数据管理、数据分类及访问控制最终决策的权利，通常参与的数据所有者也会自动成为数据提供者。

（3）数据提供者：负责按照相关数据制度、规则、业务操作流程和数据标准生产数据，并对生产数据的质量负责，一般数据提供者为数据所有者或数据所有者授权的第三方。

（4）数据管理者：负责落实数据需求，对数据实施管理，保证数据的完整性、准确性、一致性和隐私，并负责数据日常管理与维护。

6.4 数据安全治理方法

数据安全防护需要国家及企业建立数据安全治理防护体系，以提高数据安全的保障能力，常用的数据安全治理方法包括数据识别、敏感数据保护、数据加密、数据匿名化、数据溯源、差分隐私、访问控制及数据脱敏等。建立全面有效的数据安全治理防护体系，有利于国家和企业开展数据安全治理和数据开发利用等领域的交流与合作，能够更好地促进数据跨境安全和自由流动，并能利用数据驱动业务，实现企业增值。数据安全技术体系如图6-10所示。

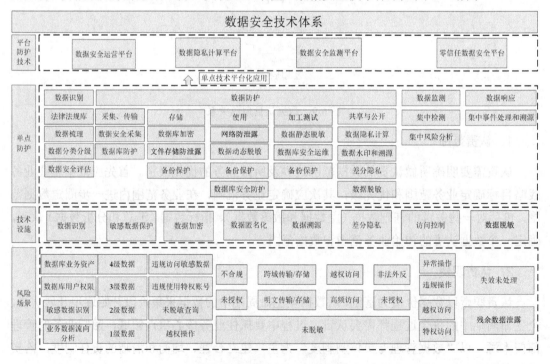

图6-10　数据安全技术体系

6.4.1　数据识别

数据识别主要用于辨别敏感数据和主数据，是国家和企业在数据安全管理方面的重点工作。国家颁布的《中华人民共和国数据安全法》和《网络数据安全管理条例（征求意见稿）》中，都强调对敏感数据和主数据实行重点保护，因为敏感数据和主数据遭到破坏后，会对国家安全和企业利益造成巨大影响。《信息安全技术　重要数据识别指南（征求意见稿）》旨在阐述：特定领域、特定群体、特定区域或达到一定精度和规模的数据，一旦被泄露或篡改、损毁，可能直接危害国家安全、经济运行、社会稳定、公共健康和安全。依据《网络数据安全管理条例（征求意见稿）》和《信息安全技术　重要数据识别指南（征求意见稿）》，要对国家、企业及个人的敏感数据和主数据进行保护，首先要对敏感数据及主数据进行识别。

数据识别的主要方法包括敏感数据匹配、敏感字段标注、数据对比及指纹文档对比识别等。

1. 敏感数据匹配

用敏感数据匹配方法进行数据识别需要先采集样本数据，确定敏感数据所在的多行数据，再针对每行数据进行识别。根据待检测数据中各个字符出现的先后顺序，遍历所述待检测数据中的字符。对于所述待检测数据中的每一字符，预设需识别的数据结构，判断所述预设数据结构中是否包含当前字符，若所述预设数据结构中包含当前字符，则确定所述预设数据结构所处层级，并判断所述预设数据结构中下一层级是否存在当前字符的后一字符；若所述下一层级中存在当前字符的后一字符，则将当前字符的后一字符作为当前字符，照此循环执行，直到最后一个字符中止。基于循环结果判断所述待检测数据中是否存在敏感数据，识别过程相对独立，该方法的识别准确率较高。

2. 敏感字段标注

识别出敏感数据后，需要对敏感数据进行标注，标注数据主要包括客户资料、技术资料和个人信息等高价值的敏感数据。多数敏感数据以不同形式存在于用户数据资产中，如用户手机号、通信地址和个人账户等，一旦泄露对用户危害极大。由于敏感数据泄露会给政府部门和企业带来严重的经济损失，数据中心内容在方便用户使用的同时，要保护敏感字段不能被随意访问，首先需要识别哪些是敏感数据，在此基础上对敏感字段做更高级别的权限控制。

3. 数据对比

数据对比是数据识别的一种重要方法，根据与不同空间和时间的数据对比，从不同角度分析数据，其不仅是敏感数据识别的一种方法，也是保护数据的一种思路。为了识别敏感数据和主要数据，可在以下 3 个方面进行数据对比。

（1）时间上的比对，主要在同一空间条件下，对不同时期数据的对比。当前时期数据与上一统计期的相同时期数据对比，当前时期数据与特定时期数据对比，如与历史最佳时期或关键时期的数据进行对比。

（2）空间上的对比，主要是在同一时间条件下，对不同空间数据的对比；在同一统计期间内，对不同地区和部门间数据的对比。

（3）不同标准的对比，主要是与目标值的对比，及与业内平均水准的对比。

4．指纹文档对比识别

指纹文档对比识别可确保准确检测存储文档的非结构化数据。例如，合并文档、PDF 文档、PowerPoint 文档、Microsoft Word 文档、财务及其他敏感或专有信息文档。指纹文档对比识别通过创建文档指纹特征来检测原始文档、草稿或不同版本受保护文档的检索部分。首先需要学习和训练敏感文档，当获取敏感文档时，要使用语义分析技术进行分词；然后通过语义分析提出需要学习和训练的敏感信息文档的指纹模型，用相同的方法对被测文档或内容进行指纹识别，并将获得的指纹与训练后的指纹进行比较；最后根据预设的相似度来确认检测到的文档是否为敏感信息文档。

6.4.2　敏感数据保护

敏感数据具有极高的价值，而价值背后潜藏着巨大风险，若大量敏感数据被贩卖、窃取和无授权滥用，将危害个人隐私、企业利益甚至国家安全。为保证部门和企业的长远发展，需要对敏感数据进行保护。通过对敏感数据分类分级，在此基础上有针对性地对敏感数据采用掩蔽、加密和符号化等方式加以处理。

1．敏感数据分类分级

对于不同级别的敏感数据，需要分类分级，若敏感等级不同，则需要的保护程度及采取的保护方法存在差别，因而不存在通用化的、适用于所有敏感数据的规则和方法。对敏感数据的分类需要密切贴合企业或组织的自身业务特点，通常基于数据的用途、内容和业务领域等因素分类，也可根据业务变化而产生的动态变化进行分类。数据分级一般是根据数据泄露的敏感性、价值、影响和后果等因素来定义的，一旦确立后极少改变。

2．掩蔽、加密和符号化

一些单位在复制敏感数据采用策略时的具体方法包括掩蔽、加密和符号化等，用于降低静止数据长期暴露的风险，掩蔽其中的任何敏感信息。

（1）掩蔽：对一些字段的字符加扰或屏蔽，防止敏感信息被查看，该方法简单易操作，且十分有效。数据掩蔽采用修改过的数值数据替换原数据，如用常见的字符替换和遮蔽等方法，使身份号码或手机号被掩蔽，使数据呈 411xxxxxxxxxxx1011 的状态，其中的部分数据不可见，利于保护用户隐私。

（2）加密：加密通常是解决数据掩蔽问题较为复杂的一种方法。加密通过加密算法和加密密钥将明文转变为密文，而解密则是将密文恢复为明文，其核心技术是密码学。数据加密是计算机系统对信息进行保护的最可靠的办法之一，通过对信息进行加密，能实现信息隐蔽，起到保护信息的作用。

（3）符号化：符号化是使用符号表示数据的一种可视化技术。符号化分为单一符号化和分类符号化：①单一符号化采用形状、颜色和大小统一的点、线或平面符号来表达不同元素，该方法能反映制图要素，忽略要素数量和大小的差异，因而不能反映要素数量差异；②分类符号化根据数据组件的属性值设置符号，同类符号表示相同的属性值，不同符号表示不同的属性值，使用不同的形状、大小和颜色可以反映数量或质量的差异。

6.4.3　数据加密

数据加密技术是以密码技术为基础，对数据进行加密编码的保护方法，是网络安全和数据安全领域常用的技术。数据加密技术适用于满足数据全生命周期的存储、应用和共享多等环节的安全需求，兼顾数据安全性与可用性。数据加密可分为对应用层、数据库层、操作系统层及存储硬件层的加密。数据加密结构如图 6-11 所示。具体加密技术如下。

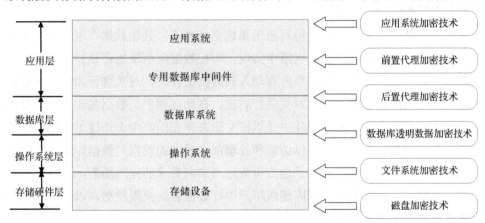

图 6-11　数据加密结构

1. 应用系统加密技术

在应用层对敏感数据进行加密，加密后将密文存储到数据库中，可直接在应用系统中以独立的函数或模块技术完成加密；或通过应用系统封装应用系统相关业务专用的加密组件或定制加密来完成加密。通常情况下，当业务系统仅对有限的敏感数据存在加密需求时，可以考虑使用应用系统加密技术，此处的"有限"包含两方面含义：一是需要加密处理的敏感数据对应的表或字段相对较少；二是需要加密处理的敏感数据在整个业务系统中使用相对不多。

2. 前置代理加密技术

前置代理加密技术是在数据保存到数据库之前对敏感数据进行加密的，并将密文存储到数据库中。与应用系统加密技术的区别在于，前置代理加密技术通常是以"前置代理加密网关"独立组件的形式实现的。通常情况下，当业务系统仅对有限的敏感数据存在加密需求，且用户自身无能力或不愿意进行加、解密的相关研发工作时，可以考虑使用前置代理加密技术，即采用第三方厂商的前置代理加密网关系统对敏感数据进行加密保护。

3. 后置代理加密技术

后置代理加密技术是基于数据库自身能力的一种加密技术，可充分利用数据库自身提供的定制扩展能力实现数据存储加密、加密后数据检索和应用透明等目标。后置代理加密技术的典型代表是 Oracle 数据库加密技术，其通过"视图＋触发器＋扩展索引＋外部方法调用"的方式实现数据加密，同时保证应用的完全透明。

后置代理加密技术的特点在于"应用透明和独立权控"，应用场景是：不希望对应用系统在加密时进行改造，或需要对数据库超级用户的数据访问权限进行控制的场景下，如果查询涉及的加密列较少，且查询结果集中包含的数据记录较少，可以考虑使用后置代理加密技术对数据库进行加密。

4. 数据库透明数据加密技术

数据库透明数据加密技术是一种对应用系统完全透明，且在数据库端存储实施的加密技术，通常由数据库厂商在数据库引擎中实现，即在数据库引擎的存储管理层中增加一个数据处理过程，当数据由数据库共享内存写入到数据文件时，对其进行加密；当数据由数据文件读取到数据库共享内存时，对其进行解密。在此过程中，数据在数据库共享内存中是以明文形态存在的，而在数据文件中是以密文形态存在的。由于该技术的透明性，使任何合法且有权限的数据库用户都可以访问和处理加密表中的数据。数据库透明数据加密技术凭借自身的上述优势，几乎适用于全部有数据库加密需求的应用场景，尤其是在对数据加密透明化有要求，或需要对数据库超级用户进行数据访问权限控制，以及对数据加密后的数据库性能有较高要求的场景。

5. 文件系统加密技术

文件系统加密技术是在操作系统中的文件管理子系统层面对文件进行加密，通常是由与文件管理子系统相关的内核驱动程序进行改造实现的。不同于文件加密只对单个文件设置访问口令，或对单个文件的内容进行加密转换，文件系统加密技术能提供一种加密文件系统格式（类似 EXT4、XFS 等），通过把磁盘存储卷或卷上目录设置为该文件的加密系统格式，从而达到对磁盘存储卷或卷上目录中的文件进行统一加密的目的。文件系统加密技术本质上不是针对数据库的加密技术，而是针对数据库的数据文件存储层面的加密技术。

6. 磁盘加密技术

磁盘加密技术通过对磁盘进行加密，以保障磁盘内部的数据安全，可通过基于软件方式的磁盘加密技术和基于硬件方式的磁盘加密技术两种技术实现。基于软件方式的磁盘加密技术，能通过专用磁盘加密软件对磁盘内容进行加密，典型代表，如 Windows 操作系统自带的 BitLocker，且同类型的商业软件层出不穷。该技术的缺点是：硬盘加密软件由于加密原理和使用方式等因素，无法满足数据库系统的数据加密需求。基于硬件方式的磁盘加密技术，通常采用两种方法实现：一是针对单块硬盘的磁盘加密；二是针对磁盘阵列或 SAN 存储设备的磁盘加密。

6.4.4　数据匿名化

数据匿名化是通过消除或加密将敏感信息与存储数据联系起来的标识符，保护私人或敏感信息的过程，并且匿名化后的数据不能恢复原来的数据信息。数据匿名化在数据共享场景中被广泛应用，尤其数据敏感且价值高的行业应用广泛，如医疗、金融等行业。数据匿名化处理后，可合法、合规地进行数据共享与价值挖掘。数据匿名化能通过提供受保护的数据，产生新的市场价值，为数字转型提供助力。数据匿名化过程如图 6-12 所示。

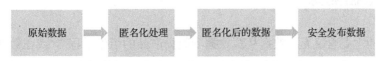

图 6-12　数据匿名化过程

1．数据匿名化技术的优势

（1）非敏感部分数据仍能广泛被利用。相比直接删除敏感数据，数据匿名化可以保留相关信息供其他功能应用。例如，买家的私人生日信息可以匿名化处理，但是他们的生日总体分布可以保留，供产品开发部门分析不同年龄层消费者对产品的喜爱程度。

（2）避免数据滥用和隐私数据泄露。无论多么值得信任的员工都需要有预防其泄露数据的措施，为了防止内部人员和外部攻击者合作，数据匿名化可以增强信息的安全性。

（3）强化数据管理和一致性。统一、准确的数据能够在支持应用程序和服务的同时，保护大数据分析和隐私。

2．数据匿名化的具体实现技术

（1）遮蔽

数据遮蔽是指公开被修改过内容的数据，可以通过创建一个数据库的镜像，并实施改变策略来完成遮蔽，如常见的字符替换和脸部遮蔽等。

（2）假名化

假名化是指用假的标识符或假名来代替私人标识符，如用"绿城"标识符来替换"郑州"标识符。假名化后的数据可以保持统计精确性和数据保密性，允许改变后被使用，同时能保护数据的隐私。

（3）泛化

数据泛化是指把较低层次的概念用较高层次的概念替换来汇总数据，如年龄数值范围利用青年、中年或者老年来代替；也可以通过减少维度在设计较少维度的概念空间汇总数据。例如，一个地址的门牌号可以被删除，使其不能从中识别出自然人，但街道的名称可以保留。泛化也可以理解为在保持数据准确性的前提下，删除一些标识符。

（4）混排

数据混排是一个对数据集进行洗牌并重新排列的过程。经过混排，原始数据库输出结果之间的关联性会降低，如将个人的年龄、生日日期和月份各列打乱。

（5）加扰

加扰是数字信号的加工处理方法，是用扰码与原始信号相乘，得到的新信号。目前常用的加扰方式包括：①使用拼音代替文本中的敏感词汇，如"敏感"可使用"min/gan"代替；②将敏感文字使用其他方式代替，如"吃"可代替为"口乞"；③将敏感图片转换为文本，并转化为加扰的拼音形式。

6.4.5　数据溯源

数据溯源的主要含义是"数据从源数据到数据产品的衍生过程"，或在数据库领域将其认为"数据及其在数据库间运动的起源"。因数据溯源应用领域各异，并没有公认的定义。数据溯源最早是在数据库领域发展起来的，即数据库需要在专门监督管理中构建和标注，目的是对数据治理进行先行约束、事中跟踪记录和事后追责等。数据溯源能提高企业内部数据的安全性，让数据为企业创造更多价值。

1. 数据溯源主要应用场景

数据溯源可以捕捉数据生成过程中的各类数据，通过生成数据，可以分析数据转换之间的依赖关系，评估数据质量，验证数据的可靠性。数据溯源还可以应用于跟踪数据生成的过程，可以从特定数据中找出哪些数据会进一步生成，或者在数据生成过程中定位错误位置，分析出错原因，通过溯源信息找到数据版权归属。

数据溯源可用于确定数据的真实性和质量、验证和追溯数据来源、确定泄露位置，以保证数据质量、跟踪数据源、审计追踪和维护数据版权等。

1）保证数据质量

数据溯源可以验证数据质量，数据质量通常由数据来源和过程决定。由于数据交易量不断增加，数据在被获取之前会经过多方传输和处理。数据溯源可以追溯到原始数据，并与采集到的数据对比识别，确认是否正确。

2）跟踪数据源

溯源是指对数据的流通过程进行标记，找出数据的具体产生时间和地点，查明泄露的数据在何时何地被恶意泄露或窃取，通过制定相应的保护措施和方案，避免此类事件再次发生，或在事后迅速、准确地确定此类事件的责任，进行数据认责。

3）审计追踪

审计追踪是指通过跟踪数据的生成过程，找出从特定数据中会进一步生成哪些数据，或定位数据生成过程中的错误位置，并分析错误原因。

4）维护数据版权

数据溯源可以对泄露的数据源进行溯源，避免发生内部人员在外发数据泄露时无法对其追责的问题，提高数据传输的安全性和溯源能力。

2．数据溯源技术

数据溯源技术主要包括基于数据库的数据溯源、水印溯源及基于工作流的数据溯源。

1）基于数据库的数据溯源

基于数据库的数据溯源方法主要有标记法和逆查询法，其中标记法能对数据项进行记录并存储，连同数据一起传递；逆查询法不需要额外的存储，能直接构造逆置函数进行逆向追踪，逆置函数的构架是基于企业单位创建的数据来构建的，根据数据使用过程操作，使企业人员可进行不同的构建。标记法是最常用的也是最广泛使用的方法之一，可在执行过程中对相关数据进行标记，在溯源追踪过程中依据标记信息查询来源；逆查询法也称逆置函数法，该方法主要通过构造逆置函数对溯源进行反向查询，或者对转换进行逆向推导，从而对结果溯源。

2）水印溯源

数字水印是永久镶嵌在数据中具有可鉴别性的数字信号或模式，且不影响宿主数据的可用性。水印溯源技术是指通过镶嵌数据中的数字信号来识别其数据特征，并最终解析出水印信息的技术。水印溯源通常包括识别水印类型、解析水印信息和回溯分发内容三个步骤。首先是识别水印类型，指通过分析泄露数据，判断其中哪些字段为植入水印信息的字段；然后是解析水印信息，通过解析植入的水印字段，从中获取水印代码内容；最后是回溯分发内容，指通过解析出的水印代码，查询映射码表，并获取分发者、被分发者、分发时间、用途的关键信息。水印溯源过程如图 6-13。

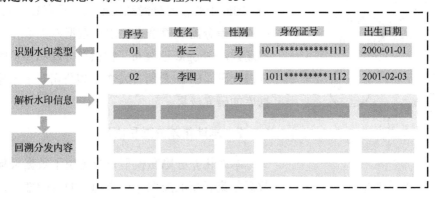

图 6-13　水印溯源过程

3）基于工作流的数据溯源

工作流的概念：将信息或者任务在参与者之间传递，以达到数据流通的效果。工作流具有可追溯性，有两种常用方法，一是日志文件，即解析其执行过程中产生的日志，以产生可追溯性，但内容有限；二是设计一个捕获可追溯性的引擎，并将其集成到工作流引擎设计中，以更好地管理可追溯性信息。

6.4.6　差分隐私

差分隐私是一种基于严格数学证明的隐私定义，可用于数据收集、发布及分析等场景中，为用户数据提供合理的隐私保护。差分隐私本质上是对随机算法的随机程度的度量，因此，只要证明了随机算法的随机性，就能保证在对应场景下使用该随机算法发布数据，能提供一定程度上的隐私保护。差分隐私需要做到的是，使攻击者的知识不会因为新样本的出现而发生变化。例如，攻击者能根据发布者对外发布的模型推断数据的原始信息，其攻击的第一步是判断各个训练模型的训练数据集包含哪些样本。

基于是否存在可信的数据管理者，将差分隐私模型分为中心化差分隐私模型与本地化差分隐私模型。

1．中心化差分隐私模型

中心化差分隐私模型先使原始数据集中到一个数据中心，然后发布满足差分隐私的相关统计信息。中心化差分隐私模型对于敏感信息的保护始终基于一个前提假设：可信的第三方数据收集者，即保证第三方数据收集者不会窃取或泄露用户的敏感信息。中心化差分隐私模型如图 6-14 所示。模型中假设存在一个可信的数据收集者，可收集所有用户的真实信息，并把收集的数据传输至数据分析者，可信的数据收集者能在掌握真实数据的基础上，统一对发布信息添加噪声，或者根据真实数据的具体分布情况，设计更加具有针对性的随机算法。由于可信的数据收集者可以在真实的统计数据上统一添加噪声，因此中心化差分隐私模型往往具有较高的精确性。中心化差分隐私模型通常用于数据库查询和广告投放等场景。Google 已公布了提供差分隐私保护的数据库开源代码，Uber 公司也发布了该公司对于差分隐私数据库的研究成果。

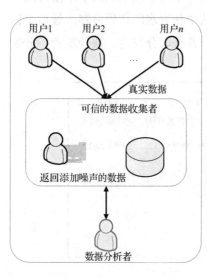

图 6-14　中心化差分隐私模型

2．本地化差分隐私模型

本地化差分隐私模型充分考虑了数据采集过程中数据收集者窃取或泄露用户隐私的可能性。在该模型中，每个用户可先对数据进行隐私化处理，再将处理后的数据发送给数据收集者,数据收集者通过对采集到的数据进行统计,得到有效的分析结果。在对数据进行统计分析的同时,保证了个体的隐私信息不被泄露。

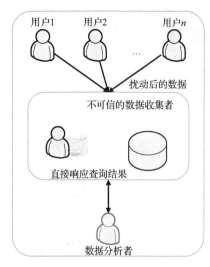

本地化差分隐私模型如图 6-15 所示,该模型的应用场景中不存在可信的数据收集者的场景,在此场景下,用户不信任数据收集者,用户在上传数据时,通过一个本地的随机发生器上传,以一定概率上传真实结果,或以一定概率上传随机值,所以数据收集者收集的数据集已经得到了隐私保护,因此可以直接对该数据集进行后续分析,而不需要额外的隐私保护。由于每个用户都会以一定的概率上传随机值,因此本地化差分隐私模型的精确性往往会低于中心化差分隐私模型,但本地化差分隐私模型不需要一个可信的数据收集者,因此在

图 6-15　本地化差分隐私模型

数据收集阶段,本地化差分隐私模型通常更受用户的青睐。目前,本地化差分隐私模型的应用,如 Google 在浏览器中通过本地化差分隐私机制 RAPPOR 收集用户的浏览器设置;苹果公司在其 IOS、MacOS 系统中使用本地化差分隐私机制收集用户的表情和健康信息等。

差分隐私模型的主要应用场景及优缺点如表 6-4 所示。

表 6-4　差分隐私模型的主要应用场景及优缺点

模型	主要应用场景	优点	缺点
中心化差分隐私模型	中心化差分隐私模型主要应用于数据发布、数据分析和查询处理等方面	(1) 具有较高的精确性; (2) 对团体数据隐私保护性较高	(1) 第三方收集者无法完全相信; (2) 个人信息的安全性无法保障
本地化差分隐私模型	本地化差分隐私模型进一步细化了对个人隐私信息的保护,将数据的隐私化处理过程转移到每个用户上,本地化差分隐私模型主要应用于个人数据保护,不仅能对敏感信息进行更加彻底的保护,而且能使隐私化处理过程更加简洁明	(1) 充分考虑任意攻击者的背景知识,并对隐私保护程度进行量化; (2) 抵御来自不可信第三方数据收集者的隐私攻击	(1) 查询精度不稳定; (2) 计算开销与用户数正相关,计算开销较大

6.4.7　访问控制

访问控制是网络安全防范和保护的一种重要策略,是指主体依据某些控制策略或权限对客体本身或其资源进行不同程度的授权访问。访问控制是在身份认证基础上,根据身份对提出的资源访问请求加以控制的。访问控制示意图如图 6-16 所示。在访问控制过程中,访问控制服务器会针对越权使用资源的活动进行防御,限制对关键资源的访问,防止非法用户或合法用户的不慎操作造成的破坏，在数据存储业务系统中用户可通过查看数据使用路由器转发数据。

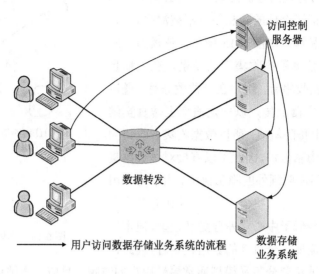

图 6-16　访问控制示意图

常用的访问控制包括自主访问控制、强制访问控制及角色访问控制，三种不同访问控制的功能描述如表 6-5 所示。

表 6-5　三种不同访问控制的功能描述

	功能简介	优点	缺点
自主访问控制	自主访问控制是一种接入控制服务，通过执行基于系统实体身份及其到系统资源的接入授权，用户有权对自身所创建的文件、数据表等访问对象进行访问，并可将访问权授予其他用户或收回其访问权限，通过访问控制列表来限定针对客体执行的操作	可以根据主体的身份和授权来决定访问模式	信息在移动过程中，访问权限关系会被改变
强制访问控制	强制访问控制是指系统强制主体服从访问控制策略。由系统对用户所创建的对象，按照规定的规则控制用户权限及操作对象的访问，主要特征是对所有主体及其所控制的进程、文件和设备等客体实施强制访问控制。在强制访问控制中，每个用户及文件都被赋予一定的安全级别，只有系统管理员才能确定用户的访问权限，用户不能改变自身或任何客体的安全级别。系统通过比较用户和访问文件的安全级别，决定用户是否可以访问该文件	将主体和客体分级，根据主体和客体的级别标记来决定访问模式；通过梯度安全标签实现单向信息流通模式	自主式太弱；强制式太强；工作量大，不便管理
角色访问控制	基于角色的访问控制，授权是授给角色而不是直接授给用户或用户组的，用户首先通过成为某个角色成员，从而拥有该角色对应的权限	便于授权管理；便于角色划分；便于赋予最小特权；便于职责分担、目标分级	角色过多难以管理；可扩展性和动态性差；成本高、实施难

1. 访问控制与授权

授权是资源的所有者准许他人访问这些资源，实现访问控制的前提技术。授权是指客体授予主体一定的权力，通过这种权力，主体可以对客体执行某种行为，如登录并查看文件、修改数据和管理账户等。访问控制与授权密不可分，授权表示的是一种信任关系，一般需要建立一种模型对这种关系进行描述，才能保证授权的正确性，特别是在大型系统的授权中，若没有信任关系模型作为指导，则要保证合理的授权行为几乎很难实现。

2. 访问控制与审计

审计是访问控制的一项重要技术，也是访问控制的必要补充。审计追踪能记录系统活动和用户活动，系统活动包括操作系统和应用程序进程的活动；用户活动包括操作系统和应用程序中的用户活动。通过适当的工具和程序，审计追踪可以识别违反安全策略的活动、影响运营效率的问题及程序中的错误。审计的主要职能包括：

（1）审计能记录和监控用户使用的信息资源，包括何时使用、如何使用等信息，是实现系统安全的最后一道防线，处于系统防护的最高层级。

（2）审计能重现原流程及出现的问题，进行责任追查和数据恢复。

（3）审计追踪不仅可以帮助系统管理员确保系统及其资源免受未经授权用户的侵害，还可以帮助系统恢复数据。

6.4.8　数据脱敏

数据脱敏是指对某些敏感信息通过脱敏规则进行数据变形，实现对敏感隐私数据的可靠保护。在涉及客户安全数据或者一些商业性敏感数据的场景，在不违反系统规则的条件下，对真实数据进行改造并提供测试使用，如身份证号、手机号、卡号和客户号等个人信息都需要进行数据脱敏。

由于数据脱敏的应用场景不同，使用的脱敏技术也存在差异，因此产生了"数据静态脱敏"和"数据动态脱敏"两类脱敏工具。数据静态脱敏主要用于将数据抽离生产环境，并分发和共享数据使用场景，代表性的使用场景有开发、测试、数据分析、教学及培训等。数据动态脱敏主要用于直接访问生产数据的数据使用场景，代表的使用场景有数据运维管理、应用访问等。

1. 数据静态脱敏

数据静态脱敏通常会涉及对较大数量的数据进行批量化处理：数据静态脱敏系统首先从数据的原始存储环境（通常为生产环境）读入含有敏感信息的数据；然后在非持久化存储条件下按照脱敏策略、规则和算法对数据进行变形等脱敏处理；最后将经过处理的脱敏数据存储到新的目标环境中。存储到新的目标环境中的脱敏数据虽然已被消除了信息敏感性，可以安全地在开发、测试、外包和数据分析等场景中使用，但为了能够得到具有业务应用价值的最终结果，脱敏数据要尽可能在统计意义上保留与生产环境中原始数据一致的数据特征，以屏蔽数据库中的敏感数据，对某些敏感信息通过脱敏规则进行数据变形，以实现对隐私数据的可靠保护。

在数据静态脱敏场景下，通常需要关注脱敏数据，数据静态脱敏的主要特点包括：①有效性，有效的移除敏感信息；②真实性，为保证脱敏后数据的正常使用，要尽可能真实地保留脱敏后数据的有意义信息，以保证对业务特征的支持；③高效性，在保证安全的前提下，尽可能地减少脱敏代价；④稳定性，在输入条件一致的前提下，对相同的脱敏数据，经过多次脱敏仍然能获得相同的稳定结果；⑤可配置性，可以配置处理结果和处理字段，根据应用场景获得相应的脱敏结果。

2．数据动态脱敏

数据动态脱敏的目的是：通过对从外部应用程序获取的数据进行及时处理，利用类似网络代理的中间件技术，按照脱敏规则返回脱敏结果。数据动态脱敏通常用于数据对外提供查询服务的场景，在降低数据敏感度的同时，最大限度地降低需求方获取脱敏数据的延迟，在请求实时生成的数据时，可以立即得到脱敏结果。

数据动态脱敏的主要特点包括：①实时性，能够实时地对用户访问的敏感数据进行动态脱敏、加密和提醒；②多平台，通过定义好的数据动态脱敏策略实现跨平台间、不同应用程序或者应用环境间的访问限制；③可用性，能够保证动态脱敏数据的完整，满足业务系统的数据需要。

数据动态脱敏的具体流程包括定义脱敏规则、发现敏感数据、确认脱敏方法和执行脱敏操作。首先通过规定定义脱敏规则，再根据规定定义发现的敏感数据，采用具体的脱敏方法对数据执行脱敏操作。数据动态脱敏流程如图 6-17 所示。

图 6-17　数据动态脱敏流程

（1）定义脱敏规则：根据具体数据的规定和需求来确定脱敏规则，主要规则是根据静态数据和动态数据进行不同的脱敏技术。

（2）发现敏感数据：先确定要脱敏的敏感字段，建立敏感字段库及关系库，要保持原来数据的依赖关系，同时要注意敏感数据的数据结构。

（3）确认脱敏方法：根据脱敏规则，在平衡数据隐私保护和服务质量的前提下选择合适的脱敏方法。

（4）执行脱敏操作：根据确定的脱敏方法，对敏感数据进行脱敏操作。

6.5　数据安全治理人员要求

6.5.1　数据安全各阶段治理的人员要求

数据治理对一个企业来说，无论从法律要求、企业保护自身利益，还是从对自己客户负责的角度，都至关重要。目前，越来越多的企业开始了解并推行数据治理的实施，其推动力是企业面临数字化转型的巨大压力。企业要保障数据全生命周期的安全，需要的安全人员的能力与传统网络系统安全人员的能力不同，缺乏相关专业人员是企业数据安全能力的关键短板之一。根据不同数据生命周期阶段的安全需求，对涉及人员的数据安全能力要求不同。企业应从采集、传输、存储、使用、共享和销毁等方面入手，培养具备数据安全相关能力的人才，对人员的能力要求如下。

1. 明确数据采集人员的能力要求

数据采集人员应熟悉《中华人民共和国网络安全法》，以及组织机构所属行业的政策和监管要求，严格按照《中华人民共和国网络安全法》等个人信息安全防范相关法律法规及行业规范执行。熟悉组织机构的业务特征，了解业务线的政策方向和战略调整，具备良好的数据采集安全风险意识；有能力制定针对性的风险评估报告和相应的解决方案，确保项目实施过程中数据采集能够顺利、有序地进行。

2. 数据传输人员能力要求

在数据传输过程中，人员需要了解市场主流的安全通道和可信通道的建立方案、身份鉴别和认证技术、数据加密算法，并能够根据具体业务场景选择合适的数据传输安全管理方式。数据传输人员要精通网络安全基础技术知识、具备网络安全管理经验、了解网络安全对可用性的需求、具备网络安全方案制定能力，可以根据不同业务对网络性能的需求，制定有效的可用性安全防护方案。

3. 数据存储人员能力要求

数据存储人员必须熟悉存储介质使用的相关规定，熟悉不同存储介质的访问和使用差异，能够根据策略变化主动更新管理要求，明确数据整体逻辑存储系统和存储设备的安全管理要求，推动相关要求的实施；熟悉相关数据存储容器的技术架构，能够根据安全管理原理判断相关风险，确保对各类数据存储容器进行有效的安全防护；通过了解数据备份介质的性能和相关数据的服务特性，确定执行数据备份和恢复的有效方法。

4. 数据使用人员能力要求

数据使用安全是指为保障组织内部的数据计算、分析和可视化等操作过程的安全性，采取的数据脱敏、加密等一系列措施。数据使用人员应明确负责使用安全工作的团队及职责；使用过程基于数据分类分级情况，可建立不同类别和级别的数据使用审批流程及安全评估机制；使用过程涉及具体的技术手段，需要人员部署数据脱敏工具，实现不同类别、不同级别的数据脱敏；在使用过程中人员需要对各类数据处理活动进行日志记录和访问控制。

5. 数据共享人员能力要求

数据共享人员应做到交换过程中的数据安全，遵循保障数据共享交换安全与促进应用发展相协调、管理与技术并重的原则，确保数据共享人员统一协调、分工负责和分级管理。数据共享交换过程由数据提供者、数据使用者和数据管理者等人员组成。各人员应按照谁主管、谁负责，谁使用、谁负责，谁运营、谁负责的原则，在各自的职责范围内，做好数据安全共享工作；数据共享交换过程中各人员之间的安全责任应相互独立，在部分情况下需要依赖另一方安全管理措施的有效性，责任由双方共同承担。

6．数据销毁人员能力要求

数据销毁是指通过对数据及其存储介质实施相应的操作手段，使数据彻底消除，且无法通过任何手段恢复。数据销毁人员首先需要确保销毁过程的安全，明确负责数据销毁安全工作的团队及职责；然后数据销毁人员需要根据数据分类分级的情况，结合业务场景需要，明确不同的销毁方法及销毁工具，建立数据账期清单，确保过期数据按时销毁，对数据销毁过程进行监督；最后数据销毁人员需要对数据销毁效果进行评估，针对已与外部共享的数据，明确销毁记录并验证。

6.5.2　人员数据安全意识的建立

数据作为关键生产要素和重要信息载体，对安全性的要求日益提升，必须像保护资产一样保护重要数据。全行业员工必须自觉遵守数据安全规范，建立数据安全认责体系。企业需要定期为员工开展数据安全意识培训，纠正工作中的不良习惯，降低因安全意识薄弱所引发的数据安全风险，因而需要从多个方面培养员工的安全防范意识。

（1）个人信息保护意识：根据《中华人民共和国个人信息保护法》等个人信息保护相关法律，了解个人信息和敏感个人信息的处理规则，以及自身在个人信息处理活动中的权利，承担信息处理义务和信息权利受到侵害时的救助方式等，进一步增强个人信息保护的意识和能力。

（2）密码安全意识：对于个人而言，一个不安全的密码可能会导致个人账号被盗，引起个人信息泄露，严重的可能会导致个人财产损失；对于一个网站而言，一个不安全的密码可能会导致黑客窃取网站管理员权限、泄露大量信息等危害操作。只有建立密码安全意识，才能保证个人密码的安全。

（3）邮箱安全使用意识：大部分反垃圾邮件系统现在都支持邮件过滤，但是不排除邮件伪造的情况，通过伪造公司部门高管、信息中心和运维部门的职员发送邮件，使防护意识淡薄的员工由于误打开邮件而引入木马，导致数据泄露。

（4）无线网络接入安全意识：一种情况是当接入未知无线局域网时，用户或第三方承包商可能安装了不安全的无线设备，将其接入有线网络接入点，此时应在服务器上安装 Wi-Fi 嗅探器，经常进行网络扫描，可以检测异常运行的无线网络；另一种情况是伪装和 IP 欺骗，一旦入侵者获取了网络访问权限，可能会模拟网络内部通信，让客户和用户误认为发起通信的来源是合法的，导致信息及敏感数据失窃的可能性加大，因此必须定期将网络扫描及细致的流量检测纳入每日、每周及每月的系统检查。

（5）内网安全意识：为保护内网安全，将内网与外网物理隔离，或者将内网通过统一的网关接入外网，并在网关处架设防火墙、IPS、IDS 等。

6.5.3　加快数据安全人才的培养

数据安全治理的竞争，归根结底是人才的竞争。国家、社会和行业应鼓励院校开展数据安全人才培养计划，立足于结合创新型人才培养要素的宽口径基础教育，培养网络空间安全与法学的复合型人才。大力加强数据安全人才培养的举措包括：

（1）建设大数据安全人才培养基地，与高校、企业合作，在全国范围内开展数据安全人才的培养。例如，各省可以建立网络空间安全协会大数据安全人才培养基地，选择国家级合作支持单位，共同推进各省互联网与网络安全大数据人才体系的建设。

（2）设立信息安全学科和数据研究所等，致力于数据安全专业人才的培养。例如，有条件的学校可以成立数据研究院，设立数据安全人才培养目标，专门研究数据确权、数据安全技术与理论、数据隐私保护等。

（3）开展系统的职业认证培训和考试，为企业员工提供职业权威参考，促进员工职业技能的提升。

（4）大力发展数据安全产业示范区。数据安全产业示范区的建立，将使数据安全企业和人才快速集聚，形成强大的数据安全防护体系。

（5）开设专业培训机构或通过网络安全公司的培训部门，结合实际和技术趋势，在培训计划中加入数据安全相关法律知识，有助于培养具有扎实的数据安全领域技术与理论知识，又懂法律与管理的复合型人才。

（6）企业自身可建立师徒制度，选拔动手能力强、基础好、符合实际需要的数据安全人才开展传帮带，以师傅带徒弟的方式加快人才培养。

6.6　数据安全治理相关政策、法律和标准

6.6.1　国家法律

在数据安全治理上，我国已经形成以《中华人民共和国网络安全法》、《中华人民共和国个人信息保护法》和《中华人民共和国数据安全法》这三部基础法律为核心的法律架构，并分别从数据所承载系统的安全保障、一般数据的安全保护及个人信息的安全保护层面构建较为完整的数据安全保护体系。

1.《中华人民共和国网络安全法》

《中华人民共和国网络安全法》于 2016 年 11 月 7 日第十二届全国人民代表大会常务委员会第二十四次会议中通过，自 2017 年 6 月 1 日起施行。

《中华人民共和国网络安全法》指出"为了保障网络安全，维护网络空间主权和国家安全、社会公共利益，保护公民、法人和其他组织的合法权益，促进经济社会信息化健康发展，制定本法"。

2. 《中华人民共和国个人信息保护法》

《中华人民共和国个人信息保护法》于 2021 年 8 月 20 日第十三届全国人民代表大会常务委员会第三十次会议通过。《中华人民共和国个人信息保护法》是一部保护个人信息的法律条款，涉及法律名称的确立、立法模式问题、立法的意义和重要性、立法现状及立法依据、法律的适用范围、法律的适用例外及其规定方式、个人信息处理的基本原则、与政府信息公开条例的关系、对政府机关与其他个人信息处理者的不同规制方式及效果、协调个人信息保护与促进信息自由流动的关系、个人信息保护法在特定行业的适用问题、关于敏感个人信息问题、法律的执行机构、行业自律机制、信息主体权利、跨境信息交流问题和刑事责任问题。

3. 《中华人民共和国数据安全法》

《中华人民共和国数据安全法》经第十三届全国人民代表大会常务委员会第二十九次会议通过，于 2021 年 9 月 1 日起正式施行。

随着《中华人民共和国数据安全法》的出台，我国在网络与信息安全领域的法律法规体系得到了进一步完善。按照总体国家安全观的要求，《中华人民共和国数据安全法》明确了数据安全主管机构的监管职责，建立了健全的数据安全协同治理体系，提高了数据安全保障能力，促进了数据出境安全和自由流动，以及数据开发利用，保护了个人、组织的合法权益，维护了国家主权、安全和发展利益，让数据安全有法可依、有章可循，为数字化经济的安全健康发展提供了有力支撑。

6.6.2　地方法规

我国各地方同样在不断探索数据安全治理的规则及模式，已出台的《上海市数据条例》《深圳经济特区数据条例》《浙江省公共数据条例》等均提出了一些数据安全治理的新措施。

1. 《上海市数据条例》

《上海市数据条例》涉及数据权益保障、公共数据、数据要素市场、数据资源开发和应用、浦东新区数据改革、长三角区域数据合作等重点内容，强调数据资源的利用与开发，以及数据资源的合作，并通过明确数据安全责任制、开展数据处理活动所应履行的义务、健全数据分类分级保护制度等保障数据安全。

2. 《深圳经济特区数据条例》

《深圳经济特区数据条例》是为了规范数据处理活动，保护自然人、法人和非法人组织的合法权益，根据有关法律和行政法规的基本原则，结合深圳经济特区实际，制定的条例。

《深圳经济特区数据条例》经深圳市第七届人民代表大会常务委员会第二次会议于 2021 年 6 月 29 日通过，7 月 6 日公布，自 2022 年 1 月 1 日起施行。《深圳经济特区数据条例》的内容涵盖了个人数据、公共数据、数据要素市场、数据安全等方面，是我国数据领域首部基础性、综合性立法。

3.《浙江省公共数据条例》

《浙江省公共数据条例》是浙江省颁布的条例，是全国首部公共数据领域的地方性法规，经浙江省第十三届人民代表大会第六次会议通过，自 2022 年 3 月 1 日起施行，为充分激发公共数据新型生产要素价值、推动治理能力现代化提供了制度样本。

《浙江省公共数据条例》确定了浙江省公共数据平台一体化、智能化的建设定位，依法规定了涵盖数字基础设施、共享开放通道等"六个一体化"的公共数据平台建设要求。

6.6.3　行政法规

数据安全对于各行各业都十分重要，我国的数据安全治理也呈现各部门协同治理的局面。例如，全国信息安全标准化技术委员会发布的《网络安全标准实践指南——移动互联网应用程序（App）收集使用个人信息自评估指南》和中国银行保险监督管理委员会发布的《银行业金融机构数据治理指引》等。

1.《网络安全标准实践指南——移动互联网应用程序(App)收集使用个人信息自评估指南》

该指南提供了 App 收集使用个人信息的六个评估点，分别是"是否公开收集使用个人信息的规则；是否明示收集使用个人信息的目的、方式和范围；是否征得用户同意后才收集使用个人信息；是否遵循必要原则，仅收集与其提供的服务相关的个人信息；是否经用户同意后才向他人提供个人信息；是否提供删除或更正个人信息功能，或公布投诉、举报方式等信息"。

2.《银行业金融机构数据治理指引》

"为引导银行业金融机构加强数据治理，提高数据质量，发挥数据价值，提升经营管理水平，根据《中华人民共和国银行业监督管理法》等法律法规，制定本指引"。

第7章 网络空间防御技术

7.1 网络空间技术发展和挑战分析

"网络空间"最早出现在短篇科幻小说《燃烧的路》（*Burning Chrome*）中，其含义为计算机所创建的虚拟信息空间。1984 年，威廉·吉布森在其长篇小说《神经漫游者》（*Neuromancer*）中再度使用该词，并预言 20 世纪 90 年代后将是计算机网络的世界，"Cyberspace"（网络空间）一词也因该小说 3 次荣获科幻文学大奖而被世人所熟知。由于当时计算机应用尚未普及，网络空间的概念更多的是对未来情景的一种幻想描述，离现实生活比较遥远；但之后随着计算机网络的发展，特别是互联网的兴起，网络空间所描述的预言幻想渐成事实，人们开始用网络空间来命名人们创造的用于产生、存储和交换信息的虚拟空间。网络空间概念的表述随着信息技术和网络技术的发展，以及与人类社会的融合深化而不断演变。

1. 国外对网络空间的定义

2001 年 4 月，美国国防部联合出版物《军事及其相关术语词典》中将"Cyberspace"定义为"数字化信息在计算机网络中通信时形成的一种抽象环境"。该定义赋予"Cyberspace"虚拟性的抽象概念，但局限于计算机网络的狭义范畴。2003 年 2 月，美国政府发布了《网络空间安全国家战略》，认为"网络空间是国家的中枢神经系统，其由无数相互关联的计算机、服务器、路由器、交换机和光缆组成，支持着关键基础设施的运转，网络空间的良性运转是国家安全和经济安全的基础"。该定义清晰地描述了构成网络空间的物质载体及其在国家关键基础设施中的地位，但其基本含义限定在互联网范畴。2008 年 1 月，美国总统布什签署了第 54 号国家安全总统令，同时也是第 23 号国土安全总统令，给出了网络空间的最新定义："网络空间是信息环境中的一个整体域，由连接各种信息技术基础设施的网络以及所承载的信息获得构成人类社会活动空间，包括互联网、电信网、计算机系统以及关键工业系统中的嵌入式处理器和控制器等，同时涉及虚拟信息环境，以及人与人之间的相互影响。"此次定义首次明确指出网络空间的范围不限于互联网或计算机网络，还包括传统电信网、工业控制网络、军事网络及在这些网络与信息系统中产生、传送、交换信息的相关环境。

2．我国对网络空间的定义

目前，我国对网络空间的定义也在逐步完善。2015 年 4 月，上海社会科学院信息研究所发布的网络空间安全蓝皮书《中国网络空间安全发展报告（2015）》，将网络空间的内涵归纳为"一个由用户、信息、计算机(包括大型计算机、个人台式机、笔记本电脑、平板电脑、智能手机以及其他智能物体)、通信线路和设备、软件等基本要素交互所形成的人造空间，该空间使生物、物体和陆、海、空、天自然空间建立起智能联系，是人类社会活动和财富创造的全新领域"。2015 年 12 月，中国工程院方滨兴院士发表文章，将网络空间定义为"所有由可对外交换信息的电磁设备作为载体，通过与人互动而形成的虚拟空间，包括互联网、通信网、广电网、物联网、社交网络、计算系统、通信系统、控制系统等"。该定义一是强调网络空间的信息交换途径是以"电磁设备作为载体"的，二是明确信息交换的范围不仅包括全局范围连接，而且包括局域连接，如某些物理隔离的网络、Ad-hoc 网络等。2016 年 12 月，国家互联网信息办公室发布了《国家网络空间安全战略》，指出"互联网、通信网、计算机系统、自动化控制系统、数字设备及其承载的应用、服务和数据等组成的网络空间，正在全面改变人们的生产生活方式，深刻影响人类社会历史发展进程"。

7.1.1　网络空间的特点

网络空间是人们为促进人与人之间的交流互动、为促进信息的使用和探索而创设的新空间，以各种形态的网络、设备、信息系统、电子器件和电磁频谱为物质基础，以相关系统和设备所产生、传递、处理和利用的数据及其蕴含的信息为核心资源，以信息技术、人工智能技术等为纽带，融会人类社会、信息世界和物理世界（人-机-物）三元世界，成为与人类息息相关、支撑人类面向未来生存和发展最为重要的空间域。与天然存在的陆地、海洋、天空和太空等物理空间相比，网络空间的特点可归纳为以下几个方面。

1．虚拟空间

网络空间不同于客观存在、难以随人的意志而改变的自然实体空间，是人为创造的，是一个虚拟空间，人是构建、改变和利用网络空间的主体。人类对新生产和生活方式的向往和追求是网络空间得以产生和发展的动力源泉，多样的思维创造能力是影响网络空间发展方向的决定性因素，同时网络空间也为人类想象力和创造力的充分发挥提供了一个巨大的承载空间。

2．互联互通

互联互通是网络空间的基本属性。网络空间的起源和演进始终以突破自然时空限制、拉近人与人之间的互动距离、连通人与物之间的认知鸿沟为根本目标。互联互通体现在三个层面：一是基于网络实体的互联实现人与人的互通；二是实现人与信息的互通，人们可以随时随地借助网络空间获取和利用信息资源；三是达到人-机-物三元世界的深度融合，实现万物泛在互联互通。前两个层面赋予网络空间的全球性和无国界特性，第三个层面赋予万物智慧，解决了人与物的单向信息交流问题，使网络空间虚拟世界与自然实体世界紧密交织，更为多元化和智慧化。

3．信息载体

网络空间是信息的载体，没有信息流通的网络空间就好比电网中没有电流，公路上没有汽车，失去了本身存在的意义。网络空间能最大限度地开发和利用信息资源，任意个体均可发布信息和传播信息，访问、整合和共享各类网络信息资源，并与世界各地联网的个体进行信息交互，从而大大降低信息流动和信息获取的成本，推动信息资源成为全人类共同拥有的宝贵财富。

4．动态演进

网络空间具有长期演化性，其内涵和外延随着信息技术、网络通信技术和人工智能技术等的不断发展而持续丰富和拓展。这一点从网络空间自身的定义也得到了充分体现，从最初的计算机网络发展至互联网范畴，进而成为全球信息环境的整体域。可以预见，未来的网络空间还将继续朝着链接泛在化、结构动态化、安全属性化、数据知识化和控制智能化等方向快速发展，网络空间也必将融合和包容所有物理空间，成为人类认知世界、改造世界最重要的战略空间。

7.1.2　国内外网络防御战略规划

1．国外网络空间战略规划现况

2011 年 5 月，美国政府发布了《网络空间国际战略》，将网络安全建设提升至国际战略高度，展示了美国新的全球战略布局。同年 7 月，美国国防部发布的《网络空间行动战略》，将网络空间列为与陆、海、空、天并列的行动领域，它与后续发布的《网络空间可信身份国家战略》和《网络空间国际战略》，共同构成了安全战略框架体系。同时期，欧盟、俄罗斯和日本等组织和国家也纷纷出台了网络空间安全战略，以保障组织和国家网络空间的安全，如欧盟出台的《网络安全战略》和《确保欧盟网络和信息安全达到高水平的措施》、英国发布的《国家网络安全战略》、俄罗斯发布的《俄联邦网络安全战略》、日本出台的《网络安全战略》和《网络安全合作国际战略》等，均提出了保障网络空间安全的远景规划和具体行动计划。

"棱镜计划"曝光之前，发达国家主张国家不应当对数字流动设置障碍，数据应该在网络空间自由流动；但此事件曝光后，相关国家的观念发生了巨大转变。2018 年 5 月 25 日，欧盟宣称要重新掌控自己的数字主权，开始正式实施《通用数据保护条例》。2018 年到 2022 年期间，特朗普政府和拜登政府相继出台了新版《国家安全战略》、《国家网络安全战略》和《国家安全战略临时指南》等一系列针对网络空间安全的战略规划文件，对关键基础设施网络安全风险问题的解决极为重视，致力于提升国家网络空间安全统筹能力。英国于 2021 年 12 月和 2022 年 1 月分别发布了《2022 年国家网络空间战略》和《政府网络安全战略 2022—2030》，旨在不断加强网络能力建设，减少网络风险，使英国成为最安全宜居和最具投资吸引力的数字经济体之一，力争在未来技术变革中居于世界前列。总之，网络空间安全已被世界主要国家和地区上升到前所未有的战略高度，成为新时期、新安全观的重要组成部分。

2. 我国网络空间战略规划现况

为应对网络空间安全面临的严峻形势，我国将网络空间安全问题纳入全面深化改革的重要内容，从政策保障、文化教育和科技计划等多个层面推动网络空间安全的建设工作。2014 年 2 月我国成立了中央网络安全和信息化领导小组，全面领导和推进国家网络空间安全建设规划。2014 年 2 月 27 日，在中央网络安全和信息化领导小组第一次会议上，习近平指出："没有网络安全就没有国家安全，没有信息化就没有现代化。"他强调："网络安全和信息化是事关国家安全和国家发展、事关广大人民群众工作生活的重大战略问题，要从国际国内大势出发，总体布局，统筹各方，创新发展，努力把我国建设成为网络强国。""网络安全和信息化是一体之两翼、驱动之双轮，必须统一谋划、统一部署、统一推进、统一实施。"2015 年 6 月，国务院学位委员会和教育部批准增设"网络空间安全"一级学科，将安全基础、密码学、系统安全、网络安全和应用安全等纳入学科方向，对推动我国成体系、成规模及多层次培养网络空间安全专业人才具有重大意义。

2016 年 12 月，国家互联网信息办公室发布了《国家网络空间安全战略》，指出要"积极防御、有效应对，推进网络空间和平、安全、开放、合作、有序，维护国家主权、安全、发展利益，实现建设网络强国的战略目标"，并系统地阐明了我国关于网络空间发展和安全的重大立场，指导我国网络空间安全工作，维护国家在网络空间的主权、安全和发展利益。国家"科技创新 2030——重大项目"中将国家网络空间安全列为 6 类重大科技项目之一。

2020 年 3 月，《信息安全技术个人信息安全规范》正式发布，该标准根据我国国情和相关法律法规进行了有针对性的修订，增强了指导性和适用性，为保障人民利益和我国信息化产业的健康发展提供了坚实基础。2021 年 11 月 1 日，《中华人民共和国个人信息保护法》正式施行，标志着我国个人信息保护立法体系进入了新阶段，为信息产业明确了经营行为的合法性边界，它与《中华人民共和国国家安全法》《中华人民共和国网络安全法》《中华人民共和国民法典》和《中华人民共和国数据安全法》等法律法规共同构建起个人信息保护的法治堤坝。2021 年 12 月，中央网络安全和信息化委员会印发了《"十四五"国家信息化规划》，可归纳为：在"十四五"期间要全面加强网络安全保障体系和能力建设，深化关口前移、防患于未然的安全理念，压实网络安全责任，加强网络安全信息统筹机制建设，形成多方共建的网络安全防线。国家层面科技计划的实施，将引导我国建设完备的网络空间安全技术体系，为全面提升网络空间安全保障能力奠定坚实基础。

7.1.3 网络空间安全防护措施

随着新一代信息技术的持续创新发展，网络空间的包容性和渗透性越来越强，与现实世界的融合不断深化，特别是移动互联网、新型社交网络、大数据和人工智能等技术和应用的普及，使人们的生产、生活乃至国家经济发展、社会治理和文化传播等对网络空间的依赖程度越来越深，与之相对应的是网络空间安全风险不断发生。网络空间防御（Cyberspace Defense）是指信息安全、计算机网络防御和关键基础设施防护采取的相关措施，使被防护对象具备阻止和检测攻击方否认或操纵信息或基础设施的能力，并进而对攻击行为做出应急响应。

1．信息安全

信息安全是指团体、个人的信息空间、信息载体和信息资源不受来自内外各种形式的危险、威胁、侵害和误导的外在状态，是信息系统稳定运行的重要前提，也是保证网络空间安全的基础。信息安全的关键在于，确保信息和信息系统的可用性、完整性、真实性、保密性和抗抵赖性的措施。保护信息安全是指利用防护、检测及响应等能力确保信息系统的可恢复性，典型的代表技术包括加密机制、数字签名机制、数据完整性机制和实体认证机制等技术。

2．计算机网络防御

计算机网络防御是指为了防止机密信息泄露和网络系统干扰，预防非法访问和网络病毒入侵所采用的抵御、监控、分析和检测计算机网络中可疑的危害活动而采取的行动。防御攻击主要包括对计算机网络、信息系统及其内容进行破坏、篡改、降低服务质量、漏洞利用、访问和窃取信息等。传统的防御技术包括防火墙技术、入侵检测技术、漏洞扫描技术、VPN 技术和入侵防御技术等，随着防御技术的发展，以入侵容忍、可信计算和移动目标防御为代表的新型防御技术也在兴起。

3．关键基础设施防护

关键基础设施是对通信枢纽、信息中心、能源、交通和水利等重要行业和领域关键业务运行起至关重要作用的系统的统称，其中，通信基础设施支撑着诸多领域的关键业务运行，所占比重最大。关键基础设施防护是指一个区域或国家的关键基础设施对发生严重事件的预案和响应。随着网络安全技术的发展，通信基础设施安全防护技术已由单一的防护措施向多元化防护体系演进，常见的安全防护设施包括防护墙、网闸、主机安全防护软件及态势感知系统等。

7.1.4 网络安全防御技术

网络空间安全问题的来源主要有两个方面：一是网络空间本身的脆弱性；二是外部的威胁和破坏行为。网络安全防御技术便是针对上述两个方面展开的：一是增强信息系统自身的防御能力，避免内部的脆弱性被恶意利用；二是通过实时检测和预测，进而及时识别并清除外部威胁。从不同层面出发，网络安全防御技术的演进路线各有不同，本节主要聚焦技术演进路线——从被动防御到主动防御。

以往网络空间中的防御技术都是附加到目标系统之上的，通过检测攻击行为、分析系统日志和梳理攻击特征，利用自身已掌握的特征集合对网络攻击进行防御，是一种依赖攻击先验知识的安全加固行为。典型的技术有防火墙技术、入侵检测技术和漏洞扫描技术等，这些技术都是在破坏活动发生后而采取的降低破坏程度的补救措施，建立在威胁已经发生的基础之上，是一种"事后"行为，此类防御技术一般为被动防御技术。由于对己方已知威胁的精确防御效果较优，被动防御技术占据了大部分的市场，对提升网络安全等级发挥了重要作用。

由于未知威胁的特征或行为是不确定的，依赖特征的被动防御无法有效应对，被动防御主导下的攻防对抗往往演变为亡羊补牢式的补救行为。为了更好地抵御未知威胁，近年来研究人员逐渐转向研究不依赖攻击先验知识的主动防御技术。主动防御技术不依赖攻击代码和攻击行为特征的感知，也不建立在实时消除漏洞、堵塞后门和清除病毒木马等传统防护技术的基础上，而以提供运行环境的动态性、冗余性和异构性等技术手段改变系统的静态性、确定性和相似性，以最大限度减小防御薄弱点被攻破的概率，阻断或干扰攻击的可达性，从而提升信息系统的防御能力。主动防御技术试图从整体上提高攻击方的攻击门槛和攻击成本，扭转易攻难守的不平衡格局。目前，典型的主动防御技术包括移动目标防御技术、可信计算技术等。

7.2 被动防御技术

7.2.1 防火墙技术

1. 防火墙的定义

防火墙技术是一种典型的被动防御技术。防火墙是隔离本地网络和外界网络的一道屏障，部署于网络边界，是内部网络和外部网络之间的连接桥梁，同时对进出网络边界的数据进行保护，防止恶意入侵和恶意代码传播等，保障内部网络数据的安全。防火墙在网络中的部署位置如图 7-1 所示。

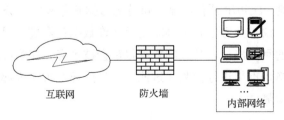

图 7-1　防火墙在网络中的部署位置

2．防火墙的功能

设置防火墙的目的是保护目标网络免受来自其他网络的攻击，通常包括几个任务：拒绝未经授权的用户访问、阻止未经授权的用户访问敏感数据，以及允许授权用户访问所需要的资源。防火墙的主要功能体现在以下几个方面。

1）防火墙作为网络安全屏障

防火墙可以提高内部网络的安全性能，过滤不安全的服务，从而降低系统风险。由于只有防火墙允许的流量才能通过防火墙，防火墙还能保护网络免受某些基于路由的网络攻击，如源路由攻击和基于 ICMP 的重定向攻击。

2）监控审计网络资源的存取和访问

防火墙可以记录所有流经的流量，同时可以生成日志，并对网络使用情况进行统计分析。对于可疑操作，防火墙能够及时发出告警，并提供相应的细节信息，如网络是否被检测和攻击。

3）保证重点目标的机密性

在内部网络中容易被忽视的脆弱点都有可能被攻击方利用，对内部网络造成安全威胁，从而增加全局网络的安全弱点。通过防火墙能对内部网络进行划分，隔离内部网络中的关键网段，从而从整体上降低本地网段的网络对整体网络安全的影响。使用防火墙可以隐藏那些容易被侦测到的内部细节服务，如 Finger 和 DNS 等服务。

4）基于 NAT 技术隐藏内部网络

网络地址转换（Network Address Translation，NAT）技术是一种将私有地址转换为合法 IP 地址的技术，已广泛应用于各种类型的互联网接入。NAT 技术既可解决 IP 地址短缺的问题，又能隐藏内部主机的 IP 地址，从而避免来自网络外部的攻击。

3．防火墙的分类

传统意义上的防火墙分为三大类，包过滤（Packet Filtering）防火墙、应用代理（Application Proxy）防火墙和状态检测（State Inspection）防火墙。后续出现的各类防火墙，基本都是在此基础上扩展的。

1）包过滤防火墙

包过滤防火墙作用于网络层和传输层，根据设置的过滤规则对流经防火墙的数据包进行检查和选择。当数据包被过滤时，要从数据包中提取相关信息到匹配规则表中进行检查，检查是否存在匹配规则。TCP/IP 通信数据包可分为数据和包头两部分，根据包头的源地址、目的地址、端口号和协议类型等标志来判断是否允许数据包通过，只有满足过滤规则的数据包才能转发到相应的目的出口，其余的数据包都会被舍弃。在实际应用时，内部主机被允许直接访问外部网络，不用进行检测和过滤；而当外部主机对内部网络进行访问时，需要经过包过滤防火墙检测。

2）应用代理防火墙

应用代理防火墙作用在应用层，用于对网络通信流进行隔离，通过运行每个应用服务专门的代理程序实现对应用层通信流的监控。在客户端和服务器进行数据交换时，必须经过代理服务器。例如，当终端需要数据时，终端会先向代理发送请求，代理再向服务器发送请求，最终由代理将数据返回给终端。上述过程中，内、外主机之间没有直接数据交换的通道，因此能够阻断外部网络对内部网络的入侵。

3）状态检测防火墙

状态检测防火墙是在包过滤防火墙和应用代理防火墙之后发展起来的，工作在数据链路层和网络层之间，它通过采用一种被称为"状态监视"的模块，对网络通信各个层次实现监测，并根据各种过滤规则进行不同的处理，依此判断是否接收该数据包。这类防火墙摒弃了包过滤防火墙只检查进入网络的数据包，不关心数据包的连接状态的缺点。将状态连接表内置于防火墙中，在保留了对每个数据包的头部、协议、地址、端口和类型等信息分析的基础上，进一步发展了"会话过滤"功能。在每个链接建立时，防火墙都会对该链接构造一个会话状态，在进行数据包检查时，不仅要满足状态连接表中规则的约束，还要把本次会话所处的状态信息考虑进来，从而实现对传输层的完整控制。

7.2.2　入侵检测技术

1. 技术简介

"入侵"是指任何未经授权而蓄意尝试访问信息、篡改信息，导致系统不可靠或不能使用的行为。入侵手段是试图破坏资源的完整性、机密性及可用性的行为集合，具体包括尝试性闯入、伪装攻击、安全控制系统渗透、泄露、拒绝服务和恶意使用六种类型。入侵检测技术是用于实时监测和发现信息系统中未授权行为或异常现象的技术，是一种用于检测计算机网络违反安全策略行为的技术，主要通过对行为、安全日志、审计数据或其他网络可以获得的信息进行处理分析，从而检测对系统的恶意闯入。入侵检测技术是对防火墙技术的有效补充，扩展了系统管理员的安全管理能力。常用的入侵检测技术包括模式匹配技术、神经网络技术、免疫技术、数据挖掘技术和数据融合技术等。

入侵检测系统（Intrusion Detection System，IDS）是入侵检测软件与硬件组合的统称，是网络安全的一个重要组成部分，主要功能包括：识别常用网络入侵和攻击手段，监控网络异常通信，识别系统漏洞和后门。

1）识别常用网络入侵和攻击手段

入侵检测技术的原理：分析已有攻击行为的攻击特征，通过提取攻击行为的攻击特征可以快速对可疑程序进行识别分类，进而针对不同的攻击类型进行相应的防范。常见的攻击类型包括探测攻击、DoS 攻击、缓冲区溢出攻击、电子邮件攻击和浏览器攻击等。

2）监控网络异常通信

入侵检测系统能够对可疑的通信链接进行识别并做出解析，以保证网络通信链接的合法性和安全性，任何不符合预设网络安全策略的网络数据都会被侦测到，并发出告警。

3）识别系统漏洞和后门

入侵检测系统一般会有系统漏洞和后门的特征信息，能够对网络数据包的连接方式、连接端口及内容进行分析，能够有效识别通信过程中针对系统漏洞和后门的非法行为。

2．系统结构

通用入侵检测系统结构包括审计数据收集、审计数据存储、分析与检测、配置数据、参考数据、动态数据处理和告警 7 个模块，如图 7-2 所示。其中，实箭头线表示数据/控制流，虚箭头线表示系统对入侵活动的响应。

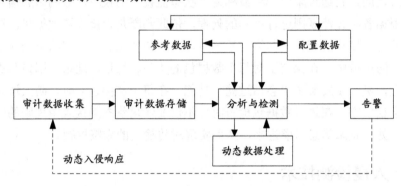

图 7-2　通用入侵检测系统结构

1）审计数据收集

本模块位于数据采集阶段，入侵检测系统是通过检测此阶段采集的数据，进而识别可疑程序的。

2）审计数据存储

本模块用于存储审计数据，入侵检测系统通过积累海量的数据信息，用于后续入侵检测算法的完善。由于审计数据会存储很长时间，且数据量巨大，如何压缩审计数据是当前设计入侵检测系统的重要挑战之一。

3）分析与检测

本模块是入侵检测系统的核心部分，也是入侵检测算法具体的执行应用阶段。常见的入侵检测算法分为误用检测算法、异常检测算法和混合检测算法。

4）配置数据

本模块是入侵检测系统最为关键的部分，通过配置系统的相关信息，可以对收集审计数据的时间和方式，以及对入侵行为的响应等做出影响。

5）参考数据

本模块用于存储已知的入侵签名信息（误用检测）或者正常行为轮廓（异常检测）。此模块会随着参考数据的增多而实时更新，从而增强入侵检测系统的识别能力。

6）动态数据处理

本模块用于存储入侵检测系统的中间结果，如部分完成的入侵签名等信息。

7）告警

本模块是入侵检测系统的输出部分，输出结果可能是对入侵活动的预置反应，也可能是对网络安全管理员的告警通知。

3．入侵检测系统分类

根据数据源的不同，入侵检测系统可分为基于主机的入侵检测系统、基于网络的入侵检测系统和分布式入侵检测系统。

1）基于主机的入侵检测系统

基于主机的入侵检测系统主要对主机系统和本地用户进行检测。原理：在每个需要保护的端系统（主机）上运行代理（Agent）程序，以主机的审计数据、系统日志和应用程序日志等为数据源，主要通过对主机网络的实时连接及对主机文件的分析和判断，发现可疑通信行为并做出响应。该类入侵检测系统的优点是对网络流量不敏感，检测效率高，能快速检测出入侵行为，并及时做出反应；缺点是需要占用主机资源，对主机的性能可靠性依赖较大，所能检测的攻击类型受限，不能检测网络攻击。

2）基于网络的入侵检测系统

基于网络的入侵检测系统主要通过检测数据包内容的特征或通信流量信息，与已知攻击特征相匹配，或与流量特征对比，从而识别攻击事件。基于网络的入侵检测系统通常包括三个必要的功能组件：信息来源、分析引擎和响应组件。基于网络的入侵检测系统可应用于不同的操作系统平台，其优点是配置简单，不需要改变服务器等主机的配置，不需要任何特殊的审计和登录机制，能够实时检测非法攻击和越权访问；缺点是误/漏报率高，主动防御能力不足，且缺乏准确定位和处理机制。

3）分布式入侵检测系统

网络系统结构的复杂化和大型化，使系统的弱点或漏洞分散在网络中的各个主机上，这些弱点有可能被入侵者用来攻击网络，而仅依靠各个主机或入侵检测系统很难发现入侵行为。分布式入侵检测系统将探测点放置在网络中的不同位置，遵循制定的规则进行数据的收集和整理，按照固定周期将数据提交至中央主控节点，按照制定的规则对收集的数据进行分析判断，进而识别是否存在异常连接。分布式入侵检测系统既能检测网络的入侵行为，又能检测主机的入侵行为。

7.2.3　漏洞扫描技术

1．技术简介

漏洞是指一个系统上硬件、软件和协议等的具体实现或系统安全策略上存在的弱点或缺陷，这些缺陷、错误或不合理之处可能被有意或无意地利用，使攻击方能够在未授权的情况下访问或破坏系统，从而对一个主机或网络的运行造成不利影响。漏洞的存在，很容易导致黑客的入侵及病毒的驻留，导致数据丢失和篡改、隐私泄露乃至金钱上的损失。对攻击方而言，漏洞扫描技术是基于漏洞数据库，通过扫描等手段对指定的远程或者本地计算机系统的安全脆弱性进行检测，并发现可利用的系统漏洞的一种安全检测技术。对防御方而言，通过对网络的扫描，网络管理员能及时发现安全漏洞，更正网络安全漏洞和系统中的错误设置，在黑客攻击前提前进行防范。

典型的漏洞扫描体系结构，包括漏洞数据库、用户配置控制台、扫描引擎、若干个扫描目标、当前获得的扫描知识库、扫描结果存储和报告生成工具，如图 7-3 所示。其中，扫描引擎通过用户配置控制台和漏洞数据库来设置扫描目标和扫描内容，具体的扫描过程在当前活动的扫描知识库中进行，最后保存扫描结果并通过报告生成工具生成相关的漏洞扫描报告。

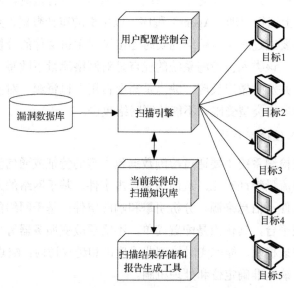

图 7-3　典型的漏洞扫描体系结构

通常一次完整的网络安全漏洞扫描分为以下几个阶段。

（1）发现目标主机或网络。

（2）发现目标后搜集目标信息，包括操作系统类型、运行的服务及服务软件的版本等。如果目标是一个网络，还可以进一步发现该网络的拓扑结构、路由设备及各主机的信息。

（3）根据搜集到的信息判断，或者通过相关手段进一步测试系统是否存在安全漏洞。

2. 相关技术

漏洞扫描常用的技术包括 Ping 扫描、端口扫描、OS（操作系统）探测、脆弱点扫描和防火墙规则扫描五种，每种技术实现的目标和运用的原理各不相同。漏洞扫描技术分类如表 7-1 所示。按照 TCP/IP 协议族的结构，Ping 扫描工作在网络层，端口扫描、防火墙规则扫描工作在传输层，OS 探测、脆弱点扫描工作在网络层、传输层和应用层。通过 Ping 扫描能确定目标主机的 IP 地址，通过端口扫描能探测目标主机所开放的端口，然后基于端口扫描的结果，进行 OS 探测和脆弱点扫描。

表 7-1　漏洞扫描技术分类

技术	应用位置	扫描目标
Ping 扫描	网络层	主机的 IP 地址
端口扫描	传输层	开放的端口
OS 探测	网络层、传输层、应用层	使用的操作系统
脆弱点扫描	网络层、传输层、应用层	扫描网络服务
防火墙规则扫描	传输层	扫描特定数据包

1）Ping 扫描

Ping 扫描是指侦测目标主机 IP 地址的扫描。Ping 扫描的目的是：确认目标主机的 TCP/IP 网络是否联通，即被扫描的 IP 地址是否分配了主机。对没有任何预知信息的黑客而言，Ping 扫描是进行漏洞扫描和入侵的第一步。从网络管理的角度，借助 Ping 扫描可以了解整体 IP 网络的划分，对主机的 IP 地址分配情况有一个精确的定位。Ping 扫描是基于 ICMP 的，即构造一个 ICMP 包，发送给目标主机，根据得到的响应来进行判断。

2）端口扫描

一个端口就是一个潜在的通信通道，也是一个入侵通道。对目标计算机进行端口扫描，可获得较多的有用信息。端口扫描主要用于对目标主机开放的端口进行探测。通常，端口扫描只对目标端口进行简单的联通性探测，因此比较适用于扫描范围较大的网络。端口扫描支持直接对指定 IP 地址扫描端口段和指定端口扫描 IP 段的模式。

3）OS 探测

远程探测计算机系统的 OS 类型和版本号等信息，是黑客入侵行为的重要步骤，也是网络安全中的一种重要技术。OS 探测有双重目的：一是探测目标主机的 OS 信息，二是探测提供服务的计算机程序的信息。例如，OS 探测的结果为：OS 是 CentOS 8，服务器平台是 Apache 2.4.39。

4）脆弱点扫描

在网络安全领域，脆弱点扫描即脆弱性评估，是针对黑客攻击的有效防范技术。脆弱点扫描主要针对目标主机的指定端口，其中大多数的脆弱点扫描都是基于指定操作系统中的指定网络服务来实现的。

5）防火墙规则扫描

采用类似路由追踪（Traceroute）的 IP 数据包的分析方法，探测是否能通过防火墙向目标主机发送特定的数据包，为更深层次的探测提供基本信息，以便漏洞扫描后的入侵或下次扫描的顺利进行，同时便于进行基于漏洞扫描的入侵。基于该扫描技术能够探测防火墙允许通过的端口，并探测防火墙的基本规则。例如，探测是否允许携带控制信息的数据包通过等，甚至能够通过防火墙探测网络的具体信息。

3．技术分类

漏洞扫描技术有多种分类方法，以扫描对象进行划分，可分为基于网络的漏洞扫描和基于主机的漏洞扫描。

1）基于网络的漏洞扫描

基于网络的漏洞扫描从外部攻击方的角度对目标网络和系统进行扫描，主要用于探测网络协议和计算机系统网络服务中存在的漏洞。例如，HTTPS 中的一个主要漏洞是 Drown 攻击，它可以帮助攻击方破解和加密，窃取信用卡信息和密码。由 Microsoft 开发的 RDP 存在一个称为 BlueKeep 的漏洞，允许勒索软件之类的恶意软件通过易受攻击的系统传播。使用基于网络的漏洞扫描工具，能够监测目标系统是否开放了端口服务，以及是否存在这些漏洞。在实际应用时，基于网络的漏洞扫描工具可以看作一种漏洞信息收集工具，先基于不同漏洞的特性构造网络数据包，然后发给网络中的一个或多个目标服务器，以判断该漏洞是否存在。

2）基于主机的漏洞扫描

基于主机的漏洞扫描从系统用户的角度检测计算机系统的漏洞，从而发现应用软件、注册表或用户配置等存在的漏洞。基于主机的漏洞扫描通常在目标系统上安装一个代理（Agent）或者服务（Service），以便能够访问所有的进程，并能够扫描安装程序和运行进程中存在的更多漏洞。目前，大多数安全软件都具有基于主机的漏洞扫描功能。例如，360 安全卫士和火绒安全软件均能在检测到系统中安装的软件存在漏洞时，提供补丁下载功能进行修复。作为攻击方，若想使用基于主机的漏洞扫描工具，首先要控制目标主机，然后才能够进一步安装工具进行扫描。

基于网络的漏洞扫描在使用和管理方面比较简单，但是在探测主机系统内应用软件的漏洞方面不如基于主机的漏洞扫描；而基于主机的漏洞扫描虽然能够扫描更多类型的漏洞，但是在管理和使用权限方面有更多的限制。

漏洞扫描技术从具体实施方法上又可分为硬件漏洞扫描和软件漏洞扫描两类。

（1）硬件漏洞扫描。硬件漏洞也称硬件木马，是指被故意植入电子系统中的特殊模块和电路，或者设计者无意留下的缺陷模块及电路。硬件漏洞通常潜伏在正常电路之中，在特殊条件下可被触发，被攻击方利用而对正常电路进行恶意修改或破坏，造成正常电路无法工作。若潜伏于通信模块中，则会将信息泄露给攻击方。

事实上，硬件安全（特别是 CPU 芯片的硬件安全）是计算机系统的安全根基，若无法确保硬件安全，则其上运行的软件安全便无从谈起，且由于硬件漏洞更难被发现，一旦被恶意利用，造成的影响会更加广泛和严重。

（2）软件漏洞扫描。软件漏洞（缺陷）产生的原因可能是软件设计的不合理、软件开发者在开发软件时的疏忽，或者编程语言的局限性。软件漏洞会导致软件在运行时出现一些设计时的非预期行为，不但不能实现预期的功能，还会出现意料之外的执行状况。非预期行为轻则会损害程序的预期功能，重则会导致程序崩溃而不能正常运行，甚至与安全相关的程序缺陷可以被恶意程序利用，使程序宿主机受到侵害，以致泄露用户信息，包括银行账号等私密数据。

软件漏洞扫描是提高软件安全性的重要方法和基本手段，在给定软件程序和待检测的安全规约下，通过模拟相似的运行环境和输入信号来判断程序中所有可能出现的响应和输出是否满足预期结果，若程序在某次执行过程中存在违反该安全规约的行为，则说明存在相应的安全漏洞。

7.2.4　虚拟专用网技术

虚拟专用网（Virtual Private Network，VPN）是一种较早使用、实用性很强的网络安全被动防御技术，主要作用是通过加密技术，在不安全的网络中构建一个相对安全的传输通道。VPN 的具体实现过程是依靠 ISP（Internet Service Provider，互联网服务提供者）和 NSP（Network Service Provider，网络业务提供商）在公共网络（互联网或者企业公共网络）中建立虚拟专用通信网络，把要传输的原始协议数据包封装在隧道协议中进行透明（与底层的公共网络无关）远程传输。典型的 VPN 传输通道模型图如图 7-4 所示。

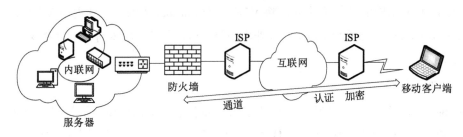

图 7-4　典型的 VPN 传输通道模型图

1. 相关技术

目前，VPN 采用了以下 4 项关键技术来保证通信的安全性，分别是隧道技术（Tunneling）、加解密（Encryption & Decryption）技术、密钥管理（Key Management）技术、使用者与设备的身份认证（Authentication）技术。

1）隧道技术

隧道技术是一种通过使用互联网基础设施在网络之间传递数据的技术。使用隧道传递的数据（或负载）可以是不同协议的数据帧或数据包。隧道协议能将待传输的数据帧或数据包重新封装在新数据包中发送。新数据包能提供路由信息，被封装的数据包在隧道的两个端点之间通过公共网络进行路由，从而使封装的数据能够通过互联网传递到目的地。新数据包一旦到达网络终点，就会被还原出初始数据包，并转发到目的地。隧道技术中涉及数据封装、传输和解封装等处理过程。

2）加解密技术

通过公共网络传递的数据必须经过加密，以确保网络中其他未授权的用户无法读取该信息。加解密技术是数据通信中一项较成熟的技术，VPN 可直接利用成熟的加解密技术。

3）密钥管理技术

密钥管理技术的主要作用在于，如何保证通过网络传输的密钥不被窃取，从而保证加密数据的安全性。密钥管理技术是指通过公开密钥加密技术实现对称密钥管理的技术，可以使相应的管理变得更简单和更安全，还能解决对称密钥模式中存在的可靠性问题和鉴别问题。

4）身份认证技术

身份认证的作用是对用户的身份进行鉴别，能保护网络信息系统中的数据和服务不被未授权的用户访问。身份认证的目的是：鉴别通信中另一端的真实身份，防止伪造和假冒等情况发生。身份认证技术的方法主要是密码学方法，包括使用对称加密算法、公开密钥密码算法和数字签名算法等。

2．系统分类

根据 VPN 应用的业务类型不同，将 VPN 分为 Intranet VPN（企业内部 VPN）、Access VPN（远程访问 VPN）与 Extranet VPN（外部网络 VPN）三类，很多情况下会涉及三种 VPN 的混合应用。

1）Intranet VPN

Intranet VPN 能通过公共网络与企业集团内部多个分支机构和公司总部的网络互联，是传统专网或其他企业网的扩展或替代形式。随着企业的跨地区工作和国际化经营，绝大多数大中型企业会选择该方式。Intranet VPN 结构示意图如图 7-5 所示。

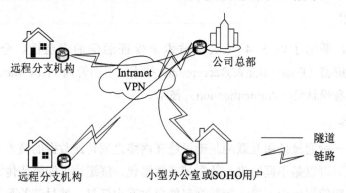

图 7-5　Intranet VPN 结构示意图

2）Access VPN

Access VPN 又称拨号 VPN，是指企业员工或企业的小型分支机构以通过公共网络远程拨号的方式构建的虚拟专用网。如果企业内部人员有移动办公需要，或者商家要提供 B2C

（企业到客户）的安全访问服务，就可以考虑使用 Access VPN。Access VPN 结构示意图如图 7-6 所示。

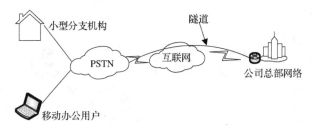

图 7-6　Access VPN 结构示意图

3）Extranet VPN

Extranet VPN 即企业间发生收购、兼并或企业间建立战略联盟后，使不同企业网络通过公共网络来构建的虚拟专用网。Extranet VPN 通过一个使用专用链接共享基础设施，将客户、供应商、合作伙伴或兴趣群体连接到企业内部网。Extranet VPN 的基本网络结构与 Intranet VPN 一样，当然所连接的对象有所不同，其结构示意图如图 7-7 所示。

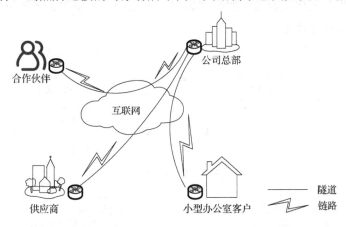

图 7-7　Extranet VPN 结构示意图

7.2.5　入侵防御技术

1. 入侵防御系统的定义

随着网络攻击技术的不断发展及网络安全漏洞的不断演进，传统防火墙技术+入侵检测技术，已经无法应对一些高级安全威胁。在这种情况下，入侵防御系统（Intrusion Prevention System，IPS）应运而生，它能对流经的每个报文进行深度检测（协议分析跟踪、特征匹配、流量统计分析和事件关联分析等），以监控网络或网络设备的传输行为，一旦发现隐藏于其中的网络攻击，就能够及时中断、调整或隔离一些非正常或具有伤害性的网络信息传输行为，并根据该攻击的威胁级别立即采取相应的抵御措施，包括向管理中心告警、丢弃该报文、切断此次应用会话、切断此次 TCP 连接等。入侵防御系统的网络位置位于防火墙之后，其部署图如图 7-8 所示。

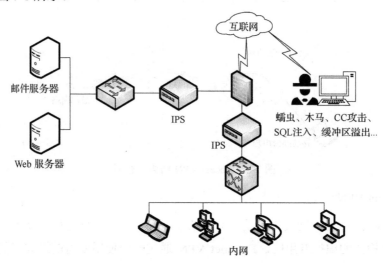

图 7-8　入侵防御系统部署图

入侵防御系统与入侵检测系统的区别如图 7-9 所示，入侵防御系统用于深度防御，而入侵检测系统用于全面检测。

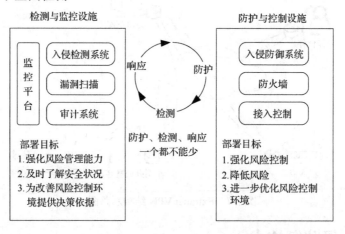

图 7-9　入侵防御系统与入侵检测系统的区别

（1）入侵防御系统位于防火墙和网络设备之间，如果检测到威胁，入侵防御系统会在攻击扩散到网络其他地方之前阻断恶意通信；而入侵检测系统存在于网络之外，能起到告警的作用。

（2）入侵防御系统相比入侵检测系统具有检测已知和未知攻击，以及防止攻击的能力。

（3）入侵检测系统基于数据包嗅探技术，只能看着网络信息流过，不能反击网络攻击；而入侵防御系统可执行与入侵检测系统相同的分析并阻止恶意活动。

2. 技术优势

入侵防御系统能通过分析网络流量，检测入侵（缓冲区溢出攻击、木马和蠕虫等），并通过一定的响应方式，实时阻止入侵行为，从根本上避免攻击行为，保护信息系统和网络架构免受侵害，因而入侵防御系统是既能发现威胁，又能阻止入侵行为的新型安全防御技术，其主要优势如下。

1）实时阻断攻击

入侵防御系统直接通过串接方式部署于网络中，能够在检测到入侵时，实时对入侵活动和攻击性网络流量进行拦截，把其对网络的危害降到最低。

2）深层防护

由于新型的攻击都隐藏在 TCP/IP 的应用层里，入侵防御系统不仅能检测报文应用层的内容，还能对网络数据流重组以进行协议分析和检测，并根据攻击类型和策略等来判定哪些流量应该被拦截。

3）全方位防护

入侵防御系统可针对蠕虫、病毒、木马、僵尸网络、间谍软件、广告软件、公共网关接口（Common Gateway Interface，CGI）攻击、跨站脚本攻击、注入攻击、目录遍历、信息泄露和远程文件（攻击、溢出攻击、代码执行、拒绝服务、扫描工具和后门）等提供防护措施，全方位地防护内网系统的安全。

4）兼顾内外网安全

入侵防御系统既可防止来自企业外部的攻击，又可防止发自企业内部的攻击。系统对经过的流量都可以进行检测，为服务器和客户端提供立体防护。

5）持续更新

入侵防御系统中的入侵防御特征库支持持续更新，以应对各种新出现的网络威胁。

3. 系统分类

根据工作原理的不同，可以将入侵防御系统分为以下 3 类：基于主机的入侵防御系统（Host Intrusion Prevent System，HIPS）、基于网络的入侵防御系统（Network Intrusion Prevention System，NIPS）和基于应用的入侵防御系统（Application Intrusion Prevention System，AIPS）。

1）基于主机的入侵防御系统

基于主机的入侵防御系统通过在主机/服务器上安装软件代理程序，防止网络攻击入侵操作系统和应用程序，提升主机的安全水平。基于主机的入侵防御技术可以根据自定义的安全策略和分析学习机制来阻断对服务器或主机发起的恶意入侵。防御手段包括阻断缓冲区溢出、改变登录口令、改写动态链接库及其他试图从操作系统夺取控制权的入侵行为等。

2）基于网络的入侵防御系统

基于网络的入侵防御系统通过检测流经的网络流量，提供对网络系统的安全保护。由于系统采用串接方式接入网络，所有的数据流量都要经过系统，所以一旦辨识出入侵行为，系统就可以阻断整个网络会话。由于系统处于实时在线工作模式，网络的入侵防护通常被设计成类似交换机的网络设备，支持线速数据处理及多个网络端口。

3）基于应用的入侵防御系统

基于应用的入侵防御系统是基于主机的入侵防御系统的一个特例，它把基于主机的入侵防御扩展到位于应用服务器之前的网络设备，用来保护特定应用服务（Web 和数据库等应用），通常部署在应用服务器之前，通过对基于应用的入侵防御系统安全策略的控制来防止基于应用协议漏洞和设计缺陷的恶意攻击。

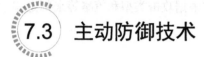

7.3 主动防御技术

7.3.1 沙箱技术

1. 技术简介

沙箱技术是一种有效的恶意程序检测和防御技术，源于软件错误隔离技术（Software-based Fault Isolation，SFI），主要思想是隔离，即按照一定的安全策略限制程序行为的执行环境。沙箱技术为程序构建了一种隔离的、受限的、可配置的和可追溯的运行环境，限制了不可信进程或代码的运行权限，为主机运行提供了一个安全隔离的运行环境，防止对系统造成恶意破坏，并可追溯恶意程序的行为。

沙箱的主要功能包括两个方面：保护系统和检测分析程序。

（1）保护系统。保护系统主要体现在将恶意程序限制在沙箱中运行，建立一个程序操作行为严格受控的执行环境，将不受信任的程序放入其中运行和测试，恶意程序在沙箱中造成的危害不会影响沙箱隔离环境之外的用户系统部分。

（2）检测分析程序。检测分析程序主要体现在按照某种安全策略限制程序行为的执行环境，对非可信程序样本进行分析，并记录样本在沙箱环境内的各种执行过程，从而判定样本的真实意图，最终判断该程序是否为恶意程序。

常见的沙箱系统主要分为基于虚拟机的沙箱系统和基于规则的沙箱系统。

（1）基于虚拟机的沙箱系统。该系统能为不可信资源提供虚拟化的运行环境，与主系统进行隔离，在保证不影响不可信资源原有功能的前提下，对其他系统提供安全防护，使不可信资源的程序执行不会对主系统造成影响。根据虚拟化层次的不同，基于虚拟机的沙箱可分为两类，即系统级别的沙箱和容器级别的沙箱。基于虚拟机的沙箱系统结构图如图 7-10 所示。

（2）基于规则的沙箱系统。该系统通过使用访问控制规则限制程序的行为，主要由访问控制规则引擎和程序监控器等部分组成。程序监控器能实时监测程序行为，并将监测结果提交给访问控制规则引擎，由访问控制规则引擎根据访问控制规则来判断是否同意该程序的系统资源使用请求。基于规则的沙箱不需要对系统资源进行复制，降低了冗余资源对系统性能的影响，且利于不同程序对资源的共享。基于规则的沙箱系统结构图如图 7-11 所示。

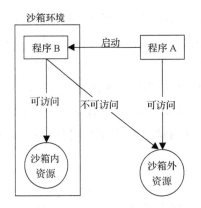

图 7-10　基于虚拟机的沙箱系统结构图

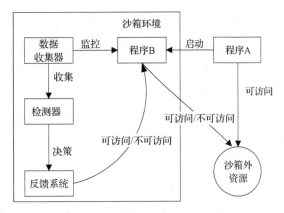

图 7-11　基于规则的沙箱系统结构图

2．关键技术

沙箱的关键技术主要包括资源访问控制技术、程序行为监控技术、重定向技术、虚拟执行技术及行为分析技术等。

1）资源访问控制技术

资源访问控制的任务是为用户提供最大限度的系统资源共享，采用访问控制理论，为合法主体提供所需要客体的访问权，以防止越权篡改和资源滥用。面向资源的访问控制是将应用程序作为标识主体，根据应用程序的功能和自身安全的需求对应用程序设置访问控制规则。通过访问控制规则来限制程序对资源的访问权限，既满足了程序对资源的正常访问需求，又保证了系统的安全性。

2）程序行为监控技术

恶意程序一般通过进程隐藏、端口隐藏和文件隐藏等技术保护自己，也会通过系统调用实现自身的恶意功能。程序行为监控技术是构建沙箱的一种基础技术，通过对非可信程序发起的系统调用进行拦截，可以实现对程序行为的监控。构建在操作系统内的沙箱通常使用 DLL 注入、Inline-Hook 等监控技术，构建在操作系统外的沙箱则主要通过虚拟机监控器实现对程序指令的监控与拦截。

3）重定向技术

重定向技术通过各种方式将访问请求及请求中的参数重新定位到其他请求或参数上，从而保护真实的用户系统，具体实现包括文件重定向和注册表重定向等。文件重定向是指在非可信程序执行文件操作时，首先将目标文件复制到沙箱指定的路径下，再执行相关操作，避免恶意程序对真实源文件的操作，同时可以观察和分析沙箱文件中的变化情况。注册表重定向的操作类似于文件重定向，即通过将注册表操作重定向到沙箱指定的路径下，避免恶意程序对真实注册表中的系统参数和应用程序配置信息进行修改；当程序样本执行后，再删除沙箱中的注册表资源。

4）虚拟执行技术

虚拟执行技术利用系统虚拟化和进程虚拟化等技术，为程序执行提供虚拟化的程序执行环境，如虚拟上下文、虚拟操作系统、虚拟存储设备和虚拟网络资源等。通过模拟与实际资源完全隔离的虚拟执行环境，实现对系统资源等的保护。例如，在 SSDT Hook 技术中，可以利用虚拟命名空间的方法，将程序访问重定向到影子系统内核服务函数中执行，避免了对真实系统服务描述符表（System Services Descriptor Table，SSDT）的访问。在系统虚拟化技术中，利用 VM Exit 机制将系统内存空间和 MMIO 的操作重定向到虚拟机监控器拷贝构建的影子页表或系统文件。

5）行为分析技术

行为分析技术能对沙箱监控获得的程序行为和指令序列进行分类，或者对威胁程度进行分析。根据程序行为的效应范围或监控到的系统调用序列，可分析程序的文件操作、注册表操作、进程/线程操作、网络通信和内核加载等行为，并依据预先定义的安全策略等级，沙箱可以对具体的恶意行为进行综合评价，判断危害的严重程度，确定相应的危害等级。例如，打开、读取文件属于轻度危害；程序提权属于中度危害；终止安全软件运行或在后台下载未知程序属于严重危害。

3. 沙箱分类

按照系统层次结构，可将沙箱分为用户态沙箱、内核态沙箱、混合态沙箱和虚拟态沙箱。

1）用户态沙箱

该类型沙箱一般运行在操作系统的用户层，通过用户态隔离软件执行安全策略，所需要的服务通过调用操作系统内核实现。例如，Google 的 Chrome 浏览器、Mirosoft 的 IE 浏览器和 Adobe X-Reader 等都采用了用户态沙箱的保护模式。

2）内核态沙箱

该类型沙箱的功能代码完全基于操作系统内核实现，运行时驻留在内存中，通过存储器硬件保护机制实现隔离。与用户态沙箱相比，内核态沙箱无须在目标进程中插入额外监控代码，可直接在内核中监视用户程序，避免了用户态沙箱的逃逸问题。缺点是：过于依赖操作系统，内核态沙箱对开发人员要求较高。

3）混合态沙箱

该类型沙箱兼顾了用户态沙箱和内核态沙箱的优点，即利用操作系统内核提供隔离支持和具体执行机制，同时在用户态中实现沙箱的系统功能，便于移植和扩展。混合态沙箱充分利用了计算机体系结构、硬件和操作系统自身的机制，提供了更为底层和高效的保护功能。

4）虚拟态沙箱

随着虚拟化技术的不断发展，虚拟态沙箱开始涌现，其功能模块主要构建在虚拟机监控器中，利用虚拟机监控器的底层优势，为目标操作系统提供隔离的虚拟机运行环境，同时监控虚拟机中的程序执行。

7.3.2　蜜罐技术

1. 技术简介

"蜜网项目组"（Honeynet Project）创始人兰斯·施皮策（Lance Spitzner）给出了蜜罐技术的定义，即"一种安全资源，其价值在于被探测、攻击和攻陷"。蜜罐技术本质上是一种对攻击方进行欺骗的技术，通过布置一些作为诱饵的主机，在其内部运行着多种多样的数据记录程序和特殊用途的"自我暴露程序"，诱使攻击方对它们实施攻击，进而捕获攻击方的行为特征，以备分析或取证。通过蜜罐技术，防御方能够清晰地了解他们所面对的安全威胁，并通过技术和管理手段来增强实际系统的安全防护能力。

与防火墙技术、入侵检测技术等不同，蜜罐技术本身并不能直接提高网络或信息系统的安全，但能严密监控出入蜜罐的流量，通过日志功能记录蜜罐与攻击方的交互过程，收集攻击方的攻击工具、方法、策略及样本特征等信息，为防范和破解后续出现的攻击类型积累经验。综上，蜜罐并不能代替防火墙和入侵检测系统等常规安全防护系统，而是通过和这些安全防护系统相互配合，实现被动防御和主动防御相结合，是对现有的安全防御工具的一种补充。

典型蜜罐系统的基本构成如图 7-12 所示。互联网通过高速连接传输流量数据，当防火墙检测到攻击行为时，会将攻击流量转发至已构建好的软件蜜罐或硬件蜜罐中；分析员则通过入侵检测系统对收到的防火墙日志及嗅探通信内容进行处理，分析此次攻击流量的攻击特征。

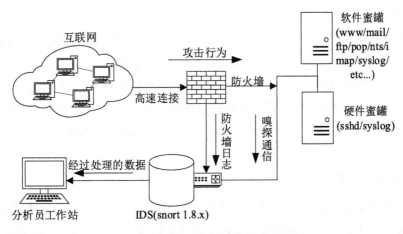

图 7-12　典型蜜罐系统的基本构成

2．技术优势

目前，蜜罐技术已被公认为一种可以了解攻击方技术、手段、工具和策略的有效手段，是实现主动防御策略的强大工具。蜜罐在安全方面的技术体现在以下 3 个方面。

1）诱捕和缓解网络攻击

蜜罐的设计初衷是诱骗对方攻击，希望攻击方能够入侵系统，从而进行各项记录和分析工作。因此，作为蜜罐的主机通常会预设较弱的安全防护功能，如安装和运行没有打最新补丁的 Windows 或 Linux 操作系统版本、未设置主机防火墙规则等。诱骗攻击的过程本质上也是一种防护行为，促使攻击方将精力和时间花费在对蜜罐的攻击上，客观上缓解和保护了真正的网络业务系统。

2）提高数据收集和检测效率

一般情况下，对正常主机的后台系统进行攻击时，攻击方会将攻击流量隐藏和淹没在合法流量中，而蜜罐可以最大限度地吸引攻击流量，并记录攻击行为。由于蜜罐本身没有任何主动行为，所有与蜜罐相关的连接都被视为可疑行为并被记录下来，使用蜜罐可以有效降低误报和漏报的概率，简化检测和监控过程。

3）发现和识别未知的新型攻击

蜜罐可为安全研究人员提供一个全程观测入侵行为和学习新型攻击的平台。蜜罐在检测到入侵后，可以根据设定的规则进行响应，通过模拟系统响应引诱攻击方做出进一步攻击，直至整个系统被攻陷。在此过程中，安全人员可以一步步记录攻击方的攻击行为，重点关注蜜罐与攻击方之间进行通信或者攻击方给蜜罐上传的后门或漏洞等，为识别和发现未知攻击，以及挖掘攻击方提供依据。

3．关键技术

蜜罐涉及的主要技术有欺骗技术、信息获取技术、数据控制技术和信息分析技术等。

1）欺骗技术

蜜罐主要通过系统漏洞、IP 空间和流量仿真等技术手段进行欺骗。系统漏洞欺骗通常模拟包含漏洞的系统服务和端口，吸引攻击方攻击，通过端口和服务响应收集所需信息；IP 空间欺骗则利用计算机的多宿主能力，在单一网卡上分配多个 IP 地址误导攻击方，使攻击方认为存在一个可攻击的网络；流量仿真欺骗是指利用各种手段实时复制和模拟流量，生成虚拟网络流量，使其与真实网络环境中的流量高度相似，构建一个虚拟网络，从而欺骗攻击方。

2）信息获取技术

数据捕获的主要目的是：捕获并记录攻击方的行为，实施过程可以通过主机捕获和网络捕获两种方式实现。主机捕获是在蜜罐主机上获取并记录攻击方行为的数据信息，该方式快捷简单，缺点是容易被攻击方发现；网络捕获是通过构建一个虚拟蜜罐网络获取并记录攻击方的行为信息，该方式不易被发现，但在构建实施环境时较为困难。

3）数据控制技术

数据控制是蜜罐系统的核心功能之一，主要用来防止攻击方利用蜜罐对其他系统发起攻击和连接，需要监视和限制攻击方的行为。蜜罐系统通常有两层数据控制，分别是防火墙控制和路由器控制。

4）信息分析技术

信息分析的主要功能是将蜜罐系统所捕获的各类数据进行分析，形成有价值的信息，并基于这些信息了解和掌握攻击方的攻击方法和攻击策略，为防范后续攻击提供依据。

4. 系统分类

根据不同的安全需求，蜜罐系统的设置要求和实现方法存在差异，因此可从系统功能、交互程度和实现方式等角度对蜜罐进行分类。

1）按系统功能进行分类

蜜罐按照系统功能可分为产品型蜜罐和研究型蜜罐。产品型蜜罐是指由网络安全厂商开发的商用蜜罐，主要目的是为企业或单位的网络系统提供安全保护。产品型蜜罐一般作为一种安全的辅助手段，用来辅助各种安全措施，以保障系统的安全，包括辅助入侵检测、减缓攻击破坏、犯罪取证和帮助安全管理员采取正确的响应措施。研究型蜜罐主要用于研究攻击方及其活动，不仅要对攻击行为进行吸引、捕获、分析和追踪，还要了解新型攻击工具、监听攻击方的通信和分析攻击方的心理，从而掌握攻击方的背景、目的和活动规律等。

2）按交互程度进行分类

蜜罐系统根据交互程度可分为低交互蜜罐和高交互蜜罐。低交互蜜罐具有与攻击源主动交互的能力，一般通过模拟操作系统、网络服务甚至漏洞来实现蜜罐功能，攻击方可在仿真服务指定的范围内动作，仅与蜜罐进行一定程度的交互动作。高交互蜜罐能通过为攻击方提供逼近真实的操作系统和网络服务，复现一个全功能的应用环境，引诱攻击方发起攻击。高交互蜜罐一般由真实的操作系统和主机来构建，具有较高的交互能力，对未知漏洞和安全威胁具有天然的可适应性，数据获取能力和伪装性能较强。

3）根据实现方式进行分类

蜜罐按照实现方式可分为物理蜜罐和虚拟蜜罐。物理蜜罐是指由一台或多台拥有独立IP和真实操作系统的物理机器组成的蜜罐系统。物理蜜罐能提供部分或完全真实的网络服务吸引攻击，具有高逼真度和高交互的特点，但实现成本较高。虚拟蜜罐一般采用虚拟的机器、虚拟的操作系统和虚拟的服务构建而成，搭建简单，且所需要的计算资源较少，维护费用较低；但缺点是交互能力有限，对攻击方的引诱能力较弱。

7.3.3　入侵容忍技术

1．技术简介

以 Fraga 和 Powell 等人为代表的研究人员在 1985 年提出入侵容忍（Intrusion Tolerance）的概念，并指出入侵容忍是"假定系统中存在未知的或未处理的漏洞，即使被入侵或者感染病毒，系统仍然能最低限度地继续提供服务"。在实际防御过程中，攻击阻止、漏洞修复和入侵阻止等传统防御方法都无法达到理想的阻断攻击效果，入侵故障的发生不可避免，即传统防御方法无法阻止系统失效的发生。入侵容忍技术来源于容错技术，是对传统入侵检测、多样、冗余和隔离等技术的综合，借鉴了容错技术的许多思想和技术来屏蔽入侵所导致的系统内部错误，以维持系统的正常运行。

通常入侵容忍系统的前端是入侵检测系统，后端部署了多个具有相同功能的执行体。当前端的入侵检测系统发现可疑威胁后，会将其转发到后端的冗余执行体中处理，并将多个数据结果统一输入到一个判决器进行裁决。例如，基于大数判决输出多数一致的结果，进而屏蔽少数不一致的结果（在此过程中，认为不一致的结果是恶意执行体的篡改输出）。该机制可以容忍一定数量的执行体被恶意感染，从而提高系统的安全性。综上，入侵容忍系统先假定入侵者利用系统漏洞入侵系统并引发入侵故障，随后导致系统内部出现错误，但只要在错误引发系统失效之前触发容忍机制来避免失效，仍然可以持续对外提供正常或降级的服务。从上述过程可以看出，入侵容忍系统的本质是容忍入侵导致的错误，而非阻止入侵，如图 7-13 所示。

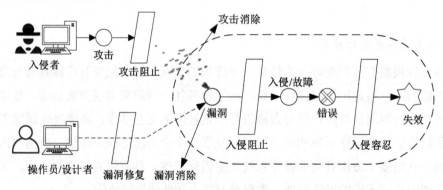

图 7-13　入侵容忍系统的本质

根据不同的应用场景，入侵容忍系统的结构也有所不同，本节以一个具有入侵容忍功能的 Web 服务系统为例进行分析和介绍。Web 服务系统包括防火墙、代理网络（包含一般代理节点、管理节点和裁决节点）、数据库和 Web 服务器等。其中，防火墙是基本网络防护模块，与入侵容忍系统配合使用；一般代理节点用于检测 Web 服务器的运行状态；管理节点用于接受所有的 Web 服务器响应，并依据表决方法来回复客户端；裁决节点对所有的 Web 服务器的 SQL 查询请求进行一致性协商处理；数据库用于保存数据，当 Web 服务器有查询请求时由裁决节点代理查询；Web 服务器用于支持 Web 服务应用运行。Web 服务器的入侵容忍架构如图 7-14 所示。

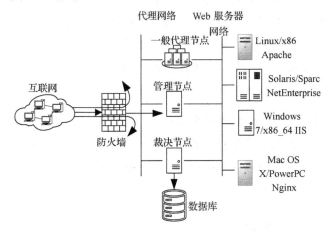

图 7-14　Web 服务器的入侵容忍架构

2. 关键技术

入侵容忍系统的关键技术包括多样化冗余、表决输出、系统重构、系统恢复、拜占庭一致性协商机制和秘密共享等。

1）多样化冗余

所谓多样化，既指硬件冗余、软件冗余等多种冗余方法的结合，也指同一种冗余方法中不同冗余部件或实现方式的结合。在入侵容忍系统的设计中，通常会采用多样化冗余技术增强系统的入侵容忍能力。在入侵容忍系统中，通常会对关键部件或者组件进行冗余备份，使系统在随机故障发生时仍能够继续工作，增强系统的可靠性。

2）表决输出

表决机制广泛应用于许多对可靠性有严格要求的容错应用系统中，如有毒或易燃、易爆材料生产过程的控制系统、航空与铁路等交通基础设施的控制系统、核电站和军事相关的控制系统，以及关乎国计民生的基础信息系统等。在网络的入侵容忍系统中采用了多样化冗余机制，通过对比冗余部件的输出，采取一定策略来达成一致输出。

3）系统重构

系统重构是指针对服务的入侵容忍系统，结合故障或入侵的检测与触发机制，基于软件方法重构正确部件并替换失效部件，或者当系统面临较高安全风险时，以系统重构方式，用较高安全度配置替换较低安全度配置。

4）系统恢复

系统恢复是指对受黑客入侵修改的系统关键文件，或因计算机病毒修改注册表等而受影响的系统关键文件或部件进行恢复处理，使之重新发挥正常功能。

5）拜占庭一致性协商机制

拜占庭一致性协商机制是指通过对系统中各成员进行管理，并通过各成员间的信息交互来保持所有正常服务器的状态信息一致，容忍已被入侵篡改后的恶意服务器传播虚假信息。根据系统所采用的定时模型不同，拜占庭一致性协商机制可以分为同步环境下拜占庭一致性协商机制和异步环境下拜占庭一致性协商机制。

6）秘密共享

秘密共享是指将一个秘密分配给多个参与者，并规定只有部分符合要求的参与者集合可以恢复初始秘密，而其他不符合要求的参与者集合不能获得关于初始秘密的任何信息。秘密共享机制有效保证了入侵容忍系统中签名、密钥等敏感信息的安全性，被许多入侵容忍系统采用。

7.3.4　可信计算技术

1．技术简介

可信计算属于主动应对攻击的防御体系，是一种运算和防护并存的主动免疫的新计算模式，计算过程全程可测可控，不受干扰，同时能进行安全防护。可信计算具有身份识别、状态度量和保密存储等功能，与人体的免疫系统相似，可以及时识别"自我"和"非自我"成分，破坏和排除进入体内的有害物质。可信计算认为只有从整体上采取措施，才能有效地解决信息系统的安全问题，从芯片、主板、硬件结构、基本输入输出系统（Basic Input Output System，BIOS）和操作系统等硬件底层做起，结合数据库、网络和应用进行设计，硬件系统的安全和操作系统的安全是信息系统安全的基础，密码和网络安全等是关键技术。

图 7-15　可信计算系统结构

可信计算系统的一般思路：首先建立一个信任根，作为信任的基础和出发点；然后建立一条信任链，以信任根为起点，一级度量一级，一级信任一级，把这种信任扩展到整个系统中，从而保证整个计算环境的可信。一个典型的可信计算系统由信任根、可信硬件平台、可信操作系统和可信应用系统组成，自下而上形成了一条完整的链路。可信计算系统结构如图 7-15 所示。

可信计算各结构特性如表 7-2 所示。整个链条环环相扣，每部分都经过上一级的可信验证，所以由可信计算组成的 IT 系统安全性大大提高。

表 7-2　可信计算各结构特性

结构名称	特性
信任根	芯片级、底层、不可篡改 片级硬件的不可篡改性，决定了其可以作为最高等级安全的基础
可信硬件平台	硬件安全模块扮演信任根的角色，是整个可信计算平台的基石
可信操作系统	操作系统经过硬件平台的信任
可信应用系统	应用经过操作系统的认证

2．可信计算平台组成

1）可信计算机硬件平台

台式机、服务器和移动设备等计算平台作为组建信息基础设施的基本单元，其面临的网络安全风险不断攀升。可信计算机硬件平台是实现计算机终端安全和网络平台可信的根本保障，主要包括安全处理器（内置可信根）、可信 BIOS、可信 CPU 及支持云计算可信平台（TPCM）、可信计算的安全芯片、安全外设等。可信计算机硬件平台能为固件层和操作系统等提供安全支持，支持密码运算、接口控制和处理器控制等常规安全功能，并具备片内安全、内核完整性度量、细粒度安全审查和安全删除等拓展功能。

2）可信计算机软件平台

可信计算机软件平台对上能保护宿主基础软件和应用的安全，对下能管理和承接可信平台控制模块信任链的传递，是可信计算平台控制模块操作系统的延伸。可信计算机软件平台在操作系统之上，在可信计算平台控制模块的支撑下通过在宿主操作系统内部主动拦截和度量保护，以实现主动免疫防御的安全能力。

3）可信网络连接

虽然不同终端设备通过网络连接都能实现系统之间端到端的通信，但网络连接对于来访者的安全性掌握非常脆弱，无法验证通信终端是否可信任。可信网络连接（Trusted Network Connection，TNC）技术强调的是终端的安全接入，旨在解决网络环境中通信终端的认证和可信接入问题。TNC 技术能通过 TPM（Trusted Platform Module，可信平台模块）对接入网络终端的完整性和安全性进行检测和掌握。在终端访问网络前，必须提供完整的信息放在 TPM 内，并比较其完整性状态与预定的安全策略；若遵从安全策略，则允许终端访问该网络的安全域，否则拒绝和隔离终端的接入。

目前，在可信网络连接方面，应用较广的是 TNC 技术。TNC 技术能通过将完整性校验与主机认证保证结合起来，实现终端接入的安全性，且支持匿名网络访问，能实现对连接终端的隐私保护。TNC 技术属于一种主动的网络访问控制方式，可以将大部分攻击隐患抑制在发生前。典型的 TNC 框架从左向右分为完整性度量层、完整性评估层与网络访问层。完整性度量层用于证明信息的收集和验证，完整性评估层负责接入者的身份和状态认证，网络访问层主要支撑传统的网络连接技术。典型 TNC 框架图如图 7-16 所示。

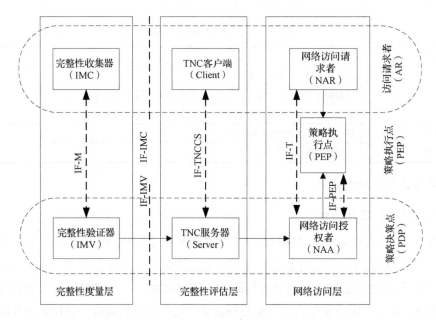

图 7-16　典型 TNC 框架图

3. 关键技术

可信计算涵盖了硬件、软件及网络等不同的技术层面，其中涉及的关键技术包括信任链传递技术、安全芯片设计技术、可信 BIOS 技术、可信计算软件栈和可信网络连接技术。

1）信任链传递技术

信任链传递技术是可信计算的关键技术之一。信任链传递是可信计算平台的核心机制，被用于描述系统的可信性。系统信任链的传递可以分成两个主要阶段：第一阶段，从硬件运行开始到操作系统加载完毕；第二阶段，操作系统启动及应用程序的运行。信任链传递技术能够有效地保证信息的完整性和真实性，确保该终端的计算环境始终是可信的。

2）安全芯片设计技术

安全芯片作为可信计算平台的模块，能够独立进行密钥生成和加解密操作，在整个可信计算机中起着核心作用。安全芯片由独立的处理器和存储单元组成，具有密码运算能力、密码存储能力和密码管理能力，能够永久保存用户的身份信息或秘密信息。

3）可信 BIOS 技术

可信 BIOS 技术是连接硬件设备和应用软件的中枢，主要负责设备加电后各种硬件设备的初始化检测、操作系统装载引导、中断服务提供及系统参数设置等操作，可直接控制计算机系统中的输入和输出设备。在高可信计算机中，BIOS 和安全芯片共同构成了系统的物理信任根。

4）可信计算软件栈

可信计算软件栈是可信计算平台的支撑软件，用来为应用软件提供可信计算平台的接口，增强操作系统和应用程序的安全性。安全的可信计算软件栈具有以下功能：①为应用软件提供可信计算模块接口；②实现数据的私密性保护、平台识别和认证等；③实现统一调度和管理可信计算模块硬件资源。

5）可信网络连接技术

可信网络连接技术是对可信平台应用的扩展，主要解决网络环境中终端平台的可信接入问题，在终端平台接入网络之前，对用户的身份进行认证。如果该认证通过，则对终端平台的身份进行认证。如果对终端平台的身份认证通过，则对终端平台的可信状态进行度量。如果度量结果满足网络连接的安全策略，则允许终端连接网络；否则，将终端连接到指定的隔离区域，对其进行安全性修补和升级。

7.3.5　移动目标防御技术

1. 技术简介

针对网络攻防不对称格局，美国学术界和产业界提出移动目标防御（Moving Target Defense，MTD）的主动防御思想，并称其是"改变游戏规则"的新思路。

移动目标防御并不是一种具体的防御方法，而是一种设计指导准则，出发点是开发、评估和部署多样化的、持续移动的和随时间变化的机制和策略，以增加攻击复杂度和开销，减少系统漏洞暴露给攻击方的时间和机会，并增加系统的弹性。MTD 的核心思想：避免采用试图消除系统漏洞的方法，通过减少系统漏洞持续暴露给攻击方的时间来降低漏洞或后门被利用的可能性，并通过持续移动和改变系统配置提高攻击复杂性，增加攻击开销。

MTD 的目标包括以下 5 个方面。

（1）设计在危险环境下仍能可靠运行的系统。

（2）增加攻击方实施攻击的代价。

（3）变被动防御为主动防御。

（4）开发可阻断攻击的移动目标防护机制，不影响正常用户使用。

（5）开发针对各种攻击和破坏行为的最优移动目标防御机制。

基于防御的对象、动态改变的要素和采用的动态化方法手段等，可从多角度对 MTD 技术进行分类，如表 7-3 所示。

表 7-3　MTD 技术常见分类方法

分类标准	类别	示例
基于防御的对象	硬件	内存到高速缓存之间的动态匹配
	软件	程序的多样化编程
基于动态改变的要素	动态网络	IP 地址跳变、端口跳变
	动态平台	N 变体系统
	动态运行环境	指令集随机化
基于动态改变的要素	动态软件	软件多样式设计与实现
	动态数据	数据与程序随机化机密存储
采用的动态化方法手段	多样化	程序的多样化编译
	随机化	IP 地址随机化跳变

2．关键技术

MTD 技术利用多样化、随机化和动态化机制，既可打破原有信息系统和防御手段的相似性、确定性和静态性，又可提高攻击难度和代价，增强系统的弹性。关键技术包括多样化机制、随机化机制和动态化机制。

1）多样化机制

多样化是指针对相同的功能，采用不同的方法实现，从而避免同一漏洞出现在功能相同（或类似）的组件中。多样化机制改变了目标系统相似性的被动条件，使攻击方无法将攻击某目标成功的经验在后续相似的目标攻击过程中加以利用，从而避免攻击损害迅速扩散。在 MTD 技术中，多样化机制通过引入异构性改变目标系统的相似性，使攻击方无法简单地将针对某目标系统的攻击经验应用于同类系统。

多样化的内涵是：变体或执行体间功能等价，实现方式各有差异。多样化机制的有效性取决于不同执行体之间异构化程度的高低，以及异构化执行体的种类等。多样化机制设计的核心在于，在保证实现相同功能的前提下，将一个功能实体以多种变体方式表达出来，可有效降低同一漏洞的影响范围，防止将其应用到类似的场景中，进而降低攻击普适性。

2）随机化机制

将随机化应用到网络防御中，可以改变被保护网络或信息系统内部状态的确定性，增强不可预测性，有效提高攻击方的成本和代价，降低系统漏洞后门被再次利用的概率，降低攻击的持续有效性，最终提高系统的安全性。典型的随机化技术包括地址空间随机化、指令集随机化和内核数据随机化等，都是在网络防御中常用的方法。

随机化机制是指在维持系统正常功能的同时，在系统的内部架构、组织方式或布局结构等方面引入不确定性，增强系统的不可预测性。例如，对内存中存放的重要可执行程序或数据使用随机加扰（或加密）的运行机制，并在执行前进行解密，用以抵御运行过程中来自外部的注入式篡改或扫描式窃取。运用随机化机制的网络信息系统，以攻击方不可预测的方式运行，使攻击方无从选择合适的攻击工具，显著增强了系统自身的不确定性。随机化机制使系统自身漏洞和后门难以被利用，减少了未知漏洞和后门带来的危害，增强了系统的安全性。

3）动态化机制

动态化是指在系统资源冗余的情况下，动态地改变系统的组成结构或运行机制，为攻击方制造动态变化的系统攻击面。动态化的本质是：改变系统原有的静态特征，通过动态变化扰乱对方的攻击链，恶化攻击技术的效果。动态化能够降低网络攻击对网络防御的不对称优势，使攻击行动对目标对象关键能力的影响最小化，使目标系统呈现的服务功能具有足够的弹性。

动态化是指针对系统参数或配置的静态性易于被攻击方利用的特性，将系统的参数或配置按照一定策略进行动态调整的机制。虽然多样化机制和随机化机制增强了目标系统的不确定性，但正如密钥需要定期更换一样，长时间运行的系统进程也需要重新进行多样化和随机化的加载，否则系统的安全性会大打折扣。因此，MTD 技术通过引入动态化机制，改变系统原有的静态特性，进一步克服了静态多样化、随机化存在的局限性，使同一攻击在未来难以损害系统，进一步提升了系统的安全性。

3．应用场景

根据需要的动态对象的不同，MTD 技术应用环境可分为动态网络、动态平台、动态运行环境、动态软件及动态数据 5 个层次，MTD 技术的 5 个应用环境如表 7-4 所示。

表 7-4　MTD 技术的 5 个应用环境

应用环境	目标
动态网络	改变网络属性和配置
动态平台	改变平台属性
动态运动环境	改变执行环境
动态软件	改变应用代码
动态数据	改变数据格式或形式

1）动态网络

动态网络是指在网络层面实施动态防御技术，主要包括网络地址、网络端口、网络协议和逻辑网络拓扑等。从网络攻击过程来看，攻击方实施攻击之前需要探明被攻击目标的网络地址、网络端口和服务等信息。在对方的侦察过程中，通过引入动态化、虚拟化和随机化的方法动态改变自身，可以有效干扰攻击方早期的侦察过程，使侦察信息具有不确定性，大大提高攻击方进行网络探测和基于网络攻击的难度，不利于对方在后续攻击中做出正确决策。

2）动态平台

动态平台通过改变计算平台的属性来阻断依赖特定平台的攻击，包括处理器架构、虚拟机类型、存储器和特定信道等。例如，通过构建多个异构的 Web 服务器执行体，并在系统运行期间动态地进行轮转，选择其中一个执行体对用户提供服务，从而实现动态 Web 方案。

3）动态运行环境

在程序运行中动态改变执行环境配置（动态运行环境），阻止攻击方利用应用程序中的漏洞攻击主机，具体包括程序执行所依赖的软硬件、操作系统和配置文件等。动态运行环境主要包括地址空间随机化和指令集随机化。地址空间随机化是指通过动态改变二进制执行程序在存储器中的位置，导致依赖目标位置信息的攻击失效；指令集随机化是指通过引入加密、解密等机制，对操作系统层、应用层或者硬件层等的二进制执行代码进行随机化，使攻击方难以预测程序的具体运行方式。

4）动态软件

动态软件的基本思想是：动态地改变应用程序的执行代码，包括程序指令的顺序、分组和样式。动态软件能保持现有功能不变，使应用程序的内部变化能应对不同的输入情况，导致攻击方无法探测系统的工作机理。

5）动态数据

动态数据的主要思想是：通过更改应用程序数据的内部或外部表示形式，确保语义内容不被修改，实现阻止未经授权的访问或修改。数据的更改可从形式、语法和编码等方面进行。更改后的数据以异常格式出现，使攻击方无法获得原始数据，且无法恢复原始数据，从而有效抵御攻击方发起的渗透攻击。

7.4　网络安全评估常用模型

目前，建模与仿真已经成为研究解决复杂系统问题必不可少的有效手段，在工程领域和非工程领域都有非常广泛的应用。对于网络攻击，学术界很早就期望能对其进行科学的描述以把握规律和找出有效的防御措施。当前，对网络安全进行评估和分析的主要模型有攻击树（Attack Tree）模型、攻击图（Attack Graph）模型、攻击链（Kill Chain）模型、攻击表面（Attack Surface）模型和网络传染病模型（Cyber Epidemic Model）等。上述模型有助于分析网络攻防过程，以及在攻防过程中的系统状态变化和系统安全性能，对网络防御系统的设计、开发和性能评估等方面都具有较好的指导作用。

7.4.1　攻击树模型

1．定义描述

攻击树模型是一种利用树状层次结构来描述网络攻击的目标和子目标的攻击建模方法。攻击树是由根节点、叶节点和子节点组成的层次化结构，其中根节点包括叶节点或子节点，子节点包括子节点或叶节点，根节点为攻击的终极目标，而对叶节点有多种攻击方法。攻击树层次结构如图 7-17 所示。

攻击树层次结构为后向推理过程，能够抽象成一个带根节点的有向环图。第一步，首先需要确定攻击目标，并将其作为攻击树的根节点；第二步，回溯分析根节点事件发生的前提或事件组合，并当作根节点的子节点，通过"与"或者"或"在下层攻击树中体现。按照上述步骤，逐个拆分攻击树中的节点，直至叶节点不再拆分，即为不可拆解的具体攻击方式。

2．构造方法

攻击树的构造方法有很多，其中 BNF（Backus-Naur Form，巴克斯-诺尔范式）是一种系统规范语言形式的攻击树建模方法。攻击树可通过唯一标识符和系统属性描述模板，包括描述属性（Description Property）、前提条件（Precondition）、子目标（Subgoal）和后验条件（Postcondition）等。BNF 攻击树建模描述模板如图 7-18 所示。

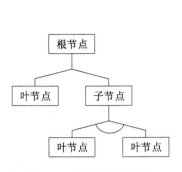

图 7-17　攻击树层次结构

图 7-18　BNF 攻击树建模描述模板

描述属性可用于描述多种形式的攻击特征，前提是包含系统环境和配置属性，能够影响攻击是否成功；前提条件由本地系统变量和参数说明组成；子目标是系统被攻击前的若干目标，攻击方会尽量收集有利成分，以便执行特定的攻击程序；后验条件是指攻击事件发生后的系统和环境的最终状态。

7.4.2　攻击图模型

攻击图模型最初是由 Phillips 和 Swiler 于 1998 年提出的，应用于网络脆弱性分析，将网络攻击过程以图的形式进行可视化表示。攻击图是一种有向图，能描述攻击方攻击顺序和攻击效果的所有可能路径。攻击图中的每条攻击路径都是攻击方为达到相应的攻击目标所经历的一系列攻击活动序列，其中，攻击的状态和攻击方的攻击动作分别对应图的节点和边。在对攻击图进行构建的过程中，首先将网络配置信息和脆弱性信息作为输入，并基于脆弱性知识库，分析攻击方如何利用网络脆弱性进行攻击，以及可能产生的后果；然后模拟攻击方不同的攻击行为，分析网络中所有可能的攻击路径，用以提供安全评估、安全加固等入侵检测方面的决策支持。

攻击图建模示例如图 7-19 所示，一个攻击图应包括目标网络模型、脆弱性知识库和攻击方模型，描述如下。

1）目标网络模型

目标网络模型包括与目标环境相关的安全属性，如扫描工具扫描到的脆弱性信息，以及资产清单、防火墙规则、网络与目标主机服务的连通性、企业环境数据等。

2）脆弱性知识库

目前已知的脆弱性信息，包括脆弱性利用的前件（脆弱性的利用方式）和后件（可能受该脆弱性影响的软件和硬件列表等）。

3）攻击方模型

攻击方模型包括攻击源、要攻击的关键资产、可利用的攻击手段和攻击序列等。

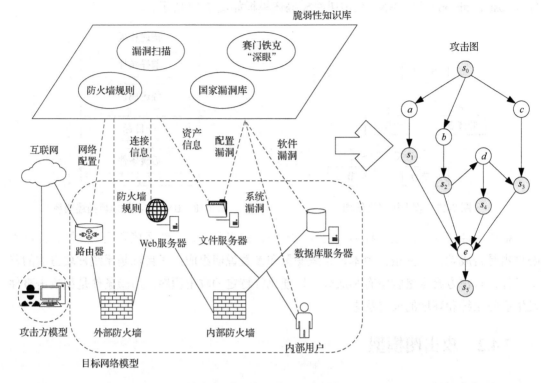

图 7-19　攻击图建模示例

从图 7-19 中可以看出，攻击图能以有向图的形式提供脆弱性、脆弱性关联和网络连通性等方面的先验知识。因此，攻击图的组成要素应包括主机信息、连通关系、信任关系、网络脆弱性信息及网络的攻击信息，如表 7-5 所示。

表 7-5　攻击图的组成要素

组成要素	说明
主机信息	包括主机、服务器及网络设备组件的相关信息，如操作系统、应用程序、服务及脆弱性信息等
连通关系	主机间的连接关系，如网络的拓扑结构、访问控制策略和防火墙规则等
信任关系	与主机之间存在的特殊访问关系相对应，可视为网络信息系统所具有的一种特殊脆弱性
网络脆弱性信息	与主机脆弱性及容易引起网络安全状况编号的操作相对应，与信任关系一样，可以作为攻击方利用的条件
网络的攻击信息	与攻击方利用主机、连通关系、信任关系和脆弱性攻击行为的过程相对应，以攻击路径的方式展现

攻击图模型综合考虑了网络拓扑信息，为评估提供了综合信息，同时模型检验工具为攻击图模型的生成提供了自动化的方法，降低了人为因素对攻击图模型的影响，更加符合真实情况。与攻击树模型类似，攻击图模型也是描述多阶段网络攻击的一种有效工具，但在建模方法和根节点的设计上仍有一些区别，如表 7-6 所示。

表 7-6　攻击图模型和攻击树模型的区别

区别	说明
建模方法	攻击树模型采用自顶向下的建模与分析方法，而攻击图模型采用的是自底向上的建模与分析方法
根节点	攻击树模型的根节点表示的是网络攻击的最终目标，而攻击图模型的根节点表示的是网络攻击的初始状态集合

7.4.3　攻击链模型

攻击链也称网络攻击链（Cyber Kill Chain，CKC）或入侵攻击链（Intrusion Kill Chain，IKC），它是一个过程，而并非具体的实现技术。攻击链是指攻击方不断地渗透信息系统，并对目标进行攻击所采取的路径及手段的集合，是对攻击方行动和预期效果的建模和分析。

攻击链模型是一个描述网络攻击过程的模型，将复杂的攻击分解为数个相互依赖的阶段或层次。在防御方将攻击过程分为多个阶段进行分析，每个阶段聚焦处理更细微或更易处理的攻击环节，帮助防御方破坏每个攻击阶段，为每个阶段定制防御措施以延迟攻击行为。同时，熟悉攻击链知识，使防御方能提前洞悉攻击方的思维。因此，研究攻击链模型对于制定良好的防御策略十分必要。

大家熟知的攻击链模型是美国著名的军工企业洛克希德·马丁公司（Lockheed Martin）提出的"网络攻击链"（Cyber Kill Chain）模型，也译作"网络杀伤链"模型，它描述了从初始阶段、侦察到最后阶段——数据泄露的整个网络攻击步骤。综合分析其他攻击链模型，网络攻击链模型包括目标侦察、武器化、交付、漏洞利用、安装、命令和控制、行动 7 个攻击阶段，其示意图如图 7-20 所示。

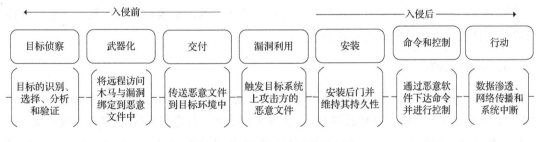

图 7-20　网络攻击链模型示意图

1. 目标侦察

侦察（Reconnaissance）阶段主要收集潜在目标的信息，目标可以是个人或组织。网络空间中的侦察方法主要通过爬取万维网（互联网网站、博客、社交网络和邮件列表等）来获取有关目标的信息。侦察收集的信息用于攻击链的后期设计和恶意文件交付，使攻击方在分析目标弱点的基础上，能够明确适合目标的武器类型、可能的交付方法类型、恶意软件安装方式和以何种方式绕过的安全机制等。

2．武器化

武器化（Weaponize）是指利用侦察阶段收集的信息设计一个后门（恶意代码），并制定一个渗透计划（将恶意代码与常见文件相结合等），以期能成功将恶意后门传达到目标环境中。从技术上讲，此阶段主要依赖远程访问工具（Remote Access Tool，RAT）绑定软件/应用程序漏洞。

3．交付

本阶段主要是将武器化的恶意文件传送到目标环境中。能否将武器化的恶意文件成功传送到目标环境中，是攻击链的关键环节。交付（Delivery）是攻击方的高风险任务，因而交付行动一定不能留下痕迹。大多数攻击方会使用匿名服务、被控制的网站或被控制的电子邮件账户进行恶意文件投送，即使失败，也不会被追溯到自身。

4．漏洞利用

漏洞利用（Exploitation）针对目标系统的弱点进行恶意代码的执行，完成恶意软件的安装/执行。在成功交付后，若目标系统能完成恶意软件所需的用户交互动作，则触发武器（恶意软件）执行，即启动漏洞利用过程。从上可以看出，漏洞发现是攻击中最重要的部分，如何找到漏洞是攻击方面临的关键问题。通常，攻击方需要自己挖掘漏洞，或者利用 CVE（Common Vulnerabilities & Exposures，通用漏洞披露）组织公开的漏洞。

5．安装

在安装（Installation）阶段，远程访问控制通常需要安装诸如木马之类的恶意软件，使攻击方能够长时间地在目标系统中潜伏。一般情况下，目标被感染媒介（感染的可移动介质等）感染后，恶意软件就开始执行，首要执行的是修改注册表或启动设置，使恶意软件可执行文件在每次计算机启动时都能运行。

6．命令和控制

攻击方对受害主机进行操控的关键技术之一是命令和控制（Command and Control，C&C）。更确切地说，攻击方是通过 C&C 服务器对受害主机进行操控的。C&C 服务器不仅可以收集受害主机的信息，如操作系统、应用软件和开放端口等，还可以向受害主机发送控制指令，指使它执行某些恶意行为。攻击方也可以将受害主机作为跳板，通过其感染网络内更多的主机，最终由 C&C 服务器统一控制。

7．行动

在设置好与目标系统的通信后，攻击方即可下达攻击命令。攻击方使用的命令取决于攻击方的目的，一般可以分为大规模攻击和特定目标攻击两类。大规模攻击的目的是控制尽可能多的目标；特定目标攻击旨在对特定目标系统进行机密信息窃取、数据渗透和在线账户获取等。对于以上两种类型的攻击，若攻击旨在破坏，则可采用使系统硬盘驱动器或设备驱动程序崩溃的方法。例如，攻击方可使 CPU 长时间、最大负荷地运行，以达到损坏处理器硬件的目的。

7.4.4　攻击表面模型

1. 技术简介

攻击表面，也称攻击面或攻击层面，是指软件环境中可以被未授权用户（攻击方）输入或被非法提取数据而受到攻击的点位，其大小是度量网络安全性的一个重要参考指标。通俗地讲，一个系统的攻击表面是指攻击方可以用于发动攻击的系统资源的子集。系统的攻击表面越大，表明其存在的脆弱点越多，被攻击的概率就越高，安全性也就越差。因此，通过减小系统的攻击表面可以降低系统的安全风险。

为了更好地说明攻击表面的概念，假设存在一个系统集合 S，用户 U 和数据存储区 D，对给定的系统 $s \in S$，可将系统环境 $E_s = \langle U, D, T \rangle$ 定义为一个三元组，其中，$T=S \backslash \{s\}$ 表示除 s 外的系统集合，系统 s 与系统环境 E_s 交互。

对已出现的攻击进行分析后发现，大多数攻击是攻击方通过系统环境向系统 s 发送数据造成的；若与之相反，则是系统将数据发送到其环境中导致的，如符号链接攻击。在这两类攻击场景中，一种是攻击方通过借用共享的持久性数据项从系统中间接地发送或接收数据；另一种是攻击方通过类似 socket 的系统通道连接到系统，之后调用系统方法接收或发送数据项到系统。攻击方可以使用系统环境中的数据项或通过系统通道、系统方法对系统进行攻击。所以，可以将数据项、系统通道和系统方法看成系统资源，并将用于系统攻击的系统资源子集定义为攻击表面，一个系统的攻击表面示意图如图 7-21 所示。

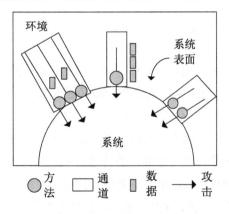

图 7-21　一个系统的攻击表面示意图

2. 攻击表面度量方法

系统攻击表面是攻击方用来攻击系统的资源子集。根据上述分析，攻击方可利用的资源有系统的出/入口点、通道和不可信数据项等。因此，可从数据、通道和方法三个维度对攻击表面进行度量。

给定一个系统 s 及系统环境 E_s，s 的攻击表面用三元组 $\langle M^E, C^E, I^E \rangle$ 表示，其中 M^E 为 s 的入口点和出口点集合，C^E 是 s 的通道集合，I^E 是 s 的不可信数据项集合，则 s 的攻击表面度量为三元组 $\langle \text{derm}(m),\ \text{derc}(c),\ \text{derd}(d) \rangle$。

攻击表面的具体度量步骤如下。

（1）给定系统 s 及系统环境 E_s，获取对应的 M^E、C^E 和 I^E。

（2）根据每个方法 $m \in M^E$、通道 $c \in C^E$ 和数据项 $d \in I^E$，估计对应的潜在危害开销比 $\text{derm}(m)$、$\text{derc}(c)$ 和 $\text{derd}(d)$。

（3）对各类资源集合的元素求和，计算总的攻击表面大小 $\text{derm}(m)$、$\text{derc}(c)$ 和 $\text{derd}(d)$。

系统攻击表面是系统受攻击的风险指标。在风险模型中，风险与事件集合 E 相关，记为 $\sum_{e \in E} p(e)C(e)$，其中，事件 e 在系统 s 中发生的概率为 $p(e)$，风险为 $C(e)$。与攻击表面度量相比，事件类似于度量方法中的资源，事件发生概率类似于攻击方利用系统资源攻击成功的概率。

如果攻击失败，则攻击方不会从攻击中获益。例如，当只有方法 m 包含可利用的缓冲区溢出漏洞时，针对方法 m 的缓冲区溢出攻击才能够成功，此时 $p(m)$ 为方法 m 含有可利用漏洞的概率。类似地，概率 $p(c)$ 与通道 c 相关联，$p(c)$ 为从（向）c 接收（发送）数据的方法存在可利用漏洞的概率；$p(d)$ 是读取（写入）数据项 d 的方法存在可利用漏洞的概率。事件产生的后果类似于资源的潜在危害开销比，因此，潜在危害开销比是资源在攻击中被使用带来的后果，故风险可由三元组

$$\left\langle \sum_{m \in M^{E_s}} p(m)\text{derm}(m), \sum_{c \in C^{E_s}} p(c)\text{derc}(c), \sum_{d \in I^{E_s}} p(d)\text{derd}(d) \right\rangle$$

表示，这也是攻击表面的度量。

7.4.5　网络传染病模型

传播行为广泛存在于实际的生活场景中，如信息的传播、疾病的传播、机械故障的传播及网络空间中病毒的传播等。其中，计算机网络病毒的传播与其他传播方式相比，其范围最广、速度最快，能够以极小的代价造成巨大的损失，如 WannaCry 勒索病毒的传播和蠕虫病毒的传播等。由于网络病毒的传播方式与疾病的传播方式拥有许多相似点，因此有大量研究人员将疾病传播的研究成果应用到网络病毒的传播研究中来。通过研究网络中病毒的传播行为并进行建模，评估其对网络造成的影响，并提出相应的控制策略来消除网络中的病毒或者延缓、控制病毒传播的速度及范围，这对降低计算机病毒对网络的影响具有重要的现实意义。

网络传染病模型是研究传染病在复杂网络中传播和控制的模型，是目前在复杂网络研究中常见的分析方法。其中 SI、SIS、SIR 和 SIRS 四种典型模型应用最为广泛，模型中不同字母表示不同的状态，SIR 具体含义如图 7-22 所示。

本节以一种改进的 SIRS 模型的应用为例介绍其应用方法。在此之前，首先给出这些模型的一般性假设：①能够传播病毒的个体为网络中的各个宿主节点；②传播只能通过复杂网络的边进行。

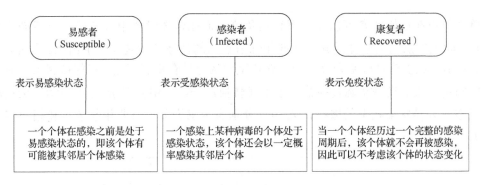

图 7-22　SIR 具体含义

经典 SIRS 模型从一定程度上可以反映计算机病毒的传播特性，但是在建模时往往为了简便而忽略一些真实情况。例如，建模时认为网络中各个感染节点被治愈后是无差异的，然而真实情况是个体免疫情况是有差异的，一部分个体能获得免疫能力，另一部分个体则保持易感染状态。此外，经典 SIRS 模型一般假设传播只能在相邻的具有公共边的两个节点之间进行，然而在实际网络中相邻节点和非相邻节点的界定并不严格，非相邻节点之间也常由于某种原因而发生连接（两台没有网络连接的计算机，通过 U 盘或其他移动设备产生连接等）。于是，有研究人员提出了一类个体间具有差异性和非相邻传播特性的 SIRS 网络病毒传播模型，并基于此模型分析病毒传播，其中，网络节点的状态变换流程如图 7-23 所示。

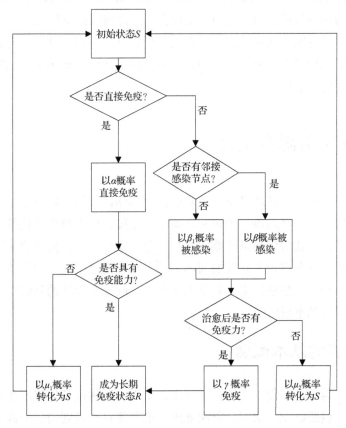

图 7-23　网络节点的状态变换流程

单个节点在初始状态可以 α 概率直接免疫，而在传统模式中只考虑了对感染状态进行免疫，此处节点间的个体差异性及非相邻节点间的传播特性被体现了出来。此外，非相邻易感态节点的被感染概率为 β_1，而一般模型中认为只有相邻节点才可能被感染。图 7-24 所示的网络传染病模型状态转换给出了上述转换流程，其中 μ_1 和 μ_2 分别表示感染状态和免疫状态变为易感染状态的概率，β_1 和 β 分别表示感染节点对非相邻节点和相邻节点的感染概率。

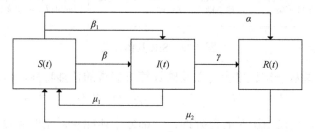

图 7-24　网络传染病模型状态转换

相对于经典的 SIRS 模型，该模型考虑了网络获得先天免疫的可能（概率为 α），以及感染状态和免疫状态仍有变为易感染状态的可能（概率分别为 μ_1 和 μ_2），同时，该模型考虑了非相邻节点和非相邻节点的传播（β_1、β）（经典的传染病模型认为只有相邻节点才具备传播的可能），因此，该模型适用于个体间具有差异性和非相邻传播特性的场景。利用该模型可以为控制病毒传播提供一定的理论依据，进而增强系统的安全。

网络传染病模型为网络病毒的传播控制提供了良好的分析方法，研究人员可根据病毒传播特点选择合适的模型进行分析，如病毒的传播阈值条件，可用于评估防御（控制）策略，从而得到较优的防御策略。

7.5　网络攻防博弈模型

传统的网络防御决策方法较多依靠主观的经验判断，难以为网络安全管理人员提供科学、有效的防御策略。网络防御决策应从决策分析角度，依据科学的决策理论和方法来分析、推理可选策略，筛选最优防御策略，实现自身收益最大化。博弈论能够解决策略相互依存环境中如何决策以获得最大收益的问题，适于描述网络空间中的攻防矛盾冲突，为网络攻防行为提供一种数学描述框架，被认为是网络空间安全学科的基础理论之一，在解决网络安全问题中应用越来越广泛。

7.5.1　博弈的基本概念

博弈可以理解为一个过程，在这个过程中，个人、团体或其他组织在特定的条件下，根据定义的规则，按照既定的次序，单次或重复地选择符合规则的行为或策略并实施，从中取得相应的结果。博弈论是关于竞争场合下行为主体之间的策略互动过程研究的理论，博弈论的基础是收益理论，收益理论建立在主体偏好关系公理化的基础上。一般的博弈包括参与者、行动集、博弈次序、策略集、收益、决策信息、博弈结果和均衡 8 个部分。

1. 参与者

每局博弈中至少要有两个博弈参与者，博弈参与者可以是个人、队组、企业和国家等，而在网络安全博弈中，一般只考虑攻击方和防御方两类参与者。

2. 行动集

行动集是指规定每个博弈参与者可以采取的行动的集合。例如，在入侵检测博弈中，攻击方有两种选择，即攻击和不攻击；防御方也有两种选择，即监控和不监控。

3. 博弈次序

博弈次序即各博弈参与者选择决策时可以同时进行，也可以有先后顺序，或可不止一次地选择决策。

4. 策略集

参与者策略集合是对博弈参与者行为的总体描述，包含纯策略和混合策略两种类型。纯策略能确定性地描述博弈参与者在每个博弈阶段的行动，混合策略则能赋予若干策略不同的概率。纯策略可以视为一种特殊的混合策略，即把全部概率集中到策略域中的某个点。

5. 收益

收益是指参与者在不同策略组合下所得到的收益，在网络攻防中指攻击是否成功，或者防御是否成功。

6. 决策信息

决策信息是指博弈参与者决策所依据的信息。信息分为完全信息和不完全信息。在完全信息中，博弈参与者在决策时知道在此之前的全部信息，如下棋。在不完全信息中，博弈参与者不知道与博弈有关的任何信息，如"石头-剪刀-布"的游戏。

7. 博弈结果

博弈产生的结果是分析者（建模者）从行动、收益及其余博弈变量中选择的感兴趣的博弈元素的组合，如均衡战略组合、均衡行动组合和均衡支付组合等。

8. 均衡

均衡是所有局中人选取的最佳策略所组成的策略组合。

若给定收益矩阵，博弈的均衡就是理性博弈参与者所采取策略的集合，也称为解。均衡作为一个博弈参与者策略的组合，每个博弈参与者对应的收益不必大于其他策略组合中该博弈参与者的收益，如经典囚徒博弈中的均衡。纳什均衡（Nash Equilibrium）是博弈论中最基本、最重要的概念之一。纳什均衡是指在一个博弈中，经过博弈参与者的一次或若干次决策，得到各博弈参与者都不愿或不会单独改变自己策略的策略组合，这种组合可定义为：

在博弈 $G=\{S_1,S_2,\cdots,S_n,u_1,u_2,\cdots,u_n\}$ 中，如果策略组合 $(s_1^*s_2^*,\cdots,s_n^*)$ 中任一博弈参与者 i 的策略 s_i^* 都是对其余博弈参与者的策略组合 $s_{-i}^*=(s_1^*,\cdots,s_{i-1}^*,s_{i+1}^*,\cdots,s_n^*)$ 的最佳策略，即 $u_i(s_i^*,s_{-i}^*)\geqslant u_i(s_i',s_{-i}^*)$ 对 $\forall s_i'\in S_i$ 都成立，则 $(s_1^*,s_2^*,\cdots,s_n^*)$ 为 G 的一个"纳什均衡"。

7.5.2 博弈的分类

博弈可以按照不同的分类方式进行分类，比如按照博弈者行动的顺序分类、按照信息掌握程度分类、基于合作关系分类。

1．按照博弈者行动的顺序分类

从博弈持续时间和重复次数的角度，可以将博弈分为静态博弈（Static Game）和动态博弈（Dynamic Game）。

静态博弈是指参与博弈的各方同时采取策略，这些博弈者的收益取决于博弈者不同的策略组合，因此静态博弈又称"同时行动的博弈"（Simultaneous-Move Game）。有时候博弈各方采取的策略有先后，但是他们并不知道之前其他人做出的策略，比如"囚徒困境"中罪犯1采取策略后，轮到罪犯2采取策略时他并不知道罪犯1所做出的策略。

动态博弈（序贯博弈）是指在博弈中，参与博弈的各方所采取的策略是有先后顺序的（Sequential-Move），且博弈者能够知道先采取策略的一方所选择的策略。

2．按照信息掌握程度分类

从博弈者对其他参与博弈者所了解的信息的完全程度，博弈可以分为完全信息博弈（Complete Information Game）与不完全信息博弈（Incomplete Information Game）、完美信息博弈（Perfect Information Game）与不完美信息博弈（Imperfect Information Game）、确定的博弈（Certainty Game）与不确定的博弈（Uncertain Game）、对称信息博弈（Symmetric Information Game）与非对称信息博弈（Asymmetric Information Game）等。

其中，完全信息博弈是指博弈中每一个博弈者对其他博弈者的特征、策略空间和收益函数都了解，也就是博弈者的收益集是所有博弈者都知道的。完美信息博弈是指博弈者完全知道在他采取策略时其他博弈者的所有策略信息。完美信息博弈是针对记忆而言的，也就是博弈者知道博弈已经发生过程的所有信息。或者说，如果博弈者在采取策略时观察到他所处的信息节点是唯一的，即他知道以前发生的所有事情，如果所处的信息节点不唯一，说明他对之前的信息没有完美的记忆（不知道博弈过程是怎么过来的）。因此，完全信息博弈不一定是完美的，不完全信息博弈一定不是完美的。

如果某个博弈者对其他博弈者的特征、策略空间和收益函数了解不够全面，或者说没有对所有博弈者的上述信息全面了解，这种博弈叫作不完全信息博弈，博弈者的目标是使自己收益的期望最大化。在不完全信息博弈中，首先行动的是自然（Nature），自然决定博弈者以多大的可能性采取某种策略，这个可能性只有本人知道。确定的博弈是指不存在由自然做出这种行动的博弈，否则是不确定的博弈。

3．基于合作关系分类

从博弈者之间是否有合作关系，将博弈分为合作博弈（Cooperative Game）和非合作博弈（Non-Cooperative Game）。

合作博弈是指博弈者之间有一定的协议，他们需要在协议允许的范围内博弈。例如，两个企业之前通过谈判达成协议，对各自的产量或价格进行操作，以达到共同垄断市场的目的。反之，如果博弈者不能通过谈判达成一个有约束力的协议来限制博弈者的策略，那么就是非合作博弈。

非合作博弈可以分为完全信息静态博弈、完全信息动态博弈、不完全信息静态博弈和不完全信息动态博弈，与之对应的有四种均衡（见表 7-7）：纳什均衡、子博弈精炼纳什均衡（Subgame Perfect Nash Equilibrium）、贝叶斯纳什均衡（Bayesian Nash Equilibrium）、精炼贝叶斯纳什均衡（Perfect Bayesian Nash Equilibrium）。

表 7-7　非合作博弈分类

类型	静态	动态
完全信息	完全信息静态博弈 （纳什均衡）	完全信息动态博弈 （子博弈精炼纳什均衡）
不完全信息	不完全信息静态博弈 （贝叶斯纳什均衡）	不完全信息动态博弈 （精炼贝叶斯纳什均衡）

4．基于收益分类

根据博弈者的收益情况，博弈可以分为零和博弈（Zero-Sum Game）与非零和博弈（Non-Zero-Sum Game），常和博弈（Constant-Sum Game）与变和博弈（Variable-Sum Game）。

1）零和博弈

零和博弈是指一方所得就是另一方所失，得失的总和为零，如双人"石头-剪刀-布"等猜拳游戏、普通的棋牌游戏。

2）非零和博弈

非零和博弈表示在不同策略组合下各博弈参与者的收益之和是不确定的变量，故又称之为变和博弈，如囚徒困境、红黑博弈。

3）常和博弈

常和博弈是指所有博弈参与者的收益总和等于非零的常数，博弈参与者的利益根本对立，各自收益之和是一个常数（零和博弈是常和博弈的一个特例），如排球、乒乓球等体育比赛的每个回合，双方得分之和恒为1。

4）变和博弈

变和博弈也称非常和博弈，是指随着博弈参与者选择的策略不同，各方的收益总和也不同，博弈参与者之间的利益既对立又统一，既竞争又合作，各自收益之和是一个变数。

7.5.3 网络攻防博弈的特征分析

博弈论研究冲突对抗条件下的最优决策问题，是网络空间安全的基础理论之一，能够为解决网络防御决策问题提供理论依据。在网络攻防过程中，博弈特征主要表现为目标相互对立、策略相互依存、关系非合作、信息不完备、动态演化和利益驱动。

1. 目标相互对立

在网络攻防过程中，攻防双方都有明确的目标。攻击方以破坏防御方网络系统的机密性、完整性及可用性等安全属性为目的，选取不同的攻击策略对目标网络系统进行攻击，以获得最大的利益；防御方为了保护其网络系统的隐私性、完整性和可用性，选择不同的防御策略来实施防御，从而最大限度地减少被攻击后的损失。综上，网络攻防双方目标完全对立、利益针锋相对、矛盾不可调和，具有鲜明的对抗特征。

2. 策略相互依存

在网络攻防对抗中，攻防双方相互对抗、相互制约、相互影响，对抗的结果取决于攻防双方选取的策略集。防御效果不仅取决于防御策略本身，还受制于攻击策略；攻击效果不仅取决于攻击策略本身，还受防御策略影响。攻击方与防御方在策略选择上相互依存，博弈收益以特定攻防策略组合的形式出现。因此，无论是攻击方还是防御方，均不能忽略攻防双方的互动决策过程。作为防御方需要理性考量，不仅要考虑防御策略的有效性，还要考虑攻击策略可能产生的影响，实施"基于系统思维的理性换位思考"。

3. 关系非合作

网络攻防双方是一对天然矛盾体，相互竞争、相互较量，利益相悖、目标对立且不可调和，构成了博弈模型的对抗性决策主体。网络攻防双方无法做到在决策前协商，更不会达成一致的相互约束、相互退让、相互合作的协定，因此，网络攻防双方不存在任何合作的可能。关系非合作的特征决定了网络攻防博弈属于非合作博弈范畴。

4. 信息不完备

信息是博弈模型的重要组成部分，对博弈决策具有重要影响。在特定情况下，信息优势代表决策优势。在博弈过程中，掌握更多信息的博弈参与者获得优势的可能性更大。由于网络对抗中攻击方与防御方属于非合作博弈范畴，双方均不会告知对方自身选择的策略，因此攻击方和防御方仅享有自身的信息，对另一方的信息通常是有限的和不完整的。在动态对抗过程中，每一方都可利用贝叶斯法则修正先验判断，增强关于对方的认知。

5．动态演化

从系统论角度理解，安全是动态演化的过程而非静止不变的状态。在微观层面网络攻防的动态博弈行为，会推动宏观层面网络攻防博弈系统状态的动态演化。网络边界变得逐渐模糊，攻击源与攻击方式也逐渐衍生出复杂性和多样性，使网络攻击变得自动化、智能化和动态化，传统的静态防御思想不再适用。另外，在网络攻防对抗过程中，博弈的关键因素均可能发生动态变化，如网络环境、目标偏好等。防御方必须树立因人、时、势动态改变而改变的综合化动态安全防御理念。

6．利益驱动

根据信息安全经济学理论，实施防御策略能够降低预期损失、产生安全收益，但同时需要付出人力、物力和计算等资源成本。（根据信息安全的经济学理论，在付出人、物和计算等资源成本的代价下，实施防御战略可以有效减少预期损失、创造安全效益。）理性的网络攻击方和防御方都是"经济人"，试图在对抗中选择使己方利益最大化的策略。网络安全是相对的而不是绝对的，追求绝对安全不切实际。防御方应因地制宜，根据不同的防御需要和安全能力确立"适度安全"的概念，通过合理、科学的防御策略选择来实现成本效益平衡，提高防御决策的科学性。

网络攻防对抗过程与攻防博弈的映射关系如图 7-25 所示。

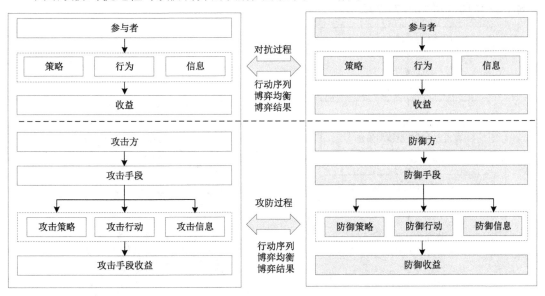

图 7-25　网络攻防对抗过程与攻防博弈的映射关系

7.5.4　基于信号博弈模型的网络安全评估分析案例

博弈的基本理论有很多，如信号博弈、演化博弈和随机博弈等。传统的信号博弈模型一般采用单阶段分析模式及收益零和化的思想，但忽视了攻防对抗多阶段的实际过程和收益不对等的真实情况。因此，相对于传统的信号博弈模型，非零和信号博弈模型采用了多阶段的对抗方式及收益非零和的思想，更能准确地描述现实网络的攻防过程。

1. 非零和信号博弈过程

网络安全包括三方：攻击方、网络系统和合法用户。其中，攻击方会尽可能地破坏网络，获取资源；网络系统作为防御方的角色，要减少系统损失；合法用户只是获得网络系统的服务，不会与任何一方合作。一般情况下，合法用户不会对博弈结果产生影响，因此，主要考虑攻击方和网络系统间的信号博弈。在 APT 信号博弈过程中由防御方释放信号，由于防御方的信息影响攻击方的决策，因此防御方释放夹杂虚假信息的信号可以增加攻击方的攻击代价，并根据已知的攻击方式构建防御策略。攻击方在攻击前会先对目标网络系统进行检测，收集目标网络系统在外网中的详细信息及防御方发出的信号，找到目标网络系统防御的薄弱点，生成先验概率集合，并根据接收的信号，遵循贝叶斯法则生成后验概率集合，选择攻击策略。在下一阶段，防御方根据所预测的攻击方的攻击构建防御策略，并继续释放夹杂虚假信息的信号，攻击方会根据收到的信号生成新的后验概率集合，并选择攻击策略。后面阶段的攻防过程以此类推。信号博弈多阶段对抗过程如图 7-26 所示。

根据以上叙述，将防御方所释放的夹杂虚假信息的信号定义为混合信号。借鉴信号博弈的基本理论，对抗过程是一个多阶段策略选择不断变化的过程：攻防双方在每阶段都会从对方释放的信号中预测对方在下一阶段采取的行动，并从己方的最大利益出发选择最优策略，攻防博弈树如图 7-27 所示。

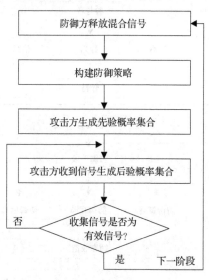

图 7-26 信号博弈多阶段对抗过程

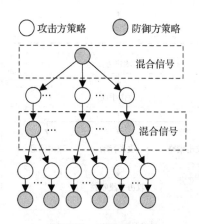

图 7-27 攻防博弈树

2. 模型定义

定义非零和信号博弈模型 $NSG = (N, S, \theta, \omega, M, P, C, R, \tau, U)$，其中：

（1）参与者空间 $N = \{N_D, N_A\}$。N_D 代表防御方，N_A 代表攻击方，多阶段网络攻防过程也可以看作两者之间的博弈过程。

（2）状态空间 $S = \{S_1, S_2, \cdots, S_t \mid t \in N^+\}$。每个状态表示在上一阶段双方博弈后系统所处

的状态，该状态只与上一状态双方选择的策略有关。

（3）类型空间 θ。θ 代表的是防御方的类型空间，现实意义是代表防御方的资源类型，按照防御能力可分为多种资源类型，即 $\theta = \{\theta_1, \theta_2, \cdots, \theta_n \mid n \in N^+\}$。

（4）攻防策略空间 $\omega\{D, A\}$。防御方的策略空间 $D = \{D_1, D_2, \cdots, D_i \mid i \in N^+\}$，其中 D_i 表示某一方的策略，为防御动作的集合 $D_i = \{d_1, d_2, \cdots, d_m \mid m \in N^+\}$，$d_m$ 为某一具体的防御动作；攻击方的策略空间 $A = \{A_1, A_2, \cdots, A_j \mid j \in N^+\}$，其中 $A_j = \{a_1, a_2, \cdots, a_n \mid n \in N^+\}$，$a_n$ 表示某一具体的攻击动作。

（5）信号空间 $M = \{m_1, m_2, \cdots, m_k \mid k \in N^+\}$。信号空间是所有信号的集合，其中包含真实信号和伪装信号。设 k 为防御方释放的信号数量，当 $k = 1$ 时，表示释放的为真实信号；当 $k = 2$ 时，表示释放的为一个真实信号和一个伪装信号的混合信号；当 $k = 3$ 时，表示释放的为一个真实信号和两个伪装信号的混合信号……以此类推。

（6）概率 $P, 0 \leqslant P \leqslant 1$。$P(m_k)$ 为释放信号 m_k 的概率，其值是由攻击方在收集目标网络系统的信息时确定的。$P(A_j)$ 表示攻击方采用攻击策略 A_j 的概率，其值与释放信号的概率有关，根据贝叶斯法则可以得出以下公式：

$$\begin{cases} P(A_j) = \sum_{n=1}^{k} P(A_j \mid m_n)P(m_n) \\ P(m_n) \geqslant 0 \\ \sum_{n=1}^{N} P(m_n) = 1 \end{cases} \tag{7-1}$$

$P(D_i)$ 表示防御方采用防御策略 D_i 的概率，其值与攻击方采取的攻击策略的概率有关，根据贝叶斯法则可以得出以下公式：

$$\begin{cases} P(D_i) = \sum_{n=1}^{j} P(D_i \mid A_n)P(A_n) \\ P(A_j) \geqslant 0 \\ \sum_{n=1}^{j} P(A_n) = 1 \end{cases} \tag{7-2}$$

$P(D_i, A_j)$ 表示防御方采用防御策略 D_i，攻击方采用攻击策略 A_j 后，攻击方攻击成功的概率。设防御方释放的混合信号量为 k，因此，攻击方命中真实信号的概率为 $1/k$，防御方针对攻击策略 A_j 选择防御策略 D_i 的概率为 $P_D(D_i)$，所以，针对该攻击防御失败的概率为 $1 - P_D(D_i)$，可得出攻击方攻击成功概率为

$$P(D_i, A_j) = \sum P_A(A_j)(1/k)(1 - P_D(D_i)) \tag{7-3}$$

（7）代价 C。C_D 表示防御代价，C_A 表示攻击代价，C_m 表示释放信号的代价。其中防御代价 C_D 的求解过程如式（7-4）所示：

$$C_D = O_{\text{cost}} + N_{\text{cost}} + R_{\text{cost}} \tag{7-4}$$

其中，O_{cost} 为操作代价，表示执行该防御策略所付出的代价；N_{cost} 为负面代价，表示执行该防御策略导致提供的服务质量下降等带来的损失；R_{cost} 为残余损失，表示执行该防御策略后攻击方对系统造成的未被消除的损失。

（8）即时收益 R。R_D 表示防御方获得的即时收益，R_A 表示攻击方获得的即时收益。其中，$R_D(D_i, A_j) + R_A(D_i, A_j) \neq 0$，该式表示在防御方采取防御策略 D_i 和攻击方采取攻击策略 A_j 时所获得的即时收益之和，其值不为零，此处体现了博弈论中非零和的思想，也更符合网络攻防的实际收益情况。

防御方的即时收益 $R_D(D_i, A_j)$ 可由式（7-5）来表示，其中 V 表示资源的价值，AL 表示该资源对于系统的重要程度，$1 - P(D_i, A_j)$ 表示防御成功的概率，$\sum C_D$ 表示执行防御策略时的防御代价。

$$R_D(D_i, A_j) = V \cdot AL \cdot [1 - P(D_i, A_j)] - \sum C_D - kC_m \qquad (7\text{-}5)$$

攻击方的即时收益 $R_A(D_i, A_j)$ 可由式（7-6）来表示，其中 $P(D_i, A_j)$ 表示攻击成功的概率，$\sum C_A$ 表示执行攻击策略时的攻击代价。

$$R_A(D_i, A_j) = V \cdot AL \cdot P(D_i, A_j) - \sum C_A \qquad (7\text{-}6)$$

（9）贴现因子 τ，$0 \leq \tau \leq 1$。τ 表示先前阶段收益对之后收益的影响，体现了多阶段博弈的收益情况。

（10）收益函数 $U = (U_D, U_A)$，为即时收益与以往阶段的收益之和。U_D 所代表的是防御方的收益，由式（7-7）来表示；U_A 所代表的是攻击方的收益，由式（7-8）来表示。

$$U_D(D_i, A_j) = \sum_{l=1}^{t} \left(\tau^{l-1} R_D(D_i, A_j) \right) \qquad (7\text{-}7)$$

$$U_A(D_i, A_j) = \sum_{l=1}^{t} \left(\tau^{l-1} R_A(D_i, A_j) \right) \qquad (7\text{-}8)$$

3．策略求解

纳什根据角谷不动点定理（Kakutani Fixed-point Theorem）证明了任何有限非合作博弈的均衡存在性，奠定了现代非合作博弈理论的基石。在网络攻防博弈中，攻防局中人数量有限，局中人的策略集合也有限，且攻防双方的收益函数均为实值函数。因此，网络攻防博弈存在混合策略下的博弈均衡。纳什均衡的存在性条件如表 7-8 所示，可得出网络攻防博弈存在纳什均衡和精炼贝叶斯纳什均衡的结论。

表 7-8　纳什均衡的存在性条件

序号	条件	博弈模型是否满足
1	局中人数量有限	是
2	每个局中人策略集有限	是
3	收益函数为实值函数	是

1）纳什均衡

由博弈过程进行分析可得，其状态转移具有 Markov 性，且每一个阶段都代表一个博弈过程，给定一个 $NSG = (N, S, \theta, \omega, M, P, C, R, \tau, U)$，若状态空间 S、防御方和攻击方的策略空间 $\omega\{D, A\}$ 为有限集合，则一定存在一个稳定的纳什均衡，即在模型 NSG 中存在的策略

(D_i^*, A_j^*) 是一个纳什均衡，$\forall D$、$\exists D^*$ 使 $U_D(D^*) \geqslant U_D(D)$；$\forall A$、$\exists A^*$ 使 $U_A(A^*) \geqslant U_D(A)$。

2）精炼贝叶斯纳什均衡

攻击方通过对防御方释放信号的收集，对信号空间 $M = \{m_1, m_2, \cdots, m_k\}$ 和防御方的策略空间 $D = \{d_1, d_2, \cdots, d_i\}$ 进行分析，得到后验概率集 $P_A(A_j \mid m_t)$，经过计算总能得到最优策略 A^*，使其满足条件 $A^* \in \max U_A(D, A)$；对于防御方来说，同样可以得到最优策略 D_j^*，使 $D^* \in \max U_A(D, A^*)$。

综上所述，存在 (D_i^*, A_j^*)，其中 $(D_i^*, A_j^*) \in (A^* \bigcap D^*)$，$D_i^*$ 为防御方的最优策略，A_j^* 为攻击方的最优策略，互为最有反应的博弈决策方式，能够使博弈双方在冲突对抗中实现相互利益最大化。因此，防御方应以切合实际的防御需求，在博弈均衡的基础上做出合理的决策，选择最优防御策略，使网络防御决策的科学性最大化。

第 8 章　人工智能赋能网络与数据安全

人工智能概念诞生于 1956 年，在半个多世纪的发展历程中，由于受到计算能力、存储容量和算法性能等多方面因素的影响，人工智能技术和应用发展经历了多次高潮和低谷。2006 年后，以深度学习为代表的机器学习算法在机器视觉和语音识别等领域取得了极大的成功，识别准确性大幅提升，使人工智能再次受到学术界和产业界的广泛关注。

人工智能的广泛应用得益于 3 个主要驱动力：①与深度学习相关的新理论和新技术层出不穷，在学术和工业领域都取得了显著突破；②由于计算机软、硬件技术的进步，使通用计算机可以支撑常用的算法计算，机器学习算法可以大范围应用；③在大数据时代，数据资源的丰富，使机器学习模型泛化能力增强。人工智能技术日趋成熟，使人工智能在网络空间和数据防护领域的应用不仅能全面提高各类安全威胁的响应和应对速度，而且对风险防范具有预见性和准确性。

8.1　人工智能时代的风险与挑战

随着云计算技术的快速发展，云计算及其相关的数据中心技术也逐渐迈入人工智能时代。据华为全球产业展望 GIV2025（Global Industry Vision2025）白皮书预测，到 2025 年全球数据中心年新增数据量将达到惊人的 180ZB/年，其中多达 95%的语音、视频等非结构化数据都要依赖人工智能处理，而企业数据中心对人工智能的采用率预计达 86%。人工智能技术的进步是一把"双刃剑"，数据中心在向人工智能时代进化的过程中并非一帆风顺，而在数据中心网络带宽、网络智能攻击防护和运营维护等方面面临着诸多挑战。

1. 网络带宽不足

2022 年，全球年新增数据量为 60ZB，预计 2025 年将飞速增长到 180ZB，现有的 100GE 为主的数据中心网络，将无法支撑未来巨大数据的冲击。未来几年流量会持续增长，人工智能相关数据越集中，数据中心越大，带宽需求越多，互访也就越频繁，使服务器需要不断升级，从而满足急剧增长的网络带宽需求。

2. 大规模网络智能攻击越来越频繁

在人工智能时代，人工智能技术的发展为漏洞的挖掘和利用提供了便利，使数据中心的网络漏洞更容易被挖掘，各种恶意软件可以更便捷地生成和应用，导致数据中心遭受的大规模网络智能攻击也越来越频繁，包括 DoS 攻击、域名解析服务器劫持等，因此，数据中心在大规模网络智能攻击方面面临着更严峻的安全威胁。

3. 未知特征的智能化网络攻击威胁越来越多

随着网络的智能化发展，当前数据中心网络信息安全威胁形势严峻，未知特征的智能化网络攻击威胁越来越多，包括但不限于 APT、AET、0/N Day 漏洞利用和未知漏洞等，严重威胁了网络空间的健康发展，因此如何采用人工智能技术应对未知漏洞检测，实现"智对未知"的未知威胁检测成为数据中心网络信息安全行业迫切需要解决的难题。

4. 网络攻击的隐蔽性越来越高

传统的网络攻击行为目标和意图比较明确、易被发现。在人工智能时代，可以利用智能化技术对复杂的攻击行为进行隐藏，如通过不同的终端设备实施攻击、在不同的时间发动攻击等，攻击者往往会花很长时间对目标网络进行观察，有针对性地搜集信息，并有针对性地发动攻击，综上，数据中心需要对高隐蔽性的网络攻击进一步加强防范。

5. 重要数据越来越容易被窃取或破坏

数据中心通常保存着企业和用户的大量数据资源，数据中心系统一旦被攻击，很容易造成大规模的数据被窃取或被破坏，而人工智能技术加剧了该情况的出现，攻击者利用人工智能技术能更加容易地窃取重要数据，或者破坏企业的核心数据。

6. 运营维护有待升级

随着人工智能时代的迅速发展，数据中心服务器规模的不断增加，以及计算网络、存储网络和数据网络的三网融合，数据中心运维人员也迎来了更大的问题，使传统的人工运维手段难以为继。因此，在数据中心运营维护过程中迫切需要新的技术来对网络故障进行排查。

8.2　人工智能技术的风险与威胁

8.2.1　人工智能系统的风险

随着算法、算力和数据的进一步发展，为人工智能赋能各种场景打通了重要通道，人工智能作为"加速器"已涉及医疗、金融、交通、新闻等各行各业，可以有效解决传统行业面临的问题，发挥大量数据的价值，赋能传统产业发展。当前，智慧医疗、智慧家庭、自动驾驶和智能交易等人工智能系统的发展不断颠覆企业的商业模式，也在改变我们的生活方式。人工智能系统在提升人们的生产效率和生活质量的同时，带来了难以忽视的安全

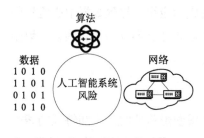

图 8-1　人工智能系统风险图

风险，包括数据风险、算法风险与网络风险。人工智能系统风险图如图 8-1 所示。

1．数据风险

人工智能依托大数据技术基础，基于大规模数据学习并模仿人类的逻辑思维模式，从而做出与人类相似的反应。人工智能系统的运行依赖于训练数据的可靠性，若训练数据存在问题，则训练得到的人工智能系统所做出的决策也必将无效，甚至存在危害性。随着人工智能的大规模应用，人工智能系统所收集的信息包括人脸、指纹和声纹等具有较强的个人属性的私密数据，大量私密数据集中在一个平台或系统中，一旦数据被泄露或滥用，将给经济社会发展带来巨大隐患。在数据治理方面，人工智能系统同样存在风险，如数据资产所属权问题、数据跨境传输问题等。

2．算法风险

算法是人工智能系统的核心要素，具备深度学习特性的人工智能算法在运行过程中，通过用户反馈数据能自主调整操作参数和规则，形成"算法黑箱"，导致人工智能决策不可解释，引发监督审查困境。人工智能系统使用的算法是人为设计、编写的，在主观或客观上可能潜藏偏见和歧视，加上算法技术的专业性、复杂性、隐蔽性和高科技性等特征，往往导致算法监管和问责的难度极大，可能在不易察觉或证明的情况下，利用算法歧视或算法合谋导致决策结果存在不公。人工智能系统使用的算法严重依赖训练数据集的精准细节，即该系统适用于训练过数据集的特定应用场景，在其他未训练过数据集的应用场景效果不佳，甚至会产生各类问题。

3．网络风险

人工智能系统通过网络连接与其他系统或平台进行通信，网络本身的安全风险会将人工智能系统带入风险的深渊。人工智能技术自动化、智能化的特点在用于网络攻击时，可通过分析和模仿行为，更有针对性、更快、更协调、更有效地发起网络攻击。例如，人工智能系统通过学习特征库能自动锁定数据勒索攻击的目标对象、自动发现系统漏洞、识别关键目标、提高攻击效率，或能通过数据挖掘、自然语言处理和机器学习等技术处理安全大数据，自动生成大量虚假威胁情报攻击分析系统来混淆目标系统的判断。例如，利用人工智能学习目标系统的图像验证码验证机制，训练具备自动识别图像验证码功能的攻击工具，从而实施网络攻击。

8.2.2　针对人工智能系统的攻击

人工智能技术的快速发展，使其数据安全不仅具有传统数据安全的共性问题，而且面临着针对人工智能系统的攻击及特定风险，尤其是针对机器学习系统的攻击。针对人工智能系统的攻击如表 8-1 所示。

表 8-1 针对人工智能系统的攻击

名称	产生原因	目的
数据污染	数据无法反映真实信息	干扰或妨碍训练模型
样本篡改	训练样本中存在干扰信息	误导或诱导人工智能系统的学习方向
数据投毒	训练数据被添加虚假数据、伪装数据等	误导人工智能系统给出错误决策
模型窃取	模型对外公开时，要提供公共访问接口	窃取模型或者恢复训练中使用数据的信息
开源学习框架	重视框架的功能、性能和易用性，而对安全性考虑较少	漏洞篡改

1. 数据污染

数据污染是指人们通过有意或偶然的行为对原始数据的完整性和真实性造成损害。数据污染主要在数据的搜集、整理、分析、归纳解释四个环节产生，且对数据的不恰当处理也可能造成数据污染。被污染的数据反映的是一种失实的信息，无法发挥该数据本身应具备的功能。人工智能系统运行和处理结果极度依赖数据的完整性和真实性，当数据和模型算法的适配度极低时，在人工智能系统进行模型训练时会出现反复优化、测试结果不稳定等问题，大大增加了人工智能系统的运营成本，严重的数据污染甚至会直接导致算法模型无法使用。

2. 样本篡改

样本篡改是指在人工智能系统的训练样本中添加细微的、通常无法识别的干扰，误导或诱导人工智能系统的学习方向，使系统以高置信度给出错误的输出结果。人工智能系统容易受精心设计的对抗样本的影响，可能会导致人工智能系统出现误判或漏判等错误结果，通过生成一些可以成功逃避安全系统检测的对抗样本，实现对人工智能系统的恶意攻击。对抗样本攻击也可来自物理世界，通过精心构造的交通标志对自动驾驶进行攻击。例如，一个经过稍加修改的实体停车标志，能够使一个实时的目标检测系统将其误识别为限速标志，从而可能造成交通事故。攻击者能利用精心构造的对抗样本，发起模仿攻击和逃避攻击等。模仿攻击通过对受害者样本的模仿，达到获取受害者权限的目的，目前主要出现在基于机器学习的图像识别系统和语音识别系统中；逃避攻击是针对机器学习的早期攻击，目前主要出现在垃圾邮件检测系统、PDF 文件的恶意程序检测系统中。

3. 数据投毒

数据投毒是指通过在人工智能系统训练数据中添加虚假数据、伪装数据和恶意样本等，破坏数据的完整性与可靠性，导致训练算法模型决策出现偏差，使训练得到的人工智能系统在进行自动化决策时给出错误结果。数据投毒主要通过"模型偏斜"和"反馈误导"两种方式实现。"模型偏斜"的主要攻击目标是人工智能系统，通过篡改训练数据样本的相关数据和参数造成训练数据污染，使人工智能系统学习模型出现"倾斜"，无法得到正确的学习认知，错误的认知结果无法产生正确的决策；"反馈误导"的主要攻击目标是人工智能系统学习模型本身，通过直接向人工智能系统学习模型"注入"伪装的数据或信息，利用人工智能系统学习模型的用户反馈机制，诱导或干扰它的成长方向，达到误导人工智能做出错误判断的目的。在自动驾驶、智能工厂等实时性要求较高的人工智能场景中，人工智能系统运行的核心模块中的数据中毒会形成定向干扰并直接扩散到智能设备终端（智能驾驶汽车的制动装置、智能工厂的温度分析装置等），引发灾难性事故。

4. 模型窃取

模型窃取是指通过黑盒探测来窃取模型或者恢复训练中使用数据的信息。人工智能系统算法模型的成效依赖于训练数据，且人工智能系统算法模型会在运行过程中进一步采集数据进行反馈优化，所采集的数据可能涉及隐私或敏感信息，因此，人工智能系统算法模型的保密性非常重要。它在部署应用程序中使用时，需要向用户公开公共访问接口，攻击者可以通过公共访问接口获取人工智能系统算法模型，从而实现模型窃取。模型窃取主要包括模型重建和成员泄露两种表现形式，模型重建的关键是：攻击者能够通过探测公有 API 和限制自己的模型来重建一个模型；成员泄露指攻击者通过建立影子算法模型来决定使用哪些记录训练算法模型，这样不需要恢复算法模型，但仍会泄露敏感信息。

5. 开源学习框架

人工智能开源学习框架能实现基础算法的模块化封装，可以帮助开发者高效、快速地构建用于训练和推理的学习模型，而无须关心底层的实现细节。Google、Microsoft、Facebook和亚马逊等企业都发布了一系列人工智能开源学习框架，如 TensorFlow、Caffe、Torch、CNTK 等，在全球得到了广泛应用。在人工智能开源学习框架的研发过程中，研发人员会更多地关注框架的功能、性能和易用性，缺乏对框架本身实现层面安全性的充分考虑。这些框架中若存在安全问题，则会影响数以千万计的开发者及用户。近年来，360、腾讯等企业的安全团队曾多次发现 TensorFlow、Caffe、Torch 等人工智能开源学习框架及其依赖库的安全漏洞，攻击者可利用相关漏洞篡改或窃取人工智能系统的数据。

8.3　人工智能的安全防御体系

人工智能属于智能化领域，其内在逻辑是通过数据输入理解世界并做出相应判断和决策，或通过传感器感知环境，运用模式识别实现数据的分类、聚类和回归等分析，并据此做出最优的决策推荐，此外，人工智能在数据中心安全防御方面应用也较普遍。数据中心安全防御不仅起到对数据中心系统中信息的保护作用，而且还能抵御对计算机软件和硬件的各种攻击破坏，因此，人工智能技术已成为数据中心安全防御实施的必备技术。基于人工智能技术的安全防御体系基本涵盖了数据中心信息安全的各个层面，包括系统安全、网络安全、数据安全和业务安全 4 个层面，如图 8-2 所示。

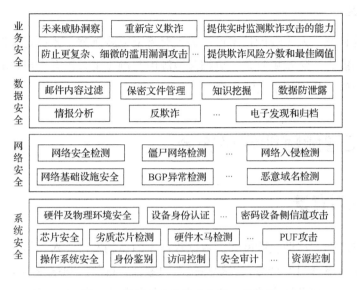

图 8-2 数据中心信息安全的 4 个层面

1. 系统安全

基于人工智能技术的系统安全应用涵盖了操作系统安全、芯片安全、硬件及物理环境安全 3 个层面。其中，操作系统安全在计算机信息系统的整体安全性中具有至关重要的作用，包括身份鉴别、访问控制、安全审计、剩余信息保护、入侵防范、恶意代码防范和资源控制等；芯片安全包括劣质芯片检测、硬件木马检测和物理不可克隆函数（Physical Unclonable Function, PUF）攻击等；硬件及物理环境安全包括设备身份认证、密码设备侧信道攻击和伪基站检测等。

2. 网络安全

人工智能技术在数据中心网络安全防御工作中起着重要作用，充分利用人工智能的性能优势对网络安全防御技术进行升级，不仅可以优化用户的体验感，保护用户的隐私和安全，而且还有助于对网络安全环境进行整治。网络安全涵盖了网络基础设施安全及网络安全检测两个方面。其中，网络基础设施安全包括 BGP 异常检测、恶意域名检测等；网络安全检测包括僵尸网络检测、网络入侵检测及恶意加密流量识别等。

3. 数据安全

应用机器学习、自然语言处理和文本、聚类、分类等人工智能技术，能对数据中心的数据进行基于内容的实时、精准分类分级，而数据的分类分级是数据安全治理的核心环节。数据分类分级可应用在邮件内容过滤、保密文件管理、知识挖掘、情报分析、反欺诈、电子发现和归档、数据防泄露等领域。数据中心基于人工智能可实现对数据的"智""准""深"的识别、控制和价值挖掘。

4．业务安全

在业务安全领域，人工智能技术可以提供对未来威胁洞察、重新定义欺诈及提供实时监测欺诈攻击的能力，防止更复杂、更细微地滥用漏洞攻击，提升用户体验、提供欺诈风险分数和最佳阈值，从而便于风险管理。

8.4　人工智能赋能网络安全

8.4.1　应用背景

云计算、物联网、移动互联网和大数据等技术的蓬勃发展，对网络空间产生了变革性的影响，推动了网络空间安全与人工智能技术的融合。目前，网络空间安全中很多细分领域涌现出与人工智能技术结合的新应用。因此，如何用人工智能技术构建更可靠的网络安全系统就变得至关重要，即人工智能赋能网络安全，具体来说，是基于海量数据，利用人工智能来自动识别或响应潜在的网络威胁。

人工智能在自身发展的同时对网络空间产生了深远影响，使人工智能时代的安全问题呈现新趋势，从网络攻击和网络防御两方面对网络空间的安全提供了显著的赋能效应。

1．网络攻击方面

人工智能自身存在脆弱性、可预测性和可解释性等方面的安全隐患，攻击者运用人工智能发起新型网络攻击，使人工智能系统和应用人工智能技术的网络空间系统产生新的安全威胁。例如，针对人工智能系统的攻击、欺骗导致分类或预测结果不正确，以及基于人工智能的高级持久威胁。

2．网络防御方面

人工智能赋能网络空间安全从被动防御趋向主动防御，即基于网络空间的时空动态变化复杂，使用人工智能能更快速、更精准地自动识别/响应潜在网络威胁，缩短响应时间，通过关联分析日志、流量等不同渠道的数据，构造多维数据关联与智能分析模型的资产库、漏洞库和威胁库，实现对有效网络攻击的全面、准确和实时检测。

8.4.2　技术优势

网络安全威胁层出不穷且已经呈现智能化、隐匿化和规模化等特点，使网络安全防御面临着极大的挑战。在这一背景下，人工智能应用于安全已经大势所趋，机器自动化和机器学习技术能有效且高效地帮助人们预测、感知和识别安全风险，快速检测并定位危险来源，分析安全问题产生的原因和危害方式，综合智慧大脑的知识库判断并选择最优策略，采取缓解措施或抵抗威胁，甚至提供进一步缓解和修复建议，实现网络安全威胁自动化快

速识别、检测和处置。综上，人工智能技术可以为网络空间提供自适应的安全防护，具体
可概括为如下 4 个方面。

1．提高复杂数据的威胁识别能力

在网络与信息安全等领域，图片、文本、病毒和攻击报文等信息呈"爆炸式"增长趋
势。基于传统的安全特征分析技术难以对海量安全信息进行分析处理，通过引入人工智能
辅助分析，使其具有动态适应各种不确定环境的能力，有助于更好地针对大量模糊、非线
性和异构数据做出因地制宜的聚合、分类和序列化等分析，甚至能实现对行为及动因的分
析，大幅提升了检测、识别已知和未知网络空间安全威胁的效率。

2．加强威胁的精准关联分析能力

人工智能擅长综合定量分析相关安全性，有助于全面感知内外部的安全威胁。人工智
能技术能先对各种网络安全要素和百千级维度的安全风险数据进行融合和关联分析，再经
过深度学习的综合理解、评估，对安全威胁的发展趋势做出预测，能够自主设立安全基线，
达到精细度量网络安全性的效果，从而构建立体、动态、精准和自适应的网络安全威胁态
势感知体系。

3．提升自适应的快速应急防护能力

发现威胁攻击、分析凝练规则和制定、实施安全策略，是安全监测能力提升所需要的
一个周期。依靠传统人工分析、制定、实施规则，难以及时针对安全态势做出自适应调整，
人工智能展现了强大的学习、思考和进化能力，能够从容应对未知、变化和激增的攻击行
为，并结合当前威胁情报和现有安全策略形成适应性极高的安全智慧，主动、快速地选择、
调整安全防护策略，并付诸实施，最终帮助系统构建全面感知、适应协同、智能防护和优
化演进的主动安全防御体系。

4．基于人工智能赋能的威胁治理

随着网络空间内涵外延的不断扩展，网络攻击无论从数量、来源、形态、程度和修复
上都超出了原本行之有效的相关人员分工和应对能力，有可能处于失控边缘，对相关人员
的专业技能构成了严峻挑战。纯粹依靠人工的方式对日趋复杂的攻击行为进行分析，已成
为不可能完成的任务，而人工智能是对人的最高智慧的极限探索，将拓展网络安全治理的
理念和方式，实现网络安全治理的突破性创新。

8.4.3　人工智能在网络安全领域的应用

对网络空间安全而言，人工智能是一把"双刃剑"，在攻防两方面的赋能效应，极大地
推动了网络空间攻防对抗的发展，引发了新的安全威胁，催生了新的对抗手段。人工智能
赋能网络空间安全，通过综合判断，能高效、精准、自适应地选取最优策略，提升网络威
胁的监测、预警和处置等全流程工作效率。人工智能不仅能解决当下的网络空间安全难题，

而且通过在安全场景的深化应用和检验，能发现自身的缺陷和不足，为下一阶段的网络空间安全与人工智能结合奠定了基础。人工智能在网络安全中可以实现以下功能。

1. 智能防御

在网络空间安全防御中，防火墙是比较重要的一环，其能够很好地实现对网络中各类安全威胁的有效控制。人工智能防火墙技术在全方位阻挡安全威胁方面表现出明显的优势，使用人工智能防火墙技术能够实现对各种安全威胁的详细统计、分析和判断，使防火墙能高效、准确地阻挡和过滤网络威胁，在确保原有网络功能正常运行的基础上，拓宽监控范围，及时、准确地拦截有害数据流，有效地规避可能形成的恶意网络攻击，更好地提升网络安全的防御效果。

2. 威胁检测

在网络空间安全防御中引入人工智能进行网络威胁的检测和响应，即通过网络威胁数据的特征提取（包括网络钓鱼电子邮件、恶意流量和僵尸网络代码等），训练异常数据分类器，实现对网络威胁的检测。采取恰当的检测手段予以控制，确保最终整个网络空间运行得较为安全、平稳。人工智能在威胁检测和漏洞发现等面向网络安全的任务中取得了很好的效果，大大提高了识别网络威胁的效率，有效规避了各类网络威胁可能对网络空间造成的明显影响。

3. 未知特征网络威胁发现

未知特征网络威胁是指不曾被发现或记录的网络威胁，具有来源广、种类多、数量大和更新快等特点。传统的网络威胁检测技术能实现对已知网络威胁的检测，但对未知网络威胁检测的能力不足。使用人工智能技术通过少量特征标记之间的关联性推测未知特征网络威胁，构建未知特征之间的高阶语义关联性、实时发掘网络威胁情报之间的显隐式关系，能够快速、精准地识别未知特征网络威胁的类型，最大程度上确保网络空间的安全性和稳定性。

4. 威胁处置

传统威胁处置非常依赖网络安全人员的经验，但网络安全人员经验不足可能会产生错误的威胁处置决策。通过使用人工智能系统实时监测威胁并引入智能专家决策系统，智能生成决策建议，根据实际结果及趋势判断采用的处理策略，进行人工处理或者自动处理，能有效减少问题排查的时间、大幅提升问题解决的效率。

8.5　人工智能赋能数据安全治理

8.5.1　人工智能与数据

人工智能作为引领新一轮科技革命和产业变革的战略性技术，已成为世界主要国家谋求新一轮国家科技竞争主导权的关键领域。数据、算力和算法是本轮人工智能浪潮全面兴起的三大要素，数据是人工智能兴起的基石，与人工智能相辅相成、互促发展。

1. 海量优质数据助力人工智能发展

人工智能的部署与应用离不开大规模高质量训练数据的注入。以深度学习为代表的人工智能算法的设计与优化需要以海量优质数据为驱动。数据规模与人工智能模型的有效性紧密相关，海量优质数据可以有效防止人工智能模型在训练过程中出现过度拟合。人工智能模型在训练与运行中应用的数据越多，其算法模型获得的结果就越准确。Google 的研究人员用 3 亿张图的内部数据集通过实验得出：随着算法模型的增大，它的性能会大幅提高。例如，同一个算法模型，随着训练数据数量级的增加，算法模型性能呈线性提高。

2. 显著提升数据收集管理能力和数据挖掘利用水平

随着人工智能技术理论的持续发展和应用场景的不断拓展，使各国大力发展大数据中心和人工智能新基建建设等。据达沃斯世界经济论坛预测，到 2025 年，全球每天将生成463EB（1EB=10 亿 GB）的数据，若以人工方式转换和处理上述数据，是不可能完成的。人工智能系统通过模型训练与学习，使用语义分析、内容理解和模式识别等技术，可以快速、精准地实现海量数据的自动匹配、标记、连接和注释。人工智能系统还可以在海量数据中对看似毫无关联的数据进行深度挖掘、分析，从而发现人们可能看不到的隐藏知识，如经济社会运行规律、用户心理等新知识。基于新知识，人工智能系统通过自动细分和聚类并突出关键驱动因素，进一步提升了决策能力和数据资源的利用价值。

8.5.2 人工智能赋能数据安全

当前，数据中心作为海量数据的存储设施，通过部署并使用大量的服务器集群，可极大地提升业务处理和计算能力，已经发展成一个处理关键业务的信息基础设施。全球数字化进程的提速，使人们在生活、工作、社交和娱乐等过程中产生并积累了海量、高维和动态的数据信息，其蕴含巨大的数据价值和应用空间，使数据已成为驱动各行业发展的核心生产要素。数据产生巨大价值的背后同样隐藏着巨大风险，大量敏感数据未经授权被贩卖、窃取和滥用，已严重危害了个人隐私、企业发展甚至国家安全。

海量数据使用人工方式实现大规模安全治理几乎不可能，需要很多训练有素的高技能数据安全治理人才，但这些人才相对紧缺。人工智能系统代替人工操作是未来的发展趋势，原因在于，人工智能系统以其速度，一致性、准确性等特点驱动数据安全治理加速向自动化、智能化、高效化和精准化方向演进，海量数据可以促进人工智能系统高速发展，使人工智能系统与数据安全治理互补互利。人工智能系统自动学习和自主决策能力，可以为数据安全治理人员提供可靠的数据治理方案，有效降低数据安全治理人员的专业门槛，为大规模数据资产和数据活动提供自动监控与保护。

人工智能为数据安全治理赋能，为经济社会数字化转型升级提供助力，体现在以下4个方面。

1. 促进数据安全治理高效化

数据安全治理的目标是：在安全的基础上谋发展，充分挖掘数据的潜在价值，同时尽可能地降低数据利用的成本和控制可能产生的风险。传统数据安全治理在处理非结构化数据，如文档内容、图像、音频和视频等时存在处理流程耗时长、效率低等问题。人工智能系统能通过自然语言处理、图像识别、语音识别和视频处理等技术实现对非结构化数据的分析和处理，并能通过数据中心服务器集群加速处理效率，将过去需要几周乃至几个月才能完成的工作缩短到几个小时完成，使数据安全治理高效化。

·2. 促进数据安全治理精准化

数字化时代使各类数据呈"爆发式"增长，为人工智能系统训练各类模型提供了特征广泛的训练数据集，使人工智能系统决策结果更加精确。数据中心服务器集群化设计，为人工智能训练大规模模型提供了充足算力，使人工智能系统具备海量数据实时处理能力，支持大范围数据监测。在数据安全治理中，应用人工智能系统，实现对大数据的数据挖掘和分析，通过对数据特征进行分类标记，从而快速、精准地识别哪些是用户隐私数据，哪些数据可能存在异常，并为不同数据设计相应的数据处理流程。在数据处理或对外服务过程中，人工智能系统可以根据数据特征标记精准识别涉密数据或危险数据，有效增强数据安全管理和元数据管理的能力。

3. 促进数据安全治理自动化

在数据安全治理中，数据收集、分类和标记等大量一致化、重复性及流程处理工作，需要大量人力、时间去反复筛选和识别，耗费了大量的体力与脑力，且重复性工作使人变得麻木，导致不可避免的人为失误，极大增加了数据安全治理推进的阻力及数据安全的风险。人工智能系统通过自我学习和自动更新数据处理流程，可以取代人自动对数据进行识别、分类和添加标签等数据安全治理流程，将人从繁重的体力劳动和部分脑力劳动中解放出来。

4. 促进数据安全治理智能化

数据资产不清晰、数据和知识难以关联、数据安全管理策略更新不及时是数据安全治理中的常见问题。人工智能系统可以对敏感数据进行分类分级，自动梳理数据资产，应用机器学习、自然语言处理和文本、聚类、分类等人工智能技术，对数据基于内容形成关联关系图谱，并通过对字段名称和表数据的分析，自动生成初步的数据质量检查规则和数据质量报告，辅助数据安全人员形成更合理的数据安全治理策略。例如，利用数据分类引擎在邮件内容过滤、保密文件管理、情报分析、反欺诈和数据防泄露等领域进行实时异常检测、自动确定事件根源并开展核查，促进数据安全治理的智能化发展。

第9章　人工智能时代的网络安全思考

2022 年 11 月，一个火爆全球的人工智能应用——ChatGPT，以前所未有的速度引起全球的广泛关注，超越任何一款互联网产品，成为史上最快达到亿级用户的现象级应用之一。ChatGPT 引发的讨论，其深度和广度都令人惊叹，学术领域、产业领域、政府组织和普通大众都在试用、讨论和分析它。在这波热潮中，ChatGPT 带来的网络安全应用、风险及挑战，以及由此引发的人工智能技术与网络空间安全的关系，进一步引起了各方的深思和考虑。

当今时代是一个逐渐智能化的时代，人工智能技术飞速发展，在经济和社会生活的各个领域落地应用，不断重塑整个社会的运转模式，并在不知不觉中影响，甚至改变了几乎所有人的生活方式。借助网络化和智能化发展，便捷的在线购物、高效率的在线会议、各种形式的在线协作，已经成为现代经济社会新的运转基础和效率生成工具。究其技术实质，人工智能时代形态各异、丰富多彩、变化万千的背后，是一些关键层面和领域的技术形态引入智能因素而带来的变化，可归纳为业务与流程智能化、信息组织与管理智能化、端点智能化、网络智能化及信息系统运行维护智能化。对当前即可预测的未来而言，植根于智能化自身带来的效率提升，使人们可以将非创造性的工作转移至信息化工具来完成；或者传统上由于人的认知特征导致的大数据和复杂逻辑条件下无法应对的问题，恰好能够由智能化方法和算力等技术要素的进步来解决。

当前，虽然还不具备真正创造性类人工智能，但朝着该方向的发展已经在技术领域的努力下不断前进，如各种各样的智能生成技术，无论是图像、视频或文本生成技术均已不断展现惊艳效果。尽管真正意义上通过图灵测试的智能系统尚未被确认，学术和产业界的努力却给此愿景不断增加实现的可能。

9.1　人工智能时代与网络安全

智能化是一剂有力的助推剂，使网络空间安全成为事关国计民生的重要战略性新兴领域，成为与陆、海、空、天同等重要，甚至从某种意义上来说更加重要的第五维空间，并加速成为影响经济和社会运转、关系数十亿居民日常生活和福祉的关键要素。因此，从现在开始，在信息化和智能化趋势不断加强的背景下，网络与信息化的双刃剑特征会更加明显，网络空间安全问题是否能够解决好，将成为这一趋势能否延续或者加速的关键，而解决好网络空间安全问题也成为全球各国数字经济发展的核心因素。网络空间安全能力是进入 21 世纪第 3 个 10 年以后，国与国之间竞争乃至对抗的重要决胜因素之一，因此，全球各国对网络空间安全领域的重视程度越来越高。

在智能化趋势下，人工智能技术一方面能对网络空间安全问题的内涵和外延带来新的变化，智能化在重塑和改写网络空间安全问题的图谱，在智能化场景、智能化诸要素、智能化支撑技术与条件等方面会出现一系列新型待解决的安全问题，如获得广泛关注的深度学习模型的安全问题及智能数据处理中的隐私保护等问题；另一方面，人工智能技术作为普适性技术，在网络空间安全方面的应用尚未得到充分发挥。就实质而言，网络空间安全领域是多场景、多数据的领域，因此从其基本特征而言，恰好适合深度学习等人工智能技术发挥作用。无论是态势感知、异常检测、特征建模，还是反馈处置，网络空间安全的各个方面都给人工智能技术应用提供了丰富的空间和场景，当前相关研究仍不深入和系统，未来势必大有发展。

9.2　人工智能引发网络空间安全大变革

当前，以深度学习及各种创新技术为代表的人工智能技术，在云计算为代表的算力支撑下，借助丰富的大数据资源，为人工智能算法提供了广阔的创新空间，并能够充分发挥算法性能，生成算法和大模型的出现充分验证了这一点。网络空间安全作为当今最受关注的信息技术方向之一，自然也需要人工智能技术的加持。

一方面，人工智能技术能够使网络空间安全领域复杂和丰富多样的数据分析工作由不可能变可能、由低效变高效、由非实时变实时、由事后取证转为事中处置。人工智能系统的数据汇聚和分析能力，使面向网络空间安全事件的大规模融合数据分析成为可能，使数据维度从日志等简单信息，转换为多种要素、多种来源的数据，从而使网络空间安全事件分析的深度和广度都更符合事物发展的深层次规律，更有助于解决复杂攻击环境下的问题。同时，这种分析能力，也使预警水平得到大大提升，各种隐性风险得到有效化解。

另一方面，人工智能系统作为潜在自动化"攻击者"和"防御者"，还能够进一步充分发挥作用。ChatGTP 火爆全球的过程中，很快就有网络空间安全工作者，在不违背科研和学术伦理的前提下，通过问题分解向 ChatGPT 请求回答，得到了一份大规模实施网络攻击的方法，这一点非常值得深思。试想，对于网络攻击这种场景而言，人工智能系统能够发挥的作用远不止如此，如果为人工智能系统配备足够丰富的网络攻防靶场进行训练，或者提供大规模的众测环境，常用的攻击方法对人工智能系统而言都将无障碍掌握，成为不知疲劳的"攻击手"，并且能够在反馈中发现新型攻击模式和方法，世界各主要国家的军队已经充分注意到这一点，并在网络战研究和部署中着重进行考虑。

9.3　人工智能本身存在的安全缺陷

从本质上来说，人工智能系统毕竟只是计算机系统的一种形态，在通用高级人工智能系统尚未出现之前，其自身安全性与一般信息系统旗鼓相当。各种人工智能系统在复杂的攻击面前，不管是网络安全、数据安全还是系统与应用安全，都存在突出问题。例如，各种智能装备，一旦被入侵控制，极有可能从生产利器变为危害极大的"机器怪兽"。以波士顿动力为代表的高水平机器人，每次在画面中出现，都会引人思考其在战争中的应用，如果这些机器人被攻击和控制，可能很快会从"战友"变为冷酷的"杀手"，掉转枪口对准自己的战友。

除了人工智能系统和设备，算法和认知层面的安全性也必须得到重视。人工智能算法一直以来都受到恶意样本的攻击。同时，在认知层面，深度伪造（Deep Fake）带来的虚假新闻、虚假视频在这个信息泛滥的时代存在极大的隐忧。

相较于全球其他国家，在智能时代，我国面临的网络空间安全问题较为突出。一方面我国的数字经济规模巨大、发展速度很快，因此，安全、稳定的网络空间是筑牢数字经济发展底座的本质要求；另一方面，我国的信息技术具有显著的后发劣势，长期的核心技术缺失使基础软硬件、设备和工具等大都源自发达国家，使我国在战略对抗中处于不利地位。

2022 年 9 月初，我国公布了美国相关部门对我国以西北工业大学为代表的重要机构进行的长期、持续网络攻击、渗透和数据窃取，结果触目惊心——服务器、路由器、交换机和防火墙等从网络基础设施到应用系统，甚至网络安全设备自身在内的全门类网络空间组成部分，都面临巨大的安全问题。进一步提醒我们，在网络空间对抗日趋激烈的当下和未来，我国在网络空间安全领域的战略思维方式、核心技术能力和安全防御体系建设方式等，均需要进一步转变和升级。我国需要尽快让原创的、自主可控的、能够在极限情况下提供"底线安全"的核心技术和产品走向市场并快速规模化应用，从而在网络空间战略对抗中扭转不利局面，确保新时代战略目标实现过程中有一个安全、稳定和可信、可靠的网络空间环境。

9.4　人工智能催生网络安全技术发展

网络空间安全领域，由于现实困境和实际需求，对于安全威胁处于被动应对局面，逐渐构建起现有的网络空间安全技术大厦。但是，如果我们仔细思考和回顾这座大厦，不难发现，网络空间安全领域除了密码等少数领域建立在严格的科学理论基础之上，其余大部分领域都是"头痛医头、脚痛医脚"的模式，或者在"兵来将挡、水来土掩"的方法下开展研究，其中可能有对现实问题深刻洞察而带来的安全机制的精巧和实用，但是由于缺乏深刻的理论基础，在方法的普适性和效果的持续性等方面都很难保证。

　　然而，对网络空间带来巨大威胁的各种安全问题，背后却有深刻的理论基础或者人性理论支撑。网络空间安全问题，这种理论上的攻防双方不对等局面，使在网络战场上，网络漏洞成为攻击方的利刃和弱者的致命伤。现实中，弱者被攻击却鲜有能力进行反击，使强者不断扩大非对称优势，弱者优势不断衰减。网络安全到底是属性，还是能力；是基于设计，还是基于添加，这不仅是思维方式和看待问题角度的差异，也是哲学发展的差异。

　　综上，网络空间安全的科学理论仍需要进一步完善，包括如下几个方面。

　　（1）碎片化技术能力亟待体系化整合。

　　（2）网络空间安全问题与其他领域的安全问题交织，需要学科交叉和技术融合。

　　（3）网络空间安全人才培养。

　　（4）我国的网络空间安全发展，需要走独立自主的道路。

　　基于以上认识，我们认为，对于未来的网络空间安全，我们应该着力做好以下几方面工作。

　　（1）助力推动网络空间安全理论发展，带动技术进步。

　　（2）重视我国特殊的、重大网络空间安全问题。

　　（3）在学科交叉和需求融合领域重点布局大科研项目和大场景示范。

　　（4）构建科学理论基础上的网络空间安全能力生成体系。

　　（5）重视复合型创新人才培养。

　　（6）着力发展我国原创的理论和技术。

9.5　拟态防御技术

9.5.1　拟态防御技术简介

　　拟态防御技术能够使信息设备和系统自身具备内生的安全能力。相较于传统的防火墙技术、入侵检测技术等，拟态防御技术依靠的是自身结构产生的内生安全效应，它不依赖于对漏洞后门等网络威胁特征的掌握，从根本上改变了传统防御手段依赖准确的先验知识（而这些先验知识很难获取）这一桎梏，因此其提供的安全防护能力具有普适性。

　　具体而言：一方面，对网络和信息系统最大的威胁，也是高级攻击者最常用的、带来损失最多的威胁，来自"零日漏洞"等这些攻击者已知、防御者未知、特征尚未暴露，传统安全手段无法应对的威胁，在一系列造成重大损失的网络安全事件中都得到了印证；另一方面，随着密码技术的普及和应用，网络空间中传输的流量和协议正逐步演变为密文，在此情况下，基于规则检测的传统安全防护手段对于隐藏在加密流量下的网络攻击，将束手无策，使网络空间永无宁日，而拟态防御技术提供的内生安全能力能够有效化解这一难题。

　　传统安全手段容易被高级攻击者绕过或者直接将其攻瘫失效，因此，重要的信息设施或者系统将彻底暴露在攻击者面前（我国对美国相关部门攻击西北工业大学等重要机构的研究报告已明确指出）。在网络空间对抗日趋激烈、网络空间主权化乃至战场化的趋势下，传统安全防护能力失效的情况将不可避免地变得愈加频繁。借助拟态防御技术提供的内生安全能力、关键基础设施和重要信息系统、设备，在传统安全手段失效后，依然能够靠自身的安全能力，提供"底线安全"保障，从而避免重大损失。

　　拟态防御技术是由我国科学家提出，具有颠覆意义的（国家级评测、国际权威机构给出的结论）网络空间安全新思路和新理论，因此，在国务院印发《"十四五"数字经济发展规划》中，明确指出："加快发展网络安全产业体系，促进拟态防御、数据加密等网络安全技术应用"。

　　在 2018 年底的中央经济工作会议中，习近平总书记在会上首次提出新基建这一概念。在 2019 年底的中央经济工作会议中，习近平总书记再次强调："要着眼国家长远发展，加强战略性、网络型基础设施建设，推进川藏铁路等重大项目建设，稳步推进通信网络建设，加快自然灾害防治重大工程实施，加强市政管网、城市停车场、冷链物流等建设，加快农村公路、信息、水利等设施建设"。2020 年 3 月，中共中央政治局常务委员会再次要求，加快 5G 网络、数据中心等新型基础设施的建设速度。新基建提速将为我国高质量发展注入新的动力，但在布局新基建过程中，务必要高度重视网络安全问题，从起步就做到信息化与网络安全协调发展，达到"一体两翼、驱动双轮"的目标。

9.5.2　拟态防御系统结构

　　网络空间拟态防御能融合多种主动防御要素，分别如下。
（1）以异构性、多样或多元性改变目标系统的相似性和单一性。
（2）以动态性、随机性改变目标系统的静态性和确定性。
（3）以异构冗余多模裁决机制识别和屏蔽未知缺陷与未明威胁。
（4）以高可靠性架构增强目标系统服务功能的柔韧性或弹性。
（5）以系统的不确定属性防御或阻止针对目标系统的不确定性威胁。
　　拟态防御作为一种内生性安全机制，适用于网络空间中具有函数化的输入/输出关系或满足 Input-Process-Output 模型的场合，如网络路由器、交换机、DNS、Web 服务器和邮件服务器等网络信息基础设施。拟态防御的前提是相关功能的实现方法或算法满足多元化或多样化处理的技术条件，即能够提供多种异构功能等价执行体。拟态防御的功能模型如图 9-1 所示。
　　输入代理器与输出裁决器覆盖区域的边界称为拟态界，拟态界由若干组针对给定功能完全等价的执行体构成。当收到输入激励时，输入代理器将其分发至各执行体，由各执行体并发执行，并将执行结果输出至输出裁决器；输出裁决器依据裁决策略，输出最为可信的结果，同时判定某个（些）执行体是否存在异常，对于出现异常的执行体，设计反馈控制机制，后续可以执行异常清洗和轮换调度，从而保证每个在线运行的等价执行体都是相对"干净"的，即执行体是安全可靠的。

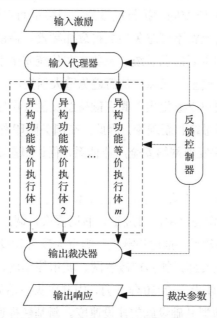

图 9-1   拟态防御的功能模型

9.5.3   拟态防御核心技术

拟态防御技术内涵丰富，功能实现复杂，技术体系涵盖了拟态裁决机制、多维动态重构机制、执行体清理与恢复机制、反馈控制机制和去协同化机制等。

1. 拟态裁决机制

拟态防御机制中将基于多模输出矢量的策略性判决和归一化桥接等功能统称为"拟态裁决（Mimic Ruling，MR）"。拟态裁决包含两个含义或功能：一是多模裁决，即以多数投票的方式输出结果，当多模态输出矢量不一致时，要启动清洗、恢复、替换、迁移、重构和重组等操作，同时根据异常频率调整每个执行者的置信记录。如果多模态输出矢量完全不一致，则触发第二重的策略裁决功能。策略裁决旨在根据策略库中的设置重新判断和执行相关的后处理任务。

2. 多维动态重构机制

多维动态重构机制是指依据多维度策略，动态调度拟态界内的异构执行体集合投入服务，以增强执行体的不确定性，造成攻击者对目标场景的认知困境。具体来讲，一是通过不断改变拟态界内运行环境的相异性，破坏攻击的协同性和攻击经验或阶段性探测成果的可继承性；二是通过重构、重组和重定义等手段，变换目标系统中软硬件漏洞的后门，或使之失去可利用性。

3．执行体清理与恢复机制

执行体清理与恢复机制用来处理出现异常输出矢量的执行体，主要有两类方法：一是重启"问题"执行体；二是重装或重建执行体运行环境。一般来说，拟态界内的执行体应当定期或不定期地执行不同级别的预清洗或初始化，或者重构与重组操作，以防止攻击代码长期驻留或实施基于状态转移的复杂攻击行动。一旦发现执行体输出异常或运转不正常，要及时将其从可用队列剔除并做强制性的清理或重构操作。

4．反馈控制机制

反馈控制机制是拟态系统建立问题处理闭环和自学习能力的关键。拟态系统在运行过程中，由输出裁决器将裁决状态信息发送给反馈控制器，在确认存在异常的情况下，反馈控制器根据状态信息形成两类指令：一是向输入代理器发送改变输入分发的指令，将外部输入信息引导到指定的执行体中，以便能动态地选择执行体，组成持续呈现变化的服务集；二是发出重构执行体的操作指令，用于确定重构对象及发布相关重构策略。

5．去协同化机制

基于目标对象漏洞/后门的利用性攻击可以视为一种"协同化行动"，恶意代码设置也要研究目标对象及其具体环境中是否能够被隐匿地植入，如何不被甄别，以及使用时不被发现等问题，也是"协同化"的一种体现。实际上，防御者只需要在处理空间、敏感路径或相应的环节中，适当增加一些受随机性参数控制的同步机制，或者建立必要的物理隔离区域，即可在不同程度上瓦解或降低漏洞后门的利用性攻击效果。因此，去协同化机制的核心目标就是防范渗透者利用可能的同步机制实施时空维度上协同一致的同态攻击。

9.5.4　内生安全机制

新基建是信息技术向高端演进的新载体，核心是新型网络基础设施，但必须清醒地看到，无论信息网络如何升级，与生俱来的安全问题并未得到有效解决，这就给新基建的发展埋下了隐患，若该隐患不消除，就会变成心腹大患。内生安全问题是网络安全之本源，尽管网络空间的安全问题表现形式多种多样，但其本质原因却十分简单明了。各种信息系统或控制装置的软硬件产品，不可避免会存在各种各样的设计缺陷，这些设计缺陷，在别有用心的黑客眼里就是攻击信息系统的利器——漏洞。以人类现有的科技能力，尚无法彻底避免设计缺陷导致的漏洞问题；基于相对优势分工的全球化格局使信息技术产业链绝非一国能力可以掌控，导致漏洞后门问题几乎不可能杜绝，目前的技术手段尚不能彻底地排查漏洞后门等"暗功能"；网络攻击的门槛正随着技术工具的智能化程度提高而逐步降低，导致"黑客"基数不断扩大。于是，形成了当下全球性的网络空间安全困局。

内生安全问题需要用新思路破解。传统的网络安全思维模式和技术路线很少能跳出"尽力而为、问题归零"的惯性思维，挖漏洞、打补丁、封门补漏、查毒杀马乃至设蜜罐、布沙箱，层层叠叠的附加式防护措施，包括内置各种探针外联大数据分析装置的智慧安全方式，在引入安全功能的同时不可避免会导入新的安全隐患。也正是在此背景下，网络空间内生安全技术应运而生，在不依赖关于攻击者先验知识和行为特征的前提下，有效感知、抑制和管控传统及非传统安全威胁导致的目标系统内部确定或不确定性扰动影响，能使传统的基于软硬件脆弱性或漏洞后门的攻击理论和方法完全失去效能，这将为新基建的自主可控、安全可信提供前所未有的解决方案。

所以，新基建不仅要有新思路、新体系、新技术和新领域，更需要通过创新改变游戏规则的网络安全技术做保证，避免"把房子建在别人墙基上"的现象重演。内生安全作为我国首创、为世界关注的新安全理论与技术体系，有望解决困扰网络空间安全的一系列难题，并为国家网络安全战略保驾护航。

9.5.5　"内生式"主动防御技术

由于人类科学技术发展水平、软硬件开发工具，以及网络空间蕴藏的巨大经济、军事和政治价值等诸多因素的影响，在今后相当长的一段时期内，基于漏洞后门的网络威胁仍然是网络信息系统面临的重大挑战，电子政务系统也不例外。当前，网络空间安全防护技术的发展有两类趋势。

一类是演进式安全防护技术，即将传统安全技术方法结合新型技术演进，如采用软件定义边界、微隔离等方式建立逻辑意义边界，将传统的 IPS/IDS、FW 等硬件盒子进行虚拟化形成可编排的资源，同时采用大数据、深度学习等新技术增强未知威胁检测的及时性、准确性和自动化性，或借助零信任架构增强资源访问与接入认证机制。演进式安全防护技术在一定程度上能够缓解网络安全问题，但其解决问题的思路本质上并没有改变，因而具有一定的局限性。首先，依赖于攻击先验知识。如虚拟防火墙、IPS/IDS 等属于"威胁特征和攻击行为检测"的"外挂式"防御技术，必须获取攻击的先验知识才能防御，这和攻击先验知识难以准确获取存在矛盾，因此，难以有效抵御基于系统软硬件未知漏洞和后门等的未知威胁（零日攻击、APT 攻击等）；其次，部署模式依赖于边界且静态化。在边界不清晰的场合难以应用，无法满足不同用户、业务的动态化防护需求；最后是"重量级"，防护组件实现复杂导致效能难以保证。这些方法本质上属于"亡羊补牢""吃药打针"的"外挂式"防御技术思路，安全防御技术与信息技术发展是"两张皮"，网络安全技术发展大大滞后于网络信息技术的发展速度，导致陷入"攻强守弱"的窘境，核心痛点在于，需要具备必要的先验知识和附加安全措施，即必须获取先验知识才能实施防御，无法有效应对网络空间"未知的未知"安全威胁。

另一类是革新式安全防护技术，世界各国纷纷探索"改变游戏规则"的网络安全新理念、新技术，并形成了以移动目标防御、设计安全、可信计算 3.0 和拟态防御等为代表的革新式安全防护技术，主要思路是：通过增强网络信息系统防御机制的动态性和自主性，提升应对基于未知漏洞后门的网络攻击能力。由于依赖于先验知识的"外挂式"防御技术存在不足，发展不依赖于先验知识的主动防御技术、促进安全防护技术从"外挂式"向"内生式"转变已成为业界共识。作为国家关键信息基础设施的重要组成部分,电子政务系统必须能够抵御高强度、高级持续性网络攻击行为,能够在强网络对抗条件下保持服务能力。因此,除采用网闸隔离、接入认证和数据加密等保底安全手段外,还需要发展不依赖于攻击先验知识、能够有效抵御未知攻击行为、具有攻击容忍能力的创新型防御技术,确保重大基础设施的战略使命。总体上看,革新式安全防护技术从网络空间安全问题的本因出发,通过对信息系统安全机制的重新设计,以获得改变攻防"游戏规则"的防御效果,近年来的相关研究成果充分表明了其技术体制的可行性和先进性,相关理论和技术将在增强电子政务基础设施安全防护能力、提升电子政务领域安全治理水平方面发挥重要作用。

9.6 展望

正如以往蒸汽时代的蒸汽机、电气时代的发电机和信息时代的计算机和互联网等,对人类社会的发展产生了重要影响,目前,人工智能技术正成为推动人类进入智能时代的决定性力量。各国政府和产业界意识到人工智能技术在新型技术和产业革命方面的引领作用,纷纷转型并布局抢占人工智能的创新高地。各个国家都已把发展人工智能作为提升国家竞争力、维护国家安全的重大战略,力图在未来的国际科技竞争中掌握主导权。

目前,网络空间安全和数据安全的各种威胁层出不穷,通过在物理世界和虚拟世界全面渗透,对各国的国防、社会、政治、经济和文化带来了巨大的安全风险和挑战。人工智能技术与网络攻击手段的深度结合,催生了新型安全威胁,进一步加深了网络空间和数据安全的威胁,给国家安全带来了更加严峻的挑战。当前背景下,网络攻击愈发呈现大规模、自动化和智能化等特点,人工智能赋能网络安全,利用人工智能技术、大数据和云计算等关联技术,推动和促进网络空间防御技术、手段、能力的进化与发展。

当前,在人工智能赋能网络安全的发端之际,谁抢先发展人工智能与网络攻防相关技术,谁就可能抢占网络空间对抗的技术制高点,从而形成对抗博弈优势,掌握网络空间的主动权和威慑力。我国应加强人工智能在网络空间安全和数据保护领域的战略应用,着力解决人工智能在网络攻防和数据防护领域中面临的数据、对抗和评估等实际问题,推动人工智能在各行业大范围的应用。在人工智能变革的背景下,如何有效维护国家网络空间主权,首先要识别人工智能带来的新型网络空间安全威胁,进而提升智能威胁感知应对能力,保障网络空间的核心利益,从而为国家安全和社会发展保驾护航。

参考文献

[1] 黄韬，刘江，魏亮，等. 软件定义网络核心原理与应用实践[M]. 北京：人民邮电出版社，2014.

[2] 张晨. 云数据中心网络与 SDN：技术架构与实现[M]. 北京：机械工业出版社，2018.

[3] 闫长江，吴东君，熊怡. SDN 原理解析[M]. 北京：人民邮电出版社，2016.

[4] 杨洋，吕光宏，赵会，等. 深度学习在软件定义网络研究中的应用综述[J]. 软件学报，2020，31（7）：2184-2204.

[5] 张波云. 网络安全态势评估技术[M]. 武汉：武汉大学出版社，2020.

[6] 董仕. 计算机网络安全技术研究[M]. 北京：新华出版社，2017.

[7] 刘隽良，王月兵，覃锦端. 数据安全实战指南[M]. 北京：机械工业出版社，2019.

[8] 张莉，中国电子信息产业发展研究院. 数据治理与数据安全[M]. 北京：人民邮电出版社，2019.

[9] 周志敏，纪爱华. 人工智能[M]. 北京：人民邮电出版社，2017.

[10] 邬江兴. 网络空间拟态防御导论[M]. 北京：科学出版社，2017.

[11] 邬江兴. 拟态防御技术构建国家信息网络空间内生安全[J]. 信息通信技术，2019，13（6）：4-6.

[12] 邬江兴. 拟态计算与拟态安全防御的原意和愿景[J]. 电信科学，2014，30（7）：2-7.

[13] 邬江兴. 论网络空间内生安全问题及对策[J]. 中国科学：信息科学，2022，52（10）：1929-1937.

[14] 方滨兴. 建设新时代网络空间安全产学研合作促进新态势[J]. 中国科技产业，2022，392（2）：4-5.

[15] 方滨兴. 论网络空间主权[M]. 北京：科学出版社，2017.

[16] 方滨兴. 从"人、财、物"视角出发，提升网络空间的安全态势[J]. 中国科学院院刊，2022，37（01）：53-59.

[17] 方滨兴，邹鹏，朱诗兵. 网络空间主权研究[J]. 中国工程科学，2016，18（6）：1-7.

[18] 方滨兴. 论网络安全保险[J]. 软件和集成电路，2021，440（9）：37-38.

[19] 林英，张雁，康雁. 网络攻击与防御技术[M]. 北京：清华大学出版社，2015.

[20] Matthew Monte. 网络攻击与漏洞利用 安全攻防策略[M]. 晏峰，译. 北京：清华大学出版社，2017.

[21] 普雷斯顿·吉兹. 数据保护权威指南[M]. 栾浩，王向宇，吕丽，译. 北京：清华大学出版社，2020.